果蔬加工技术

GUOSHU JIAGONG JISHU

张志强　杨清香　主编
葛亮　主审

化学工业出版社
·北京·

本书包括果蔬加工的意义及果蔬加工业的发展现状和发展趋势、果蔬加工的原料、果蔬保鲜技术、果蔬速冻技术、果蔬干制技术、果蔬糖制和腌制技术、罐头加工技术、果蔬汁和果蔬粉加工技术、果蔬发酵技术、果蔬的综合利用以及实训项目共十一项内容。本书层次清晰，内容安排合理，突出技能性和应用性，具有“规范”“新颖”的特点。

本书可以作为高职高专院校食品类专业的教材，也可以供从事食品生产及管理人员参考使用。

图书在版编目（CIP）数据

果蔬加工技术/张志强，杨清香主编．—3版．—北京：化学工业出版社，2018.6（2024.2重印）
教育部高职高专规划教材
ISBN 978-7-122-31954-8

Ⅰ.①果…　Ⅱ.①张…②杨…　Ⅲ.①果蔬加工-高等职业教育-教材　Ⅳ.①TS255.3

中国版本图书馆CIP数据核字（2018）第074142号

责任编辑：于　卉　　文字编辑：孙凤英
责任校对：王素芹　　装帧设计：王晓宇

出版发行：化学工业出版社（北京市东城区青年湖南街13号　邮政编码100011）
印　　装：三河市双峰印刷装订有限公司
787mm×1092mm　1/16　印张13¼　字数332千字　2024年2月北京第3版第5次印刷

购书咨询：010-64518888　　售后服务：010-64518899
网　　址：http://www.cip.com.cn
凡购买本书，如有缺损质量问题，本社销售中心负责调换。

定　　价：34.00元

前　言

本教材是以高职高专食品专业学生的培养目标为依据编写的，遵循的原则是“必需够用”，始终围绕以下五点：一是基本的科学文化知识必须具备；二是专业基础知识必须够用；三是基本的专业技能和操作能力必须掌握；四是适应岗位变化的基本素质和应变能力必须培养和初步具备；五是在工作中应具有的创新精神、开拓意识和创业能力必须强化。在编写过程中广泛征求了相关职业院校、食品企业专家的意见。本书以果蔬制品加工单独成册，既适应了目前果蔬加工业的快速发展，又满足了专业人员的需求，充分体现了全面性、专业性和实用性。

本书共分十一个项目，项目一为“绪论”；项目二为“果蔬加工的基础知识”；项目三为“果蔬保鲜技术”；项目四为“果蔬速冻技术”；项目五为“果蔬干制技术”；项目六为“果蔬糖制和腌制技术”；项目七为“罐头加工技术”；项目八为“果蔬汁和果蔬粉加工技术”；项目九为“果蔬发酵技术”；项目十为“果蔬的综合利用”；项目十一为“实训项目”。

全书由新疆轻工职业技术学院院长葛亮负责主审，他对本教材提出了非常宝贵的建设性意见，在此表示诚挚的谢意。

本教材由张志强、杨清香任主编。项目一、二、三、七、八由新疆轻工职业技术学院张志强修订编写；项目四由新疆轻工职业技术学院吕晨晨修订编写；项目五由新疆轻工职业技术学院李阳修订编写；项目六由新疆轻工职业技术学院谢琼修订编写；项目九由新疆轻工职业技术学院申玉飞修订编写；项目十、十一由新疆轻工职业技术学院杨清香修订编写。

由于编者水平有限，书中疏漏和不妥之处在所难免，敬请广大读者批评指正。

编　者

2018 年 1 月

第一版前言

“十一五”期间，要大力发展职业教育，形成有中国特色的职业教育。教育部2006年职业教育工作要点指出：坚持以服务为宗旨、以就业为导向，深化教育教学改革，加强教材建设。这就要求编写出适合高职高专使用的优质教材。本教材是以高职高专食品专业学生的培养目标为依据编写的，遵循的原则是“必需够用”，始终围绕以下五点：一是基本的科学文化知识必须具备；二是专业基础知识必需够用；三是基本的专业技能和操作能力必须掌握；四是适应岗位变化的基本素质和应变能力必须培养与初步具备；五是在工作中应具有的创新精神、开拓意识和创业能力必须强化。在编写过程中广泛征求了相关职业院校、食品企业专家的意见。本书以果蔬制品加工单独成册，增加了实验内容，突出了技术要点，既可作为高职学生专业教材用书，又满足了专业人员的需求，充分体现了全面性、专业性和实用性。

本书由杨清香、于艳琴主编。第一、二、五、六章由吕梁高等专科学校于艳琴编写，第三章由黄河水利职业技术学院郭永编写；第四、七章由新疆轻工职业技术学院杨清香编写；第八、九章由新疆轻工职业技术学院谢亚利编写。

全书由新疆轻工职业技术学院葛亮院长负责主审，他对本教材提出了非常宝贵的建设性意见，在此谨表示诚挚的谢意。

由于编者水平有限，书中疏漏和不妥之处，敬请广大读者批评指正。

编　者

2006年4月

第二版前言

职业教育坚持以服务为宗旨、以就业为导向，深化教育教学改革，加强教材建设，形成中国特色的职业教育。本书是根据高等职业教育食品加工技术专业人才培养目标和规格要求而编写的，遵循的原则是“必需够用”，始终围绕以下五点：一是基本的科学文化知识必须具备；二是专业基础知识必需够用；三是基本的专业技能和操作能力必须掌握；四是适应岗位变化的基本素质和应变能力必须培养与初步具备；五是在工作中应具有的创新精神、开拓意识和创业能力必须强化。

本书主要特色：体现现代职业教育理念，以项目为主线，介绍了每一个项目所对应的职业岗位和岗位要求。以果蔬加工的典型产品为载体，将工艺流程和设备操作融为一体。以任务为学习内容，使学习目标明确化，学习任务具体化。在编写过程中广泛征求了相关职业院校、食品企业专家的意见，充分体现了职业教育的职业性、开放性。实用性。

本书共分九个项目，项目一“果蔬贮藏保鲜技术”，项目二“果蔬速冻技术”，项目三“果蔬干制技术”，项目四“糖制和腌制技术”，项目五“罐头加工技术”，项目六“果蔬汁和果蔬粉加工技术”，项目七“果蔬发酵技术”，项目八“果蔬的综合利用”，项目九“实训项目”。本书主编为新疆轻工职业技术学院杨清香和吕梁高等专科学校的于艳琴，副主编为新疆轻工职业技术学院李芳，参加编写的人员还有黄河水利职业技术学院的郭永，新疆轻工职业技术学院的谢亚利，新疆隆平高科弘安天然色素有限公司副总经理李登华。

全书由新疆轻工职业技术学院葛亮负责主审，他对本教材提出了非常宝贵的建设性意见，在此谨表示诚挚的谢意。

由于编者水平有限，书中疏漏和不妥之处，敬请广大读者批评指正。

编　者

2010 年 4 月

目　录

项目一　绪　论

【知识目标】

（1）了解果蔬加工的重要性及意义。
（2）了解果蔬加工业的发展现状及前景。

【技能目标】

（1）能够说出果蔬加工的意义。
（2）会查阅果蔬加工的相关资料。

任务一　果蔬加工的意义

我国是农业大国，果蔬资源十分丰富，是全球最大的水果和蔬菜生产、输出国。据农业部统计，2007 年我国果蔬总产值约 1500 亿美元，其中水果种植面积 194.1 万公顷，约占世界水果种植总面积的 18%；产量 10520 万吨，占世界总产量的 20%。柑橘、苹果、梨、桃、李、柿、核桃等产量均居世界第一。蔬菜种植面积 1155.2 万公顷，产量 5 亿 6452 万吨，分别占世界蔬菜种植总面积的 35%和总产量的 49%。

我国是世界上最大的果蔬生产国和果蔬制品加工基地，果蔬加工制品在农产品出口贸易中占有相当大的比重，其出口占农产品出口总量的 1/4 强，果蔬产业已成为创汇农业的重要组成部分。果蔬汁、果蔬罐头、脱水和速冻果蔬制品及鲜食果蔬在国际市场上已形成非常明显的比较优势，如浓缩苹果汁（浆）出口量占世界贸易量的 50%以上，脱水蔬菜占世界贸易量的近 2/3，橘子罐头达到国际贸易量的 80%，笋罐头占世界贸易量的 70%。

果蔬加工业是涵盖第一、二、三产业的全局性和战略性产业，是衔接工业、农业与服务业的关键产业，也是我国农产品加工业中具有明显比较优势和国际竞争力的行业。发展果蔬加工业，不仅能够大幅度地提高产后附加值，增强出口创汇能力，还能够带动相关产业的快速发展，大量吸纳农村剩余劳动力，增加就业机会，促进地片经济和区域性高效农业产业的健康发展，对实现农民增收，农业增效，促进农村经济与社会的可持续发展，从根本上缓解农业、农民、农村“三农”问题，均具有十分重要的战略意义。

任务二　果蔬加工业的发展现状

一、果蔬罐头

果蔬罐头食品是国际市场近百年来久盛不衰的大众食品，由于携带和食用方便，产品储存时间长，能很好地调节市场和淡旺季节，因此备受世界各国消费者的青睐。

果蔬罐头是中国果蔬加工的主导产品，是果蔬加工行业的一个传统出口产品，也是我国在国际果蔬加工品市场上最有竞争力的产品。目前已进入一个以提高质量为目标的稳步发展时期，水果罐头年产量130万吨，有近60万吨用于出口，出口量约占全球市场的1/6，其中橘子罐头占世界产量的75%，占国际贸易量的80%以上；蔬菜罐头出口量超过140万吨，其中蘑菇和芦笋罐头分别占世界贸易量的65%和70%，番茄酱罐头出口量突破80万吨。

近年来，我国在果蔬罐头加工技术方面取得了长足的进步：低温连续杀菌技术和连续去囊衣技术在酸性罐头（如橘子罐头）中得到了广泛应用；引进了电脑控制的新型杀菌技术，如板栗小包装罐头产品；包装方面，乙烯-乙烯醇共聚物（EVOH）材料已经应用于罐头生产；纯乳酸菌的接种使泡菜的传统生产工艺发生了变革，推动了泡菜工业的发展。

最近，我国果蔬罐头工业又取得了新的技术突破：①罐头节水工艺研究取得新突破，柑橘罐头产品耗水量由60～80t降至40t，实现罐头生产的节能降耗。仅湖南熙可公司一年就节约饮用水57万余吨。②柑橘酶法脱囊衣、去皮和黄桃酶法去皮研究近期由湖南省农产品加工研究所完成。这些技术成果既可解决果蔬罐头生产产生大量酸碱废水问题（绿色壁垒），又可解决碱造成的产品重金属残留（技术壁垒）等产品质量与安全性问题，对提升我国果蔬罐头工业的国际竞争力具有深远的意义。

二、果蔬汁

天然果蔬汁集风味、营养、健康于一身，可以说是最有前途的保健食品。消费者对营养和健康越来越重视，天然绿色食品的消费热潮方兴未艾，果汁饮料的发展顺应了这一潮流。从世界范围看，饮料消费总量在不断增加，碳酸饮料的比重逐渐下降，果汁饮料、功能型饮料等受到更多消费者的青睐。

目前果蔬汁加工产品的新品种有：①浓缩果汁。体积小，质量轻，可以减少贮藏、包装及运输的费用，有利于国际贸易。②非浓缩还原果蔬汁（NFC）。不是用浓缩果蔬汁加水还原而来，而是果蔬原料经过取汁后直接进行杀菌，包装成成品，免除了浓缩和浓缩汁调配后的杀菌，果蔬汁的营养高、风味好，是目前市场上最受欢迎的果蔬汁产品。③复合果蔬汁。利用各种果蔬原料的特点，从营养、颜色和风味等方面进行综合调制，创造出更为理想的果蔬汁产品。④果肉饮料。较好地保留了水果中的膳食纤维，原料的利用率较高。

国际贸易中，市场上需求量最大的果蔬汁品种主要是冷冻浓缩橙汁（65°Bx）和浓缩苹果汁（70°Bx）。冷冻浓缩橙汁的主要生产国是巴西和美国。在巴西，80%的鲜橙加工成橙汁，它的冷冻浓缩橙汁占世界产量的50%，国际市场上80%的冷冻浓缩橙汁来自巴西，主要进口国家和地区是美国和欧盟。浓缩苹果汁的主要生产国是中国和波兰，主要进口国是美国、德国等。

冷冻浓缩果蔬汁市场需求不断扩大。浓缩橙汁已经普遍采用冷冻（－18℃）的方式进行贮运和销售。NFC果汁作为一种新兴的果蔬汁产品，由于其加热时间短，能有效保留果蔬原料中的营养成分及风味而受到消费者的欢迎。浆果类果汁因含有丰富的抗氧化活性物质——花青素，被西方发达国家的消费者普遍认同。

我国柑橘汁的消费在2012年呈井喷式发展，达2.98万吨，占进口果汁总量的83.3%，占果汁进口总额的70%。另据海关统计，2014年我国冷冻浓缩橙汁进口量为39127t。随后逐年增加，到2015年进口量创历史最高，达到61602t，比2014年增长约1倍。此后的2015年，我国的冷冻浓缩橙汁进口量有较大幅度下降，为43313t。2015年1～7月进口量21659t。

近年来我国的果蔬汁加工业有了较大的发展，大量引进国外先进的果蔬加工生产线，采用一些先进的加工技术，如高效榨汁技术、酶液化与澄清技术、膜技术、冷冻浓缩技术、无菌冷灌装技术、无菌大罐技术、真空多效浓缩技术、芳香物回收技术、果蔬鉴伪技术、非热力杀菌技术等。以膜技术为例，用无机陶瓷膜超滤澄清及联合膜分离进行果蔬浓缩，成为果蔬汁加工的发展方向。同时加工设备向机电一体化、智能化的方向发展。

三、脱水蔬菜

我国脱水蔬菜出口量居世界第一，年出口平均增长率高达18.5%。其中2007年我国脱水蔬菜出口创汇10.02亿美元，比上年增长11.93%；加工保藏蔬菜出口24.31亿美元，比上年增长11.93%。我国出口的脱水菜已有20多个品种，包括干制香菇、银耳、竹笋、脱水洋葱、大蒜、胡萝卜、姜、青刀豆、菜花、萝卜条、葫芦条等。主要出口西欧、日本、美国、澳大利亚、韩国和新加坡等国家和地区。

常压热风干燥是蔬菜脱水最常用的方法，然而我国能打入国际市场的高档脱水蔬菜大都采用真空冻干技术生产。另外，微波干燥和远红外干燥技术也在少数企业中得到应用。我国研制的真空冻干技术设备取得了可喜的进步，一些国内知名冻干设备生产厂家的技术水平已达到国际20世纪90年代同类产品的先进水平。

四、速冻果蔬

我国的速冻果蔬以速冻蔬菜为主，年产量达50万吨，占速冻果蔬总量的80%以上。产品绝大部分销往欧美国家及日本，年出口平均增长率高达31%，出口数量与金额均呈稳步增长态势。据海关统计，2015年1～11月我国累计出口蔬菜（含鲜冷冻蔬菜、加工保藏蔬菜和干蔬菜）836.66万吨，同比增长12.25%，出口额58.98亿美元，同比增长15.29%。日本为我国的主要速冻蔬菜出口国，占出口总量的65.7%。我国速冻蔬菜主要有甜玉米、芋头、菠菜、芦笋、青刀豆、马铃薯、胡萝卜和香菇等20多个品种。

未来10年中，世界速冻食品消费量将占全部食品的60%，速冻食品市场前景广阔。以日本市场为例，目前日本市场速冻蔬菜年需求量60万吨，除自产10万吨外，需进口50万吨。目前为日本提供速冻蔬菜的国家和地区主要有美国、中国大陆和中国台湾。近年日本从我国进口的速冻蔬菜每年在11万吨以上。随着美国和中国台湾蔬菜生产成本的上升，国内速冻蔬菜出口的价格竞争力日趋明显，这就为我国速冻果蔬生产及市场拓展提供机会。以德国为例，从目前市场销售产品品种来看，单一品种的速冻蔬菜占整个市场的60%，其余为混合类。但从2015年的实际销售看，在零售店销售的混合蔬菜的增长为18%，高出单一类的3.5个百分点。

近些年，我国的果蔬速冻工艺技术有了许多重大发展。首先是速冻果蔬的包装形式由整体的大包装转向经过加工鲜切处理的小包装；其次是冻结方式开始广泛使用以空气为介质的吹风式冻结装置、管架冻结装置、可连续生产的冻结装置、流态化冻结装置等，使冻结的温度更加均匀，生产效益更高；最后是作为冷源的制冷装置也有新的突破，如利用液态氮、液态二氧化碳等直接喷洒冻结，使冻结的温度显著降低，冻结速度大幅度提高，速冻蔬菜的质量全面提升。在速冻设备方面，我国已开发出螺旋式速冻机、流态化速冻机等设备，满足了国内速冻行业的部分需求。

五、果蔬副产物综合利用

果蔬中含有许多天然植物化学成分，具有重要的生理活性。例如，红葡萄中含有白藜芦醇，能够抑制胆固醇在血管壁的沉积，防止动脉中血小板的凝聚，有利于防止血栓的形成，还具有抗癌作用；柑橘以及某些坚果中富含类黄酮，能抑制血小板的凝聚，抑菌，抗肿瘤；南瓜中含有环丙基结构的降糖因子，对治疗糖尿病具有明显的作用；大蒜中含有硫化合物，具有降血脂、抗癌、抗氧化等作用；番茄中含有番茄红素，具有抗氧化作用，能够预防前列腺癌、消化道癌以及肺癌；胡萝卜中含有胡萝卜素，具有抗氧化作用，可消除人体内自由基；生姜中含有姜醇和姜酚等，具有抗凝、降血脂、抗肿瘤等作用；菠菜中含有叶黄素，具有减缓中老年人的眼睛自然退化的作用。

从果蔬中分离、提取、浓缩这些功能性成分，制成胶囊或添加到食品、保健品和化妆品等产品中，已成为当前果蔬加工的一个新趋势。近年来，欧美发达国家和日本为了提高原料综合利用率，降低成本，提高附加值，相继从果蔬中分离提取出许多功能性成分，开发出系列高附加值产品。例如，美国利用核果类的种仁中含有的苦杏仁生产杏仁香精；利用姜汁的加工副料提取生姜蛋白酶，用于凝乳；从番茄皮渣中提取番茄红素，用来治疗前列腺疾病。日本将芦笋烘干后研磨成细粉，作为食品填充剂添加在饼干中，增加其酥脆性和营养性，添加在奶糖中增进风味和营养；将胡萝卜渣加工成橙红色的蔬菜纸，色彩丰富且可直接食用；在新西兰，从猕猴桃皮中提取蛋白分解酶，用于防止啤酒冷却时混浊；还可以作为肉质激化剂，在医药方面作为消化剂和酶制剂。

任务三　果蔬加工业今后发展趋势

一、果蔬罐头优势地位进一步增强

果蔬罐头是中国果蔬加工的主导产品，也是我国果蔬产业在国际市场上最具竞争力的产品。近年在相关部门的支持下，国内企业与科研院所、大专院校加强合作，解决了影响产品质量的系列难题，产品质量位居国际领先水平。随着节水工艺改造和生物酶法去皮脱囊衣等新技术在果蔬罐头工业中的产业化应用，产品品质不断提高，将进一步提升国内果蔬罐头加工产品的国际市场竞争力。

二、果蔬汁市场初步形成

我国果蔬汁加工产品市场经过多年的发展，已逐步建立起稳定的销售网络，在国内、国际两大消费市场占据重要位置。浓缩果蔬汁（浆）以出口为主，主要有苹果浓缩汁和番茄酱。苹果浓缩汁出口量已达到100万吨，居世界第一位；番茄酱产量位居世界第三，生产能力居世界第二；而直饮型果蔬汁以国内市场为主。

根据2010年北京国际柑橘研讨会数据预测，今后10～20年内我国人均消费有可能接近世界人均年消费水平，柑橘汁的年消费量可达200万～300万吨。到2020年，人均需求量将达2.5L，需求缺口将达135万吨。随着国际市场橙汁价格的大幅上扬，我国柑橘果汁加工企业利润空间不断增长，将推动我国柑橘果汁工业飞速发展。

三、脱水蔬菜需求旺盛

脱水蔬菜作为高附加值的蔬菜品种，在我国蔬菜出口中的比重越来越大。我国脱水蔬菜产量每年高速递增，在世界脱水蔬菜总产量中占据相当的份额。然而据业内人士测算，国际和国内市场对脱水蔬菜的年需求缺口均在5万吨以上。据统计，美国每年消费冻干食品500万吨，日本160万吨，法国150万吨，其他国家的数量也相当可观。

四、净菜、鲜切蔬菜及速冻菜成为蔬菜加工的主导产品

蔬菜是人们一日三餐必不可少的。以新鲜、营养、方便、卫生为目的的蔬菜加工是今后的主导方向。净菜及鲜切蔬菜加工减少了大量的不可食部分以及城市垃圾。虽为初级加工品，但

量大本微，需简单的设备即可生产，适应了人们的消费趋向。同时这类产品在很大程度上减轻了人们的劳动强度，适应了当代家庭消费及厨房现代化的趋势，也特别适合于餐饮服务业。净菜入市在发达国家已普遍实行，在我国已逐渐为政府和人民所认识。这是一个具有环境效应、经济效应和社会效应的产业，各地正在积极筹备和推广中。速冻菜基本保存了新鲜蔬菜原有的营养和风味，可长时间保鲜，适合长距离运输，是我国蔬菜出口创汇的一大优势品种。

五、果蔬副产物综合利用进入产业化阶段

随着果蔬工业的发展，解决果蔬副产物的综合利用问题迫在眉睫。目前国外果蔬工业的皮渣副产物实现了全利用，开发出多种新产品，成为企业新的经济增长点。近两年，国内果蔬加工企业已着手皮渣的综合利用及产业化开发，努力提高产品的附加值。

六、利用现代高新技术改造传统果蔬加工业

近年来，利用高新技术改造传统产业并实现产业升级，是世界果蔬加工发展的必由之路，我国也不例外。综合运用无菌生产、高效榨汁、巴氏灭菌、精密调配、无菌灌装、冷链贮运销等新技术生产高品质的鲜冷橙汁；通过短时增温浓缩器（TASTE）的高效节能和优质浓缩技术提高浓缩汁的品质，同时降低生产成本；利用膜分离、酶解、微波杀菌和生物覆膜剂技术进行果蔬罐头和最少加工果蔬产品的开发；用高压杀菌技术逐渐代替超高温瞬时杀菌技术，对维生素等热敏性营养物质几乎不产生损耗；果蔬加工废渣中碳水化合物和多糖的利用；利用抗菌精油和天然植物杀菌素制成的可食性覆膜保鲜去皮全果。发酵工程、酶工程、膜技术、冷杀菌技术等现代高新技术不断应用于果蔬产业，促进了果蔬加工产业的快速发展，加快了产品升级换代的步伐，产品品质得以不断提高。

七、加工型品种基地标准化、规模化，原料供应季节逐渐延长

果蔬加工业的发展需要与之相配套的加工原料体系。标准化的加工型果蔬原料是果蔬加工业发展的基础，是产品品质的保证。目前，我国加工型果蔬原料基地建设需要进一步加强标准化和规模化建设，通过不同成熟期品种配套，延长原料供应周期，提高设备的利用率，创造更多的经济效益。

八、果蔬产业布局日趋合理

目前，我国果蔬产品的出口基地大多集中在东部沿海地区。近年来果蔬产业正向中西部地区扩展，“产业西移”态势十分明显。

我国的脱水果蔬加工主要分布在东南沿海省份及宁夏、甘肃等西北地区，而果蔬罐头、速冻果蔬加工主要分布在东南沿海地区。在浓缩汁、浓缩浆和果浆加工方面，我国的浓缩苹果汁、番茄酱、浓缩菠萝汁和桃浆的加工优势明显，已形成浓缩果蔬加工带。建立了以环渤海地区（山东、辽宁、河北）和西北黄土高原（陕西、山西、河南）地区两大浓缩苹果汁加工基地；以西北地区（新疆、宁夏和内蒙古）为主的番茄酱加工基地和以华北地区为主的桃浆基地；以热带地区（海南、云南等）为主的热带水果（菠萝、芒果和香蕉）浓缩汁与浓缩浆基地。直饮型果蔬及其饮料加工则形成了以北京、上海、浙江、天津和广州等省、直辖市为主的加工基地。

【课后思考题】

（1）果蔬加工的意义是什么？

（2）目前，常见的果蔬加工方法有哪些？

项目二 果蔬加工原料

【知识目标】

（1）了解果蔬原料的分类与化学组成。

（2）掌握影响果蔬加工的内在因素和外在因素。

【技能目标】

（1）能说明果蔬的主要营养成分。

（2）能够处理影响果蔬加工的方法。

（3）能选择合适的包装材料对果蔬产品进行包装处理。

【必备知识】

（1）果蔬原料的化学成分。

（2）影响果蔬加工的因素。

任务一 学习果蔬的化学成分及加工特性

果蔬原料在加工贮藏过程中，其化学成分会发生各种各样的变化，有些变化是我们所需要的，有些变化则对原料的保藏、产品的质量极为不利。这些不利变化导致果蔬及制品保质期的缩短、腐败变质的发生、营养成分的损失、风味和色泽的变差及质地的变劣。在果蔬加工过程中，应该防止食品腐败变质，最大限度地保存食品中的营养成分，降低加工和贮藏过程中的色、香、味和质地变化。因此，了解和掌握果蔬中的化学成分及其在加工中性质的变化，对合理选用加工工艺和参数具重要意义。

果蔬加工常用的水果有：仁果类、核果类、坚果类、浆果类、热带水果、杂类（如柿、枣等）；蔬菜有：根茎类、茎菜类、叶菜类、花菜类、果菜类、食用菌类。

果蔬的化学成分十分复杂，按在水中的溶解性质可将其分为两大类，一类是水溶性成分，另一类是非水溶性成分。水溶性成分主要是：糖类、果胶、有机酸、鞣质物质、水溶性维生素、水溶性色素、酶、部分含氮物质、部分矿物质等。非水溶性成分主要是：纤维素、半纤维素、木质素、原果胶、淀粉、脂肪、脂溶性维生素、脂溶性色素、部分含氮物质、部分矿物质和部分有机酸盐等。

一、水分

水分对果蔬的质地、口感、保鲜和加工工艺的确定有着十分重要的影响。果蔬中的水含量很高，一般在90%左右，有的高达95%以上。按照水分的存在形式，可将果蔬中的水分为两大类：一类是自由水分（游离水），在果蔬中占大部分。这部分水存在于果蔬组织的细胞中，可溶性物质就溶解在这类水中。自由水容易蒸发，果蔬在贮存和加工期间所失去的水分就是这一类水分；在冻结过程中结冰的水分也是这一类水分。果蔬中的另一类水是结合水，它是果蔬体内与大分子物质相结合的一部分水分，常与蛋白质、多糖类、胶体大分子以氢键的形式相互结合，这类水分不仅不蒸发，而且人工排除也比较困难，只有较高的温度（105℃）和较低的冷冻温度下方可分离。

二、碳水化合物

碳水化合物是果蔬干物质中的主要成分，在新鲜原料中的含量仅次于水分，主要包括糖类、淀粉、纤维素、半纤维素、果胶等物质。

1. 糖类

果蔬中的糖类含量以蔗糖、葡萄糖、果糖最多。一般情况下，水果中的总糖含量为10%左右，其中仁果类和浆果类中还原糖类较多，核果类中蔗糖含量较多，坚果类中糖的含量较少。蔬菜中除了甜菜以外，糖的含量较少。

糖类因种类不同而甜度差别较大，糖的含量以及糖酸比对制品的口味有很大影响。糖酸比是原料或产品中糖的含量和酸的含量的比例，在使用香精对产品进行调味时，只有在接近天然原料糖酸比的条件下，才能使风味较好地体现。

在较高的pH或较高的温度下，蔗糖会生成羟甲基糠醛、焦糖等物质；还原糖则易与氨基酸和蛋白质发生美拉德反应，给产品的颜色和风味带来影响。

当糖液浓度大于70%时，黏度较高，生产过程中的过滤和管道输送都会有较大的阻力，在降低温度时还容易产生结晶析出。但在浓度较低时，由于渗透压较小，在暂存或保存时产品容易遭受微生物的污染。故在生产过程中，配料之前的糖液浓度一般控制在55%～65%。

2. 淀粉

淀粉是由葡萄糖分子经缩合而成的多糖，相对分子质量很大。淀粉不溶于冷水，在60℃左右的水中首先发生膨胀，进一步受热则完全糊化。糊化之后的淀粉呈分散状，具有较高的黏度。淀粉含量高的原料加工成清汁类罐头或果蔬汁时，经常由于淀粉而引起沉淀，严重时汁液变成糊状。为了防止这类现象发生，在生产过程中，一方面要控制好原料的成熟度，另一方面就是要选择合适的工艺参数。

3. 果胶物质

果胶是由半乳糖醛酸形成的长链。果蔬中的果胶物质以原果胶、果胶和果胶酸三种形式存在。在未成熟的果实中，果胶物质大部分是以原果胶的形式存在。原果胶不溶于水，与纤维素结合成为细胞壁的主要成分，并通过纤维素把细胞与细胞及细胞与皮层紧密地结合在一起，此时果实显得既硬且脆。随着果实的成熟，原果胶在原果胶酶的作用下，渐渐分解成未能溶于水的果胶，并与纤维素分离，存在于细胞液中。此时的细胞液黏度增大，细胞间的结合变得松软，果实随之变软且皮层也容易剥离。随着果实的进一步成熟，果胶在果胶酶的作用下水解为果胶酸，此时细胞液失去黏性，原料质地呈软烂状态，原料失去加工或食用价值。根据果胶分子中的羧基被甲醇酯化的程度，可以将其分为高甲氧基果胶和低甲氧基果胶。通常将甲氧基含量为7%以上的果胶称为高甲氧基果胶。果胶溶液具有较高的黏度，故果胶含量高的原料在生产果汁时，取汁困难，要提高出汁率需将果胶水解。同样由于果胶的高黏度，对于混浊型果汁具有稳定作用，对于果酱具有增稠作用。低甲氧基果胶在有Ca^{2+}存在的条件下可形成凝胶，据此可以生产低糖果冻或果酱。将含有果胶的原料在一定浓度Ca^{2+}、Al^{3+}的溶液中浸泡一段时间，通过高价离子与果胶的相互作用，可以增加原料的硬度和脆度，对制品进行增硬保脆。

4. 纤维素和半纤维素

纤维素和半纤维素在植物界分布极广，数量很多。纤维素和半纤维素都是植物的骨架物质，是细胞壁和皮层的主要成分，对果蔬的形态起支持作用。纤维素不能被人体吸收，但能刺激肠道蠕动，有助于消化。纤维素具有很大的韧性，不溶于水、稀酸、稀碱，但能溶于浓硫酸。

半纤维素在水果蔬菜中既有类似纤维素的支持功能，又有类似淀粉的贮藏功能。半纤维素也不溶于水，能溶于稀碱，也易被稀酸水解成单糖。

纤维素和半纤维素含量高的原料在加工中除了会影响产品的口感外，还会使饮料和清汁类产品产生混浊现象。

三、有机酸

有机酸是果蔬中的主要呈酸物质。果蔬中含有多种有机酸，主要是柠檬酸、苹果酸和酒石酸，它们通称为果酸；除此之外果蔬中还含有少量的草酸、苯甲酸和水杨酸等。果蔬原料及果蔬的加工中所用的酸主要是有机酸，除磷酸外，果蔬饮料产品的配方中极少采用无机酸，这主要是因为无机酸的酸根离子大多带有苦涩味且酸感强烈，而有机酸口感柔和。

有机酸的酸感是不一样的。酸感的产生除了与酸的种类和浓度有关外，还与体系的温度、缓冲效应和其他物质的含量，主要是糖和蛋白质的含量有关。体系缓冲效应增大，可以增大酸的柔和性。在饮料及某些产品的加工过程中，使用有机酸的同时加入该酸的盐类，其目的就是为了使体系形成一定的缓冲能力，改善酸感。

酸与加工工艺的选择、确定有十分密切的关系。酸含量的高低对酶褐变和非酶褐变有很大的影响；酸还能影响花色素、叶绿素及鞣质色泽的变化；酸能与铁、锡反应，对设备和容器产生腐蚀作用；在加热时，酸能促进蔗糖和果胶等物质的水解。酸是确定罐头杀菌条件的主要依据之一，低酸性食品一般要采用高温杀菌，酸性食品则可以采用常压杀菌。另外，在某些加工过程如长时间的漂洗等，为了防止微生物繁殖和色泽发生变化，往往也要进行适当的调酸处理。因此掌握酸的加工特性是非常重要的。

四、含氮物质

果蔬中含氮物质的种类主要有蛋白质、氨基酸、酰胺、氨的化合物及硝酸盐等。果实中除了坚果外，含氮物质一般比较少，在0.2%～1.5%之间。果蔬中的蛋白质虽然不是人体所需蛋白质的主要来源，但是从营养角度讲，它具有提高谷物中的蛋白质在人体中的吸收率的作用；从加工角度讲，它与加工工艺的选择和确定有十分密切的关系。

蛋白质和氨基酸的存在是产生美拉德反应的基础，该反应对产品的色泽具有很大的影响。游离氨基酸的含量越多，pH越高，温度越高，还原糖的含量越高，该反应越易产生。生产过程中除了从pH、还原糖的含量、温度、蛋白质和氨基酸的含量几个方面控制以外，用亚硫酸盐具有很好的效果。用亚硫酸盐的基本原理是亚硫酸盐能够与羰基化合物反应生成磺酸基。如在室温下，pH为4.5时亚硫酸盐就能够和葡萄糖反应生成葡萄糖磺酸盐。

酪氨酸虽不参与美拉德反应，但是它能够参与酶促褐变，它是酶促褐变反应的重要底物。如马铃薯在未钝化之前发生的褐变主要就是由于酪氨酸的作用引起的。

蛋白质在加工过程中易发生变性而凝固、沉淀，这一现象在饮料和清汁类罐头的加工中经常遇到，在等电点附近更易产生。采用适当的稳定剂、乳化剂及采用酶法改性工艺可以防止这类现象发生。蛋白质与鞣质物质能够产生絮凝，利用这一性质可以对果蔬汁进行澄清。

蛋白质和氨基酸与产品的口味有很大关系，对饮料口味的影响尤为突出。蛋白质含量高时能够增加产品的质感，使产品的口味更加圆润柔和。除此之外，许多氨基酸、肽是多种风味的呈味物质。

含氮物质中的硝酸盐对金属罐具有加速腐蚀的作用。

五、鞣质物质

鞣质又称单宁，属于酚类化合物，鞣质与食品的涩味和色泽的变化有十分密切的关系。在食品中，鞣质物质是指具有涩味、能够产生褐变及与金属离子产生色泽变化的物质，主要有两大类：水解型鞣质和缩合型鞣质。水解型鞣质也称焦性没食子酸鞣质，如鞣质酸和绿原酸。这类鞣质在热、酸、碱或酶的作用下水解成单体。缩合型鞣质也叫儿茶酚鞣质，如儿茶素。这类鞣质在酸或热的作用下不是分解为单体而是进一步缩合，成为高分子的无定形物质——红粉，也称栎鞣红。

鞣质与产品的口味有很大的关系，是引起涩味的主要成分。鞣质含量高时会给人带来很不舒服的收敛性涩感。但是适度的鞣质含量可以给产品带来清凉的感觉，也可以强化酸味。这一点在清凉饮料的配方设计中具有很好的使用价值。

有些原料的鞣质含量较高，在进行加工前或食用前要进行脱涩处理。通常采用的脱涩方法有以下几种。

（1）温水浸泡法　将涩果浸泡在40℃的水中，保持10～15h。

（2）酒浸泡法　将涩果置入容器中，喷洒40%的蒸馏酒，密封并置暖处5～10d。

（3）二氧化碳脱涩法　将涩果放在二氧化碳含量50%的容器中保持数日。

（4）乙烯脱涩法　将涩果放在密闭的容器中，充入乙烯并保存一定时间。

鞣质常常引起果蔬制品变色。鞣质是多酚类物质，可以作为多酚氧化酶的底物而发生酶促褐变（见“酶”部分），使产品颜色变红；在较低的pH下，尤其是在pH小于2.5时，鞣质能够自身氧化缩合而生成红粉，加热时该反应更容易产生；鞣质遇铁变黑色（水解型鞣质呈微蓝的黑色，缩合型鞣质呈发绿的黑色），与锡离子长时间共热呈玫瑰色；鞣质遇碱变黑，在使用碱液去皮时应特别注意这一点。

鞣质与蛋白质产生絮凝，在果汁澄清中常利用这一性质。

六、酶

果蔬中的酶类多种多样，其中主要有两大类，一类是水解酶类，另一类是氧化酶类。

水解酶类主要包括果胶酶、淀粉酶、蛋白酶。

果胶酶包括能够降解果胶的任何种酶，主要有四类：果胶酯酶、果胶酸酯水解酶、果胶裂解酶和果胶酸酯裂解酶。在加工过程中，果胶酶对果胶的水解作用，有利于果汁的澄清和出汁率的提高。但有时则要抑制果胶酶的水解作用。如在生产混浊果汁、果冻或果酱等产品时，为了保持产品的黏度和稠度，则需要破坏原料中的天然果胶酶，防止其对果胶产生水解作用。

淀粉酶主要包括α-淀粉酶、β-淀粉酶、β-葡萄糖淀粉酶和脱支酶。它们都不能使淀粉完全降解。

蛋白酶可以将蛋白质降解，从而降低因蛋白质的存在而引起的混浊和沉淀。

果蔬中的氧化酶是多酚氧化酶，俗称很多，有酪氨酸酶、儿茶酚酶、酚酶、儿茶氧化酶、马铃薯氧化酶等。该酶诱发酶促褐变，对加工中产品色泽的影响很大。加工过程中主要采用加热破坏酶的活力、调pH降低酶的活力、加抗氧化剂、与氧隔绝几种方法来防止酶促褐变。

七、色素物质

按照溶解性质，可将果蔬中的色素分为两大类，一类是脂溶性色素，另一类是水溶性色素。脂溶性色素为叶绿素和类胡萝卜素，水溶性色素为一大类广义的类黄酮色素。

叶绿素是由叶绿酸、叶绿醇和甲醇三部分组成的酯，叶绿素分为叶绿素 a 和叶绿素 b。叶绿素 a 为蓝绿色，叶绿素 b 为黄绿色。叶绿素不耐光也不耐热，光照或加热时，叶绿素生成脱镁叶绿素，呈暗绿色至绿褐色或紫褐色，故加工过程中采用高温短时处理和避光保存的方法有利于绿色的保护；果蔬加工预处理时的热烫却有利于绿色的保护，其原因是经过热烫驱除了果蔬组织中的空气，可以使绿色更加容易显示，另外由于空气的去除，避免叶绿素的氧化，从而有利于绿色的保护；在酸性条件下，尤其是在加热时，叶绿素更易生成脱镁叶绿素；在弱碱中，叶绿素能够水解成为叶绿醇、甲醇及水溶性叶绿酸，叶绿酸呈较稳定的鲜绿色；当碱液浓度较高时，则生成叶绿素的钾盐和钠盐，也显示为绿色，但是 pH 太高时，易使原料中的酰胺和酯水解，而产生异味，故加工过程中一般用 pH6.5～7.8 的缓冲液进行护色；叶绿素中的镁离子可以被铜、锌所取代而显示出稳定的绿色；叶绿体中含有叶绿素分解酶，当叶绿体受破坏时，则表现出活性，可使叶绿素分解成脱叶绿醇基叶绿酸和叶绿醇，脱叶绿醇基叶绿酸也呈绿色。

类胡萝卜素在动、植物中均有存在，有与脂肪酸结合成酯或与叶绿素和蛋白质共同络合成色素蛋白等形式，颜色从浅黄色到深红色，这类色素分为两大类，一类是胡萝卜素类，另一类是叶黄素类，它们的区别是在结构上是否发生氧化。胡萝卜素类色素有 α-胡萝卜素、β-胡萝卜素、γ-胡萝卜素和番茄红素。除番茄红素外，其他三种均具有不等的维生素 A 的功能。叶黄素类色素主要有叶黄素、玉米黄素、隐黄素、辣椒红素、虾青素等，其中隐黄素可以生成维生素 A。这类色素对热稳定，颜色不易产生变化。但类胡萝卜素分子中含有多个双键，因而在光照、氧和脂肪氧化酶存在的情况下，会被氧化褪色。

类黄酮色素，分为花色素、无色花色素和花黄素。

花色素也称花青素或花色苷色素，是形成果蔬色泽的一种重要成分。除了 pH 会影响其色调以外，某些金属离子如 Ca、Mn、Mg、Fe、Al 能够与花色素形成络合物，此后其色泽不再受 pH 的影响，但与原先的色泽有所不同。花色素遇铁变成灰紫色，遇锡变成紫色。另外，花色素与 K^+、NH_4^+ 等以盐的形式存在时，其色泽也不受 pH 的影响。花色素受光照和加热的作用会褪色或变褐，受氧化还原作用也会褪色。如二氧化硫可使其褪色，但是当将二氧化硫除去之后，色泽又会恢复。抗坏血酸存在时，尤其在加热时，会分解褪色，受酚酶作用也会氧化褪色。

无色花色素具有鞣质的某些性质，在酸性环境中加热时可生成花色素，使原先无色的制品带上颜色，故加工中也要多加注意。

花黄素与某些金属离子如 Al、Pb、Cr、Fe 等能够形成颜色较深的络合物。花黄素的色泽也受 pH 的影响，以橙皮苷为例，当 pH 较低、橙皮苷为无色；当 pH 升高，橙皮苷为黄、橙或褐色。此变化是可逆的。花黄素在空气中久置则易氧化而成为褐色沉淀。

八、糖苷类物质

果蔬中的糖苷类物质很多，主要有以下几种。

1. 苦杏仁苷

苦杏仁苷存在于多种果实的种子中，核果类原料的核仁中苦杏仁苷的含量较多，在利用含有苦杏仁苷的种子时，应事先加以处理，除去所含的氢氰酸。

$$\underset{\text{苦杏仁苷}}{C_{20}H_{27}NO_{11}} + 2H_2O \longrightarrow \underset{\text{葡萄糖}}{2C_6H_{12}O_6} + \underset{\text{苯甲醛}}{C_6H_5CHO} + \underset{\text{氢氰酸}}{HCN}$$

2. 橘皮苷（橙皮苷）

橘皮苷是柑橘类果实中普遍存在的一种苷类，在皮和络中含量较多。其次是在囊衣中含量较多，橘皮苷即维生素 P，黄酮类化合物之一，具有软化血管的作用。橘皮苷不溶于水，而溶于碱液和酒精中。

橘皮苷在碱液中呈黄色，溶解度随 pH 升高而增大。当 pH 降低时，溶解了的橘皮苷会沉淀出来，形成白色的混浊沉淀，这是柑橘罐头中白色沉淀的主要成分。原料成熟度越高，橘皮苷含量越少。在酸性条件下加热，橘皮苷会逐渐水解，生成葡萄糖、鼠李糖和橘皮素。

3. 黑芥子苷

黑芥子苷为十字花科蔬菜辛辣味的主要来源，含于根、茎、叶和种子中。黑芥子苷在酶或酸的作用下水解，生成具有特殊刺激性辣味和香气的芥子油、葡萄糖和硫酸氢钾。这种变化在蔬菜的腌制中十分重要。

4. 茄碱苷

茄碱苷又称龙葵苷，是一种剧毒且有苦味的生物碱，含量在 0.02%时即可引起中毒。茄碱苷主要存在于马铃薯的块茎中，在番茄和茄子中也有。在马铃薯中，此物质正常的含量为 0.001%～0.002%，主要集中在薯皮和萌发的芽眼附近，受光发绿的部分特别多，故发芽之后的马铃薯不宜食用。在未熟的绿色茄子和番茄中，茄碱苷的含量也较多，成熟后含量减少。茄碱苷不溶于水，溶于热的酒精和酸的溶液中，在酶的作用下能够水解为葡萄糖、半乳糖、鼠李糖和茄碱。

九、维生素

水果和蔬菜中含有多种维生素，是人体维生素的主要来源之一。加工过程中如何保持原料中原有的维生素和强化维生素是经常遇到的问题。

1. 维生素 C

维生素 C 是己糖衍生物，天然存在且生物效价最高的有 L-抗坏血酸，其化学结构是烯醇式己糖酸内酯，其分子中相邻的烯醇式羟基极易离解，释放出氢离子，因而具有很强的酸性和还原性。

人类饮食中 90%的维生素 C 是从果蔬中得到的，而维生素 C 在加工过程中又是很易损失的。维生素是一种水溶性的维生素，在酸性溶液和浓度较大的糖溶液中比较稳定，在碱性条件下不稳定，受热易破坏，也容易被氧化，在高温和有 Cu^{2+}、Fe^{2+} 存在的条件下，更易被氧化。维生素 C 也是一种重要的抗氧化剂。

2. 维生素 B_1

维生素 B_1 易溶于水，在酸性环境中很稳定，在中性及碱性条件下易被氧化，加热不易破坏，但受氧、氧化剂、紫外线及 γ 射线的作用很易破坏。当 pH 大于 4 时，有些金属离子（如 Cu^{2+}）、亚硫酸根可使其降解，在 pH 小于 3 时该反应进行得十分缓慢。

3. 维生素 A

维生素 A 是脂溶性的，只存在于动物性食品中，在植物性食品中只含有胡萝卜素。一分子β-胡萝卜素在动物体内可产生两分子维生素A，α-胡萝卜素和γ-胡萝卜素及隐黄素可产生一分子维生素A。维生素A耐热，在加工过程中损失较少，仅在有较强氧化剂存在时可因氧化而失去活性，在有光线照射的条件下会加速氧化进程。

十、矿物质

果蔬中含有多种矿物质，如钙、磷、铁、钾、钠、镁等。在植物体中，这些矿物质大部分与酸结合成盐类（如硫酸盐、磷酸盐、有机酸盐）；小部分与大分子结合在一起，参与有机体的构成，如蛋白质中的硫、磷，叶绿素中的镁等。

十一、芳香物质

果蔬的香味是由其本身所含有的芳香成分所决定的，芳香成分的含量随果蔬成熟度的增大而提高，只有当果蔬完全成熟的时候，其香气才能很好地表现出来。没有成熟的果蔬缺乏香气。但即使在完全成熟的时候，芳香成分的含量也是极微量的，一般只有万分之几或十万分之几。只有在某些蔬菜（如胡萝卜、芹菜）、仁果和柑橘的皮中，才有较高的芳香成分的含量，故芳香成分又称精油。

芳香性成分均为低沸点、易挥发的物质，因此果蔬贮藏过久，一方面会造成芳香成分的含量因挥发和酶的分解而降低，使果蔬风味变差；另一方面，散发的芳香成分会加快果蔬的生理活动过程，破坏果蔬的正常生理代谢，使保存困难。再者，果蔬在加工过程中，主要是在高温处理和真空浓缩过程中，若控制不好，会造成芳香成分的损失最大，使产品品质下降。

任务二　学习影响果蔬加工的其他因素

一、农药残留

农药残留是食品（农副产品）和环境中的微量农药原体、有毒代谢物、降解物和杂质的总称，是一种重要的农业危害。当农药超过最大残留限量（MRL）时，将对人畜产生不良影响或通过食物链对生态系统中的生物造成毒害。农药对人体的危害包括致畸、致突变、致癌以及对生殖及下代的影响。

1. 农药残留对人体的危害

人长期摄入含残留农药的食品后，药物不断在体内蓄积，当浓度达到一定限量就会对人体产生毒性作用。主要表现如下。

（1）过敏反应和变态反应。

（2）菌群失衡。

（3）细菌耐药性。

（4）致畸、致突变、致癌。

（5）激素作用。

2. 控制农药污染食品的措施

（1）加强农药管理。

（2）禁止和限制某些农药的使用范围。

（3）规定施药与作物收获的主要间隔期。

(4) 指定农药在食品中的残留标准。

(5) 推广高效低残留的新农药。

(6) 合理饮食。

二、原料中含有的工业有害物质

1. 工业有害物质污染食品的途径

(1) 工业废水污染　工业废水不经处理或处理不彻底，排入江、河、湖、海，水生生物通过食物链使有害物质在体内逐级浓缩，由于生物具有富集作用，因此即使水含有微量有害物质，经过逐级浓缩，也可使食品被严重污染。

(2) 利用被污染的食物作饲料　采用被污染的水产品、农作物、牧草等充作禽畜饲料，禽畜吃后，重者引起中毒死亡，轻者则可使家禽家畜的奶、蛋及其肉类遭受污染，人们摄食后，有害物质又随食物转移于人的体内。

(3) 滥用食物添加剂的污染　食品在生产加工过程中为满足生产工艺的需要或防止食品腐败变质，或者为了增加食品的感官性状，往往加入某些食品添加剂。非食品用化工产品，砷、铅等杂质含量较多，用后对食品造成污染。

(4) 食具容器、包装材料的污染　食品包装材料有纸张、塑料、铝箔、马口铁、化纤、陶瓷、搪瓷、铝制品等。纸张在印刷时所用油墨、颜料含有较多的铅，可以污染食品。有的糖果包装纸含铅量高达16500mg/kg。此外，食具、容器也存在有害金属的溶出问题。如陶瓷、搪瓷、铝制品食具容器含有铅、砷、镉、锌、锑等有害物质，尤其利用回收铝浇铸的食具、容器有害金属含量较高，经检验铅溶出量有的高达171mg/L。罐头包装镀锡铁皮制成，当内层涂料不良时，由于内容物的腐蚀作用内壁和焊接处铅、锡等有害金属可溶出于食品中，许多包装材料和食具容器都含有有害金属，在一定条件下可成为食品的污染源。

(5) 食品生产加工和运输的污染　食品在生产加工过程中，接触机械设备和各种管道如分解反应锅、白铁管、塑料管（有的用铅作稳定剂）、橡胶管等，在一定条件下其有害金属溶出成为食品的污染源。运输工具不洁而造成食品污染也很常见，有些车、船装运农药、化肥、矿石及其他化工原料不加清扫或清洗不彻底，致使污染物散落在食品上，造成污染。

2. 消除工业有害物质对食品污染的措施

(1) 消除污染源　重金属污染环境后，很难去除。因此必须贯彻预防为主的方针，改变生产工艺，尽量利用替代品。必须在有害金属的生产过程中通过回收或者循环利用以减少流失，某些缺水地区利用污水灌溉农田，其灌溉水质也必须符合灌溉标准，此外还应根据作物的品种，掌握灌溉时期和灌溉量。

(2) 受污染食品的处理　处理前先要调查污染源、污染方式、程度和范围、受污染食品的数量和污染物的毒性等情况，根据具体情况，因地制宜地进行处理。对受污染食物无论怎样处理都要以保证食用者安全为前提，在此前提下，适当考虑食物的利用价值和经济价值。可采用：剔除污染部分；稀释处理；有限制地食用；去除污染物；改作他用或销毁。

三、食品添加剂

1. 食品添加剂不正确使用可导致的食品安全问题

(1) 急性和慢性中毒。

(2) 引起变态反应。

(3) 食品添加剂在人体内蓄积。

（4）食品添加剂被确定或怀疑具有致癌作用。

2. 正确使用食品添加剂

（1）必须遵守食品添加剂的生产和使用方面的法律、法规。

（2）食品添加剂的使用必须经过食品毒理学安全评价，以证明在使用期限内长期使用对人体安全无害，指定食品添加剂的使用范围与使用量。

（3）食品添加剂的使用不能影响食品本身的营养成分和感官品质。

（4）食品添加剂应有严格的质量标准，所含杂质不能超过允许限量。

（5）不能将使用食品添加剂作为掩盖食品缺陷或伪造的手段。

（6）食品添加剂在达到一定使用目的后，最好能在以后的加工、烹调或贮存过程中被破坏或排除，使之不能进入人体，发展这类食品添加剂是食品研究与开发的一个方向。

（7）食品添加剂在进入人体后，最好能参加人体的正常代谢；或能被正常解毒过程解毒后全部排出体外；或因不能被消化道吸收而全部排出体外。

（8）不能由于使用食品添加剂而降低良好的加工措施和卫生标准。

（9）未经卫生部标准，婴儿及儿童食品中不得使用食品添加剂。

四、食品容器、包装材料

1. 塑料及其制品对食品安全性的影响

（1）聚乙烯（PE） 聚乙烯塑料的残留物主要包括乙烯单体、低分子量聚乙烯、回收制品污染物残留及添加色素残留，一般认为聚乙烯塑料是安全的包装材料。但低分子量聚乙烯溶于油脂使油脂具有蜡味，从而影响产品质量，聚乙烯塑料回收再生制品具有较大的不安全性，由于回收渠道复杂，回收容器上常残留有许多有害污染物，难以保证清洗处理完全，从而造成对食品的污染；同时为掩盖回收品质量缺陷往往添加大量涂料，从而使涂料色素残留污染食品。因此，一般规定聚乙烯回收再生品不能再用于制作食品的包装容器。

（2）聚丙烯（PP） 聚丙烯塑料主要用于生产薄膜材料，在食品中可代替玻璃纸使用。此外它还可用于含油食品包装，可制成热收缩薄膜，用于食品热收缩包装。聚丙烯塑料残留物主要是添加剂和回收再利用品残留。由于其易老化，需要加入抗氧化剂和紫外线吸收剂等添加剂，造成添加剂残留污染。其回收再利用品残留与聚乙烯塑料类似。聚丙烯作为食品包装材料一般认为较安全，其安全性高于聚乙烯塑料。

（3）聚氯乙烯（PVC） 聚氯乙烯塑料的残留物主要是氯乙烯单体、降解产物和添加剂（增塑剂、热稳定剂和紫外线吸收剂等）溶出残留。聚氯乙烯树脂本身无毒，但氯乙烯单体具麻醉作用，同时还具有致癌、致畸作用。因此在用聚氯乙烯作为食品包装材料时，应严格控制材料中的氯乙烯单体残留量。另外，由于聚氯乙烯与低分子化合物相溶，所以加入多种辅助原料和添加剂，它们可向外溶出而进入包装食品。

（4）聚偏二氯乙烯（PVDC） 聚偏二氯乙烯塑料残留物主要是偏二氯乙烯（VDC）单体和添加剂。聚偏二氯乙烯中偏二氯乙烯单体残留量小于6mg/kg时，就不会迁移进入食品中。聚偏二氯乙烯存在残留危害，其所添加的增塑剂在包装脂溶性食品时溶出。聚偏二氯乙烯主要用于薄膜，也可用作肠衣，具有适合长期保藏的特性。

（5）聚苯乙烯（PS） 聚苯乙烯塑料残留物主要是苯乙烯单体、乙苯、异丙苯、甲苯等挥发性物质，它们能向食品中迁移，这些物质均有低毒。在食品中主要用于生产透明食品盒、水果盘、小餐具等，还可制成收缩膜用于食品收缩包装以及低发泡薄片材料，热塑成型一次性食品盒、盘。

（6）丙烯腈共聚塑料　丙烯腈共聚塑料已被广泛应用于食品容器和食品包装材料。尤其是以橡胶改性的丙烯腈-丁二烯（ABS）和丙烯腈-苯乙烯（AS）塑料最常用。丙烯腈-丁二烯和丙烯腈-苯乙烯的残留物主要是丙烯腈单体，可向食品迁移，有毒。所以对丙烯腈单体的残留量有限制标准，我国丙烯腈-丁二烯（ABS）中丙烯腈单体限量≤11mg/kg、丙烯腈-苯乙烯（AS）中丙烯腈单体限量≤50mg/kg。丙烯腈-丁二烯主要用于机械强度较高的食品包装，丙烯腈-苯乙烯用于机械强度、有透明性要求的食品包装材料。

2. 搪瓷、陶瓷、玻璃、金属包装材料及其制品对食品安全性的影响

（1）搪瓷、陶瓷包装材料对食品安全性的影响　搪瓷容器的危害是其瓷釉中的金属物质。陶瓷容器的主要危害来源于制作过程中在坯体上涂的陶釉、瓷釉、彩釉等。釉料中含有铅（Pb）、锌（Zn）、镉（Cd）、锑（Sb）、钡（Ba）等多种金属氧化物硅酸盐和金属盐类，它们多为有害物，这些物质容易溶出迁移进食品，严重的会引起中毒。

（2）玻璃包装材料对食品安全性的影响　玻璃包装容器的主要优点是无毒无味、化学稳定性极好、卫生清洁容易和耐气候性好。玻璃是一种惰性材料，一般认为玻璃与绝大多数内容物不发生化学反应而析出有害物质。玻璃中的迁移物是无机盐或离子，从玻璃中析出的主要成分为二氧化硅（SiO_2）。

（3）金属包装材料对食品安全性的影响　目前使用的两种主要金属包装材料是铁和铝，最常用的是马口铁、无锡钢板、铝和铝箔等。马口铁罐头罐身为镀锡的薄钢板，锡起保护作用，但由于种种原因，锡会溶出而污染罐内食品，随着罐藏技术的不断改进，已避免了焊缝处铅的迁移、罐内层锡的迁移。但由于涂料的使用，罐中的迁移物更加复杂。铝制品的危害主要是铸铝和回收铝中的杂质。铝的毒性表现为对脑、肝、骨、造血系统和细胞的毒性。我国已规定了金属铝制品包装容器的卫生标准。

（4）纸和纸板包装材料对食品安全性的影响　食品包装用纸影响食品安全主要有：食品包装用纸的原料不清洁；食品包装用纸经荧光增白剂处理，使包装纸中含有荧光化学污染物；食品包装用纸含有过高的多环芳烃化合物；食品包装用纸使用彩色原料引起污染；食品包装用纸中挥发性物质、农药及重金属等化学残留物引起污染。

【课后思考题】

（1）简述果蔬原料的分类及化学成分。

（2）哪些成分影响果蔬加工？详细说明是如何影响的？加工中是如何应对这些影响的？

（3）影响果蔬加工的外在因素有哪些？如何影响？如何避免？

【知识拓展】

食品添加剂是为了改善食品品质和色、香、味、形、营养价值，以及为保存和加工工艺的需要而加入食品中的化学合成或者天然的物质。绿色食品的加工产品，在生产中应该以更高的水平，合理使用添加剂，开发出各种花色品种的产品和不断的创新，以满足消费者的需要，根据目前绿色食品加工企业所反映的问题来看，在食品添加剂的使用上主要有以下两个问题。

1. 认识误区

人们往往认为天然的食品添加剂比人工化学合成的安全，实际许多天然产品的毒性因目前的检测手段、检测内容所限，尚不能做出准确的判断，而且，就已检测出的结果比较，天然食品添加剂并不比合成的毒性小。在原卫生部出台的《关于进一步规范保健食品原料管理的通知》中，以下天然的原料禁用：八角莲、土青木春、山莨菪、川鸟、广防已、马桑叶、长春花、石蒜、朱砂、红豆杉、红茴香、洋地黄、蟾酥等59种。因此绿色加工食品的生产中，生产厂在使用天然食品添加剂时一定要掌握合理的用量。天然食品添加剂的使用效果在许多方面不如人工化学合成添加剂，使用技术也需求很高的水平，所以在使用中要仔细研究、掌握天然食品添加剂的应用工艺条件，不得为达到某种效果而超标加入。虽然绿色食品的附加值较高，但仍然需要控制产品成本，因为天然添加剂的价格一般较高，这就要求绿色食品的生产厂家提高自身的研发能力。科学使用天然食品添加剂的复配技术可以减少添加剂使用量和更新产品。食品添加剂的复配可使各种添加剂之间产生增效的作用，在食品行业中称为“协同效应”，“协同”的结果已不是相加，大多数情况中可以产生“相乘”结果，可以显著减少食品中食品添加剂的使用量，降低成本。最近中国对于复配型食品添加剂的管理法规可能有重大调整，各绿色食品的加工企业不妨相应地进行生产工艺技术的革新，使绿色食品添加剂提高功效。

食品添加剂是食品工业中研发最活跃，发展最快的内容之一，许多食品添加剂在纯度、使用功效方面发展很快，例如酶制剂，许多产品的活力、使用功效等年年甚至每季度都有新的进展。所以绿色食品的加工企业应时刻注意食品添加剂行业发展的新动向，不断提高产品加工中食品添加剂的使用水平。

2. 正确看待食品添加剂

（1）食品添加剂的作用　合理使用食品添加剂可以防止食品腐败变质，保持或增强食品的营养，改善或丰富食物的色、香、味等。

（2）使用食品添加剂的必要性　实际上，不使用防腐剂具有更大的危险，这是因为变质的食物往往会引起食物中毒或疾病。另外，防腐剂除了能防止食品变质外，还可以杀灭曲霉素菌等产毒微生物，这无疑是有益于人体健康的。

（3）食品添加剂的安全用量　对健康无任何毒性作用或不良影响的食品添加剂用量，用每千克每天摄入的质量（mg）来表示，即mg/kg。

（4）不使用有毒的添加剂　“吊白块”是甲醛亚硫酸氢钠，也叫吊白粉吊白块，化学式为$NaHSO_2 \cdot CH_2O \cdot 2H_2O$。由锌粉与二氧化硫反应生成低亚硫酸等，再与甲醛作用后，在真空蒸发器浓缩，凝结成块而制得。“吊白块”呈白色块状或结晶性粉状，溶于水。常温时较稳定，在高温时可分解亚硫酸，有强还原性，因而具有漂白作用。在80℃以上就开始分解为有害物质，110℃时分解为甲醛，反应方程式为：

$$NaHSO_2 \cdot CH_2O = NaHSO_2 + CH_2O$$

$$NaHSO_2 + H_2O = NaHSO_3 + 2[H]$$

它可使人发热头疼、乏力、食欲减退等。一次性食用剂量达到10g就会有生命危险。“吊白块”主要用在印染工业中作为拢染剂和还原剂，它的漂白、防腐效果更明显。

项目三 果蔬保鲜技术

【知识目标】

掌握气调保鲜的条件、果品涂层的作用、涂料的种类及涂膜的方法。

【技能目标】

（1）学会通过控制保鲜条件完成气调保藏。
（2）学会果蔬涂层保鲜的方法。

【必备知识】

（1）环境对于果蔬呼吸作用的影响。
（2）果蔬涂膜保鲜技术和常用的涂膜保鲜剂。

任务一 学习气调保鲜

气调保鲜技术是通过调整环境气体来延长食品贮藏寿命和货架寿命的技术，其基本原理为：在一定的封闭体系内，通过各种调节方式得到不同于正常大气组分的调节气体，抑制导致食品变败的生理生化过程及微生物的活动。

气调保鲜技术的关键在于调节气体。此外，在选择调节气体组成与浓度的同时，还必须考虑温度和相对湿度这两个十分重要的控制条件。不仅要注意它们的单独影响，而且须重视由各种条件组成的环境总体的综合影响。

一、气体成分

空气的组成对果蔬贮藏产生较大的影响，正常大气中约含氧21%、二氧化碳0.03%及氮78%，其他成分不足1%。改变空气的组成、适当降低氧的分压或适当增高二氧化碳的分压，都有抑制植物体呼吸强度、延缓后熟老化过程、阻止水分蒸发、抑制微生物活动等作用。同时，控制氧和二氧化碳两者的含量可以获得更好的效果。这就是气调贮藏法的原理。控制适当的气体组成，即使温度较高，也有比较明显的减少损耗、延长贮藏期的效果。气调和冷藏相结合则是当前国内外生产上最现代化的果蔬贮藏方法。

1. 氧分压的影响

一些研究指出，低的氧分压可使跃变型果实的呼吸高峰延迟出现并降低其强度，甚至不出现呼吸高峰。低氧分压还可抑制叶绿素的分解，从而达到保绿的目的。这些现象都直接或间接地同乙烯的生物合成及其作用有关。乙烯是细胞的氧化代谢产物，组织合成乙烯必须有氧，缺氧则减少乙烯的合成量或停止合成作用。低氧（1%）还会抑制乙烯对新陈代谢的刺激作用。

随着空气中氧含量的不断下降，植物体呼吸所释放的二氧化碳量也逐渐减少。当二氧化碳释放量降到一个最低点后，如空气中的氧含量继续下降，呼吸释放的二氧化碳量又会增加。这是过度缺氧而引起发酵（缺氧呼吸）的结果。二氧化碳释放量达到最低点时，空气中氧的浓度称为氧的临界浓度。贮藏时如果氧浓度降到临界以下，则缺氧呼吸加强，贮藏处所内出现酒精味，果蔬就可能发生缺氧生理病，进而招致微生物感染。不同种类的果蔬对低氧的敏感性不同，大部分果蔬氧的临界浓度为 2%，一些热带、亚热带作物可高达 5%甚至 9%。反之，也有一些作物对低氧的抵抗力相当强，如蒜薹在 0℃及氧含量低于 1%的条件下，1 个月仍无明显的缺氧病害症状。

2. 二氧化碳分压的影响

空气中二氧化碳分压增大，溶于细胞中的或与某些细胞组分相结合的二氧化碳也增多。细胞中的二氧化碳量增多，会引起许多生理变化，表现为后熟过程受抑制。一定浓度的二氧化碳会减弱与后熟有关的合成反应，如抑制蛋白质和色素的合成。二氧化碳也会抑制乙烯对后熟的刺激作用，适量的二氧化碳还有助于保绿。原北京宣武区菜站等进行菜花气调贮藏试验，在 0～8℃及氧含量 15%～20%的条件下贮存 37d，二氧化碳含量为 3%～4%时，菜花叶片中叶绿素的相对含量为 0.919，不含二氧化碳时为 0.612。据报道，二氧化碳对甘蓝、绿菜花、芹菜、菠菜、绿菜、豆等也都有防止黄化的效果。二氧化碳浓度过高则引起一系列有害影响，如风味和颜色恶化，有生理病害。沈阳农业大学曾用高二氧化碳（18%以上）诱发了蒜薹典型的黄化水浸状生理病。F. Adamiski（1974）发现高二氧化碳（10%或更高）增加洋葱鳞茎内部败坏病的发病率。但各种果蔬对二氧化碳的敏感性有差别，如在二氧化碳 10%条件下贮存，葡萄柚表现出伤害；而苹果果实硬度显著提高，保鲜期显著延长。但二氧化碳浓度过高（超过 13%），苹果褐心病就会产生，还会引起果实产生二氧化碳的生理中毒现象，苹果品质严重恶化。

3. 氧与二氧化碳的综合影响

当没有二氧化碳时，氧抑制果蔬后熟衰老的阈值大约为 7%，超过这个阈值基本上就不起抑制作用。但氧的阈值是随二氧化碳含量同时上升的。另外，二氧化碳对果蔬的毒害作用可因提高氧分压而消除或减轻，即二氧化碳的阈值随氧分压而升高。这就是气调贮藏中氧与二氧化碳的相互拮抗作用。如表 3-1 所示，氧分压在 5%～8%或 10%～12%时，在低二氧化碳分压（3%～6%）下全部番茄着色后熟；提高二氧化碳分压则使着色率下降。这反映了二氧化碳对氧的拮抗作用。而二氧化碳对果实的毒害率随着氧分压的增高而显著下降，这反映了氧对二氧化碳的拮抗作用。氧同二氧化碳的这种拮抗作用在气调贮藏中确定气体组成比例时很重要。

表 3-1 O_2 与 CO_2 之间的拮抗作用对番茄着色率和 CO_2 毒害的影响

（贮藏时间 30d，贮藏温度 27℃）

CO_2 含量/%	O_2 含量(2%～4%)		O_2 含量(5%～8%)		O_2 含量(10%～12%)	
	着色率/%	毒害率/%	着色率/%	毒害率/%	着色率/%	毒害率/%
3～6	—	5	100	2	100	2
6～10	17	12	86	2	100	0
10～14	8	98	59	8	100	2
14～20	①	100	34	45	91	7
20～25	—	100	31	98	28	15

① 因生理中毒而淘汰。

气体的最适组成因果蔬种类和品种而有不同，还随果实的发育阶段、生理状态以及贮藏温度而有变化。对于一般果蔬，保持氧浓度为2%～5%，二氧化碳与氧浓度相等或稍高比较合适（表3-2）。

表3-2 部分果蔬的气调冷藏条件

果蔬	气体组成/%		温度/℃	湿度/%	果蔬	气体组成/%		温度/℃	湿度/%
	O_2	CO_2				O_2	CO_2		
苹果	2～4	3～5	0～1	85～90	蒜薹	2～5	2～5	0～1	85～90
梨	2～3	3～4	0～1	85～90	黄瓜	2～5	2～5	10～13	90～95
柑橘	10～12	0～2	2～5	85～90	菜花	2～4	4～6	0～1	85～90
甜橙	10～15	2～3	0～2	80～85	辣椒	2～5	3～5	5～8	85～90
葡萄	2～4	3	−1～0	90～95	青椒	3～5	4～5	7～10	85～90
草莓	3	3～6	0～1	85～90	菜豆	2～7	1～2	6～9	85～90
桃	10	5	0～0.5	85～90	洋葱	3～6	8～12	0～3	70～80
李	3	3	0～0.5	85～90	甘蓝	2～3	5～7	0～1	90～95
板栗	3～5	10	0～2	80～85	芹菜	0	1～5	0～1	90～95
柿子	3～5	8	0	85～90	萝卜	2～5	2～4	1～3	90～95
哈密瓜	3～5	1～1.5	3～4	70～80	胡萝卜	1～2	2～4	0～1	90～95
熟番茄	4～8	0～4	10～12	85～90	芦笋	10～12	5～9	0～2	90～95

4. 果蔬自身释放挥发物的影响

贮藏库内有时会积聚果蔬自身释放的乙烯和其他挥发性物质。乙烯是植物组织在成熟过程中的代谢产物，又是促进组织呼吸和后熟衰老的激素。所以乙烯的积聚对贮藏是不利的。通风贮藏库由于经常通风，因此乙烯的影响不大；气调贮藏和机械冷藏不常通风，贮藏库内空气中的乙烯可能达到有害的浓度，所以要进行空气净化。现在还有一种减压贮藏法，将果蔬贮藏在具有一定真空度（26.6～13.3kPa或更低）的容器内，可以将组织内的乙烯迅速推出并排出容器，这种方法比气调贮藏法能更有效地抑制果蔬的后熟衰老。

二、温度

温度是最重要的贮藏环境条件，它既影响果蔬的各种生理生化过程，又影响微生物的活动；温度还同其他环境条件有着密切关系。所以在贮藏保鲜中总是首先注意温度的控制。温度变化，不仅引起果蔬各种生理生化过程的量变，而且引起深刻的质变。温度升高，果蔬的呼吸作用、蒸腾作用、水解作用、后熟老化作用等都加强，并且缺氧呼吸的比重增大，一些果实的跃变高峰提早出现。对果蔬来说，一般以35～40℃为高限温度，在此温度以上呼吸作用反而缓慢。此温度以下至果蔬冰点以上这个范围内，呼吸强度随温度的升高而增高，这是由于呼吸作用是一系列酶促生物化学反应的结果。一般温度在0℃左右时，酶的活性几乎停止，呼吸受到抑制，呼吸强度很低。随着温度从0℃上升到35℃，酶活性随温度的上升而加强。但温度超过35～40℃，会使蛋白质和酶受到伤害而引起某种变性，致使酶活性受到抑制或被破坏。有人测定，苹果在4.5℃温度条件下，呼吸强度比0℃时高1倍；在4.5～25℃范围内，温度每增高10℃，呼吸强度至少增加1倍（表3-3）。

表3-3 苹果在不同贮藏温度下的CO_2吐出量及呼吸热

贮藏温度/℃	CO_2吐出量/[mg/(kg·d)]	呼吸热/[kJ/(kg·d)]
0	3～4	0.71～0.92
4.4	5～8	1.17～1.84
29.4	30～70	6.99～16.23

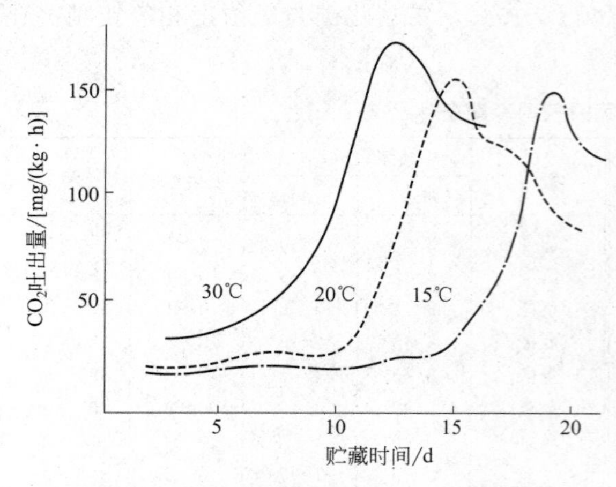

图 3-1 香蕉后熟中的呼吸和温度的关系

对于有呼吸高峰期的果蔬，抑制或推迟高峰期的出现就可控制后熟，延长贮藏期限(图 3-1)。

图 3-1 表示果实的呼吸高峰上升期和温度的关系。温度越低，高峰上升期开始越迟。值得注意的是：无论果实处于后熟中的哪个阶段，在一定的低温或高温条件下，它的新陈代谢都会发生变化，引起所谓的低温冷害和高温病害，因而不能进行正常的后熟。如香蕉后熟的适宜温度大约为20℃，30℃时会有高温伤害的危险性，而在 12℃以下又会产生低温冷害。

一般来说，高温对贮藏总是不利的。但某些蔬菜在收获后要经过一定的较高温度的处理以加强其耐贮性，如马铃薯收获后在一段时间内保持适当的高温，可以加速愈伤过程；洋葱、大蒜收获后，适当的高温处理可以加速鳞茎干燥，使表面的鳞片膜质化。但这些都只是短时间特殊的处理，处理结束就应立即降至适宜的贮藏低温。

在适当的低温条件下，蔬菜的各种代谢环节之间仍保持原有的协调平衡，即仍保持正常的新陈代谢过程，这是最合理的贮藏状态。如果温度再下降，即使还在冻结温度以上，正常代谢也会被干扰破坏，从而发生低温生理病害。喜温蔬菜尤其明显，因为它们的适温低限比较高，很多在 8～10℃。已经确定，绿熟番茄的贮藏适温为 10～12℃，不得低于 8℃；辣椒、黄瓜约与番茄相似；马铃薯的贮藏适温是 3～5℃，而不是 0℃；就像苹果这样的果实，虽然可以贮在 0℃，甚至可以进行冻藏，但为了防止一些生理病，以 1～5℃更为适宜。这就是说，许多果蔬都有其适应的低温限度，低于这个限度，就将引起低温生理病。但各种果蔬的低温限度并非固定不变，它不仅随品种、生长条件、发育程度（成熟度）而改变，还因其他环境条件而变化。例如，同一种产品在普通冷藏（正常空气）时的温度要比气调贮藏时低些，气调贮藏的不同气体组成也还可能有不同的最适温度。

原则上说，冻结对任何果蔬都有害，因为冻结总会造成原生质和细胞结构一定程度的伤害。有些果蔬之所以可进行冻藏是因为这些果蔬的耐寒力强，轻度冻结尚不致引来明显的损害，在缓慢解冻过程中细胞可以重新吸水复鲜，但即使如此，冻结仍然会使这些果蔬受到一些伤害，引起一些生理变化，所以在解冻后就不再能长期保存了。

温度经常变动对贮藏是有害无益的，它对果蔬和微生物的新陈代谢都有刺激性促进作用。温度的变动又会引起空气湿度的变动，这对薄膜封闭式气调贮藏影响尤大。表 3-4 反映了一个规律，一种是恒温 5℃，一种是变温 5℃，可以看出，变温比恒温的呼吸强度均高，表明变温影响呼吸作用。所以果蔬贮藏时要力求温度稳定。

表 3-4 在恒温和变温下蔬菜的呼吸强度 单位：$mgCO_2/(kg\cdot h)$

温度状况	洋葱	胡萝卜	甜菜
恒温 5℃	9.9	7.7	12.2
2℃和 8℃每隔 1d 互变，平均 5℃	11.4	11.0	15.9

总的来说，应该在保证果蔬正常代谢不受干扰破坏的前提下，尽量降低温度并力求保持稳定。在低温范围内，特别在接近 0℃的范围，温度的稍微变动也会对微生物的活动和果蔬

的代谢强度起相当明显的影响。所以在允许的限度内，虽仅使贮藏温度再下降1℃，也会起到大的作用。

三、湿度

贮藏环境中相对湿度的高低一方面影响果蔬的蒸腾作用，另一方面也影响微生物的活动。从降低蒸腾作用防止萎蔫皱皮来说，应保持高湿度。但空气湿度越高，越有利于微生物活动，也就越容易引起果蔬发病腐烂。因此在实际控制贮藏湿度时，必须全面考虑，兼顾两方面的影响，分析矛盾的主要方面，将湿度维持在一个适当的水平。

确定贮藏湿度，要同时考虑贮藏温度。如表3-5所示，相对湿度相同而温度不同时，饱和差是不同的，温度越高饱和差越大，也就是空气的吸湿力越强。

表3-5　空气温度对湿度的影响

温度/℃	饱和湿度	相对湿度80%时的饱和值	绝对湿度为4.9时	
			饱和差	相对湿度/%
−1	4.4	0.88	−0.5	111
0	4.9	0.98	0	100
1	5.2	1.04	0.3	94.2
2	5.6	1.12	0.7	87.5
3	6.0	1.20	1.1	81.7
4	6.4	1.28	1.5	76.6
5	6.8	1.36	1.9	72.1
6	7.3	1.46	2.4	67.1
10	9.4	1.88	4.5	52.1
12	−10.6	2.12	5.7	46.2

表3-5中饱和湿度、绝对湿度和饱和差的单位都是标准气压下每立方米空气所含水汽的质量（g）。空气湿度过饱和，多余的水汽将从空气中析出。

这样说来，似乎贮藏温度高时，应该同时保持较高的贮藏湿度，才能控制果蔬的蒸腾萎蔫。实质不然，高温、高湿的条件最有利于微生物活动，这正是通常贮藏时应该避免的。从表3-6可以看出，那些贮藏温度要求较高的蔬菜，如绿熟番茄、黄瓜等，应该维持的相对湿度比那些温度要求较低的蔬菜（如芹菜、菜花）还要低些。在这种环境中，蔬菜的蒸腾脱水虽然要重些，但比起在高湿度下微生物的快速增殖，综合的影响还是要小些。夏秋高温季节贮藏蔬菜，特别是在常温下采用薄膜封闭贮藏法，容易出现高温、高湿的情况，应该特别注意，此时应设法降低湿度。在0℃附近，低温对微生物已起有效的抑制作用，空气湿度就可以高些，以便更好地防止果蔬蒸腾萎蔫。这种低温、高湿的综合条件，适于很多果蔬的贮藏。如果采用有效的杀菌剂控制微生物的活动，贮藏湿度可以提高到接近于饱和。

温度与湿度的相互关系还表现在果蔬出汗方面。若空气湿度过大、温度骤高骤低以及堆放果蔬场所温差变化过大就会产生出汗现象。由于出汗而在果蔬表面凝结了水滴，微生物的侵袭就有了较为充分的条件，特别是在果蔬的伤口部位，极易造成腐烂。因此在任何情况下果蔬出汗对贮藏都是不利的。为防止出汗，必须减小或消除温差，控制较为稳定的贮藏温度。

表 3-6 部分果蔬的最适低温贮藏条件

果蔬	温度/℃	湿度/%	果蔬	温度/℃	湿度/%
苹果	－1～0	85～90	绿熟番茄	10～13	80～85
杏	－0.5～0	85～90	成熟番茄	0～0.5	85～90
樱桃	0	85～90	甜椒	7～9	85～90
山楂	－2～2	85～90	茄子	7～10	85～90
西瓜	3～4	85～90	黄瓜	10～13	85～90
甜瓜	0～1	85～90	南瓜(老)	3～4	70～75
椰子	0～0.5	80～85	青豌豆	0	80～90
菠萝	8～10	85～90	扁豆	1～7.5	85～90
香蕉	11～13	85～90	萝卜	1～8	90～95
芒果	10	85～90	胡萝卜	0～1	90～95
蜜柑	2～5	90～95	洋葱	－3～0	75～80
柠檬	6～7	80～85	大蒜	0	75～80
梨	0～1	85～90	马铃薯	1～7.5	80～85
桃	0～0.5	85～90	姜	1～8	85～90
葡萄	0～1	85～90	甜菜	0～1.5	88～92
橘	2～3	80～85	芋头	10～15	85～90
甜橙	4～5	80～85	山药	15.5	85～90
绿菜花	0～0.5	85～90	白薯	0	85～90
生菜	0～1	95～100	甘蓝	－1～0	90～95
菜花	0～0.5	90～95	菠菜	0	95
莴苣	0～1	85～90	芹菜	－0.5～0	90～95
蒜薹	－1～0	90～95	芦笋	0～2	95

任务二 学习果品的涂层

一、涂层的作用

用涂料处理果蔬，在一定时间内可以减少果蔬的水分损失，保持其新鲜，增加光泽，改善、提高果蔬的商品价值。例如，柑橘果实表面上的一层蜡质就是一种保护性物质。早在12～13世纪就已给新鲜柑橘和柠檬涂蜡来防止发干。美国从1924年起就对涂蜡进行了研究和应用，在柑橘上取得成功。国外果品涂蜡在20世纪30～40年代之间发展速度很快，作为果品销售的一个重要竞争手段，在商业上普遍得到使用。目前美国、日本、意大利、澳大利亚以及南非生产的柑橘，绝大部分在上市前进行涂料处理。

用涂料处理果品在我国尚属一种新技术，广东汕头地区1962年从日本引进一套打蜡机和蜡液。中国农林科学院林产化工研究所自20世纪70年代以来积极开展研究，制成了多种型号的涂料，并加入防腐保鲜剂等，增加了涂料的防腐和保鲜作用。

涂料处理在果品表面形成一层薄膜，抑制了果实的气体交换，降低了呼吸强度，从而减少了营养物质的损耗，减少了水分的蒸发损失，保持了果品饱满新鲜的外表和较高的硬度。由于有一层薄膜保护，也可以减少病原菌的侵染而避免腐烂损失。如果在涂料里混入防腐剂和激素，防腐保鲜效果会更加显著。涂料处理还能增加果品表面的光亮度，改善其外观，提高商品的价值。但是必须注意涂料厚薄的均匀适当。假如果品表面涂料过厚，会导致果品呼吸作用不正常，趋向于缺氧呼吸，引起果品的生理失调，因而使果品的品质、风味迅速变劣，产生异味，并且会快速衰老解体甚至腐烂。因此，国外只对短期贮运的果品进行涂料处理，更多的是在贮藏之后上市之前处理。就是在一定的时期内，涂料处理也只不过起一种辅助作用，不能忽视果品的成熟度、机械伤、贮藏环境中的温、湿度和气体成分等，其对于延长贮藏寿命和保持品质起着决定性的作用。可涂膜的果品有梨、苹果、柑橘、香蕉、杏、油桃、柠檬、油梨、芜菁、胡萝卜、甘薯、黄瓜、甘蓝、南瓜、土豆、番茄、辣椒和茄子等。

二、涂料的种类

果品涂料种类繁多，早期使用的有石蜡、蜂蜡等，近年来研制使用的有虫胶、淀粉膜、蔗糖酯、复方卵磷脂、SM 涂膜剂、京 2B 涂膜剂、森柏尔涂膜剂、魔芋甘露聚糖保鲜剂、壳聚糖、细菌胞外多糖等。

1. 果品涂料按作用分类

（1）阻湿性涂料　如石蜡、蜂蜡、聚乙烯醇乳剂和聚乙烯乳剂等等。这类涂料形成的涂层可以抑制果品表面的水分蒸发，保持果品饱满新鲜的外观和嫩脆的品质。

（2）阻气性涂料　如森柏尔保鲜剂等。这类涂料形成的涂层的阻氧能力大于阻二氧化碳的能力，使涂层果品内部组织的氧含量减少，二氧化碳浓度不变，从而抑制果品的需氧呼吸，防止果品发黄变软，延长贮藏时间。这是近来人们最新研制的一类果品保鲜剂，具有很广阔的应用前景，也使人们看到了涂层法取代气体贮藏法的希望。

（3）乙烯生成抑制涂料　如 AOA（氨基氧乙酸）等。这类涂料形成的涂层可以抑制果品内部乙烯的生成。乙烯是果实在成熟过程中产生的一种挥发性气体，它能加速果实的成熟与衰老，缩短贮藏期限。

2. 果品涂料按性能分类

（1）疏水性涂料　这类涂料是以疏水性物质、表面活性剂及水配制成的，如某种石蜡涂料的配方：石蜡 29.71%、司盘 2.6%、吐温 3.9%、平平加 0.67%、硬脂酸 2.08%、三乙醇胺 1.04%、水 60%。疏水性物质因其极性较低，所形成的涂层通常具有很低的透湿值，从而阻止果品失水，延长果品贮藏期限。用作涂层的疏水性物质很多，有天然蜡、油脂、高级脂肪酸、高级醇、塑料烯烃树脂、虫胶和松香等等。防止果品失水的蜡质有石蜡、蜂蜡、巴西棕榈蜡、小烛树蜡、米糠蜡和鹿皮蜡等，其中石蜡的阻湿性最好，蜂蜡其次。食蜡的阻湿性由于大大高于大多数其他蜡质或非蜡质薄膜，同时还能增加果品的光泽度提高果品的商品性能，因而在目前仍得到普遍使用。配制涂料使用表面活性剂除了可以使疏水性物质与水很好地混合，形成稳定的涂料乳剂外，还可降低果品表面的水分活度（A_w）并减少由蒸发导致的失水和二氧化碳从表皮的逸出。低的表面 A_w 可阻止果品表面微生物的生长，防止果品霉变。表面活性剂的结构对其阻湿性具有很大的影响，16 碳和 18 碳的脂肪醇以及单棕榈酸甘油酯和单硬脂酸甘油酯的阻湿性就很强，对脂肪醇和单甘油酯来说，碳氢链长度增加其阻湿性也随之增强。常用的表面活性剂有司盘-60、吐温-80、酪素钠、蔗糖月桂酸酯、卵磷脂、三乙醇胺和油酸等等。

（2）水溶性涂料　这类涂料是以亲水性聚合物、表面活性剂和水配制成的。亲水性聚合物阻湿性一般很小，阻氧能力却相对较强。因此，从阻止水分蒸发角度考虑，这类涂料只能在较短的贮藏期内保护果品；但从抑制需氧呼吸延迟果品后熟期考虑，这类涂料又可以在较长贮藏期内保持果品新鲜的品质，故这类涂料在使用时对果品的种类有选择性。例如，新鲜草莓涂被魔芋葡甘聚糖后可保藏 21d，砀山酥梨涂被魔芋葡甘聚糖可贮存 150d。为了提高阻湿性，Lowings 等开发了一种由羧甲基纤维素（CMC）和蔗糖酯组成的新型涂料，这种涂料所形成的涂层不仅阻氧能力大于阻 CO_2 的能力，抑制需氧呼吸，而且由于加入了表面活性剂蔗糖酯，阻湿性也得到了增强，使果品的贮藏期限延长。常用的亲水性聚合物有海藻酸钠、果胶、鹿角菜胶、琼脂、淀粉、纤维素衍生物、阿拉伯胶、壳聚糖、魔芋葡甘聚糖、细菌胞外多糖、明胶和清蛋白等。

各种涂料在使用时，为了防止因微生物侵袭引起的霉变，常常适当加入杀菌剂。我国早期在柑橘上应用的2号和3号紫胶涂料，其原液内含有2,4-D钠盐600mg/kg、托布津（或多菌灵）3000mg/kg，增加了涂料的防腐保鲜效果。近年来，国内在果品贮藏中开始应用高效低毒的防腐剂代替托布津、多菌灵，防腐效果更加明显。例如，国内推广的柑橘防腐剂主要有仲丁胺、本莱特、噻并咪唑、伊迈唑、双胍盐、$NaHCO_3$等，国外正在开发的几种杀菌剂有双胍盐、氯硝胺、咪唑类杀菌剂、CGA64251、CGA64250、Moltalaxyl、Benomyl、imazalil 等。

三、涂膜的方法

涂膜方法分为浸涂法、刷涂法和喷涂法三种。

1. 浸涂法

此法最简便，将涂料配制成适当浓度的溶液，将果品整体浸入，使之沾上一层薄薄的涂料后，取出果蔬放到一个垫有塑料的倾斜槽内徐徐滚下，装入箱内晾干即成。

2. 刷涂法

此法用细软毛刷蘸上配制成的涂料液，然后将果品在刷子之间辗转擦刷，使果品表皮涂上一层薄薄的涂料膜。这些擦刷在一个机械上完成。

3. 喷涂法

此法全部工序都在一台机械内完成。目前世界上新型的喷蜡机大多由洗果、擦吸干燥、喷蜡、低温干燥、分级和包装等部分联合组成。美国机械公司制造的打蜡分级机由5部分组成：浸泡槽及提升机；水洗器、干燥器及打蜡器；滚筒输送带及干燥器；滚筒输送带及分级器；柑橘分级机、分拣箱。此机能力为每小时用蜡82～112kg，涂果4～5t。湖南试制成柑橘涂果分组机，由倒果槽、涂果机、干燥器及分组机4部分组成。打蜡机虽然种类较多，但喷蜡的方式主要是通过固定的或活动的单个喷头喷蜡，或机器吹泡（利用能吹泡的蜡液），使果实经过喷雾或液泡沾上蜡层，在滚筒毛刷的作用下均匀果实表皮上的蜡液，再通过烘干即成。

【项目小结】

本项目主要从气调保鲜和果品涂层保鲜技术两方面对果蔬保鲜技术进行了讲解。气调保鲜部分主要介绍了环境中的气体成分、温度、湿度对于果蔬贮藏情况的影响，涂层保鲜技术主要从作用、种类、涂膜方法方面进行了介绍。

气调保鲜条件中气体成分的影响除考虑贮藏气体环境中氧气和二氧化碳造成的综合影响，还应考虑果蔬自身挥发物产生的影响；对于温度总的说来，应该是在保证果蔬正常代谢不受干扰破坏的前提下，尽量降低温度并力求保持稳定；除贮藏环境的湿度外，温度会对果蔬产生影响造成果蔬“出汗”，因此在进行气调环境控制时，应将气体成分、温度、湿度三方面因素综合考虑。

用涂料处理果蔬，在一定时间内可以减少果蔬的水分损失，保持其新鲜，增加光泽，改善、提高果蔬的商品价值。涂料处理抑制了果实的气体交换，降低了呼吸强度，从而减少了营养物质的损耗，减少了水分的蒸发损失，保持了果品饱满新鲜的外表和较高的硬度。

【课后思考题】

(1) 涂层的作用是什么?

(2) 涂膜的方法有哪些?

(3) 气调贮藏保鲜的环境条件是如何影响保鲜效果的?

(4) 利用所学知识你认为如何使果蔬保鲜达到更加理想的效果。

【知识拓展】

我国果蔬气调保鲜技术及装备的现状及发展趋势

气调保鲜包装又称为气调包装或置换气体包装，它是根据实际需求将一定比例的 O_2、CO_2、N_2 混合气体充入具有气体阻隔性能的包装材料内包装食品，抑制果蔬呼吸，防止食品在物理、化学、生物等方面发生质量下降或减缓质量下降的速度，从而延长食品货架期，提升食品价值，被世界各国公认的一种有效和先进的果蔬保鲜方法之一。

由于我国果蔬冷链物流不健全，我国每年约有 1.3 亿吨蔬菜和 1200 万吨果品在运输中损失，腐烂损耗的果蔬可满足近两亿人的基本营养需求，造成的经济损失达 750 亿元。消费者对食品安全和食品品质要求日益提高，特别是对易腐食品的纯正口味，长保质期和有吸引力的外观包装要求。食品已不仅是一种基本需要，而且是衡量生活水平的一个标准。因此，食品工业开发新的食品包装设备技术来满足客户的需求，正演变为一种市场趋势。

早在 12 世纪初期，从新西兰用船将新鲜的牛肉运到英国时，就通过增加车厢或库房里 CO_2 和减少 O_2 来运输或贮藏鲜肉。到 1930 年，美国研发人员发现，放在密封冷藏库里的苹果和梨的呼吸活动降低了库房内 O_2 的含量，增加 CO_2 含量能明显降低水果呼吸速率，使保鲜期达到 6 个月，冷藏保鲜期延长了 1 倍，1950 年这种利用呼吸自身气调的贮藏方式在美国各地得到很大发展。21 世纪以来，在英国、法国、德国等发达国家，气调包装应用广泛。

我国在 20 世纪 90 年代后期开始研究开发食品包装设备和工艺，比如上海肉类加工企业引进国外气调包装设备开发新鲜猪肉气调包装市场，为我国食品气调包装市场发展打下了基础。21 世纪以来，食品气调包装的研究与市场应用进入一个发展时期，许多高等院校、研究单位和有远见的企业在气调包装工艺方面做了大量的实践和研究，如气调包装模型、保鲜膜制备研究、气体混合精度、混合气体置换率、包装系统等技术都有较大的发展。气调包装机型也多种多样，如热成型卧式、立式、盒式、袋式和纸塑复合盒等各类气调包装机，适用于不同的产品；而硬塑盒有一定的刚性，不仅能方便实现气调，而且可堆叠整齐，具有保护性、工艺性和美观性，气调包装装备的研发也多针对盒式气调包装。

项目四　果蔬速冻技术

【知识目标】

(1) 掌握果蔬冷冻、速冻、缓冻及冷藏链等相关概念。
(2) 理解和掌握速冻保藏的基本原理。
(3) 理解冷冻对微生物、酶及果蔬组织结构的影响。
(4) 掌握各类速冻加工技术的基本操作要点。

【技能目标】

(1) 学会果蔬冷冻的基本原理、速冻生产技术的方法、设备和技术要点。
(2) 学会利用各类速冻加工技术特点选择适用于不同果蔬食品的保鲜方法。

【必备知识】

(1) 温度对于微生物生理活动的影响。
(2) 食品化学中水分的基础知识。
(3) 食品机械设备基础知识。

任务一　学习果蔬冷冻基本原理

冷冻保藏是储藏果蔬食品一种较好的保鲜方法。由于其保藏成本较低、保存时间较长且速冻食品又有新鲜、卫生、方便等特点，所以近年来冷冻保藏技术得到普及和应用。

食品的冷冻保藏始于19世纪初，在英国首先利用冰-盐溶液保藏鱼。19世纪末机械制冷设备问世并开始应用于冷冻厂和啤酒厂，1930年带包装的冻结食品出现，大部分供应于食品加工商。随后家用电冰箱的应用使得冷冻食品大量供应于市场。美国是速冻食品研制最早、消费量最大的国家，各种果蔬、肉禽、水产和预制食品等速冻食品的生产已经成为食品工业的支柱行业。据2000年统计，美国每年速冻食品产量在1300万吨以上，产值500亿美元，人均年消费冷冻食品63.6kg，居世界第一位。英、法、德等欧盟国家每年人均消费冷冻食品20～40kg。日本、韩国和我国台湾人均年消费冷冻食品也在10kg以上，1998年日本每个国民的冷冻食品年消费量为17.35kg，是亚洲冷冻食品消费量最大的国家。

我国于20世纪70年代初期提供出口的速冻蔬菜，到20世纪80年代初，速冻点心、速冻调理食品也开始出口，近年来速冻饺子等主食类调理食品产业发展十分迅速。估计全国速冻食品的总产量在300t左右，人均消费量2.3kg。2000年的出口量达50万吨，创汇3.9亿多元。2001年，我国具有生产速冻食品能力的企业近2000家，品种达300多个，年产量已达到1000万吨，仅速冻蔬菜的出口量就达到50万吨，速冻方便食品的出口量已超过意大利，跃居全球第一位。

一、果蔬的冻结

1. 冻结过程

食品冷冻的过程即采取一定方式排除其热量，使食品中水分冻结的过程，水分的冻结包括降温和结晶两个过程。果蔬由原来的温度降到冰点，其内部所含水分由液态变成固态，这一现象即为结冰，待全部水结冰后温度才继续下降。

(1) 降温　纯水在冷冻降温过程中，常出现过冷现象，即温度降到冰点（0℃）以下，而后又上升到冰点时才开始结冰（图 4-1）。在过程 abc 中，水以释放显热的方式降温；当过冷到 c 点时，由于冰晶开始形成，释放的相变潜热使样品的温度迅速回升到 0℃，即过程 cd，在过程 de 中，水在平衡的条件下，继续析出冰晶，不断释放大量的固化潜热。在此阶段中，样品温度保持恒定的冻结温度 0℃；当全部的水被冻结后，固化的样品才以较快速率降温（ef 段）。

在食品的冷冻降温过程中，也会出现过冷现象，但这种过冷现象的出现，随着冷冻条件和产品性质的不同有较大差异，并且果蔬中的水呈一种溶液状态，其冰点比水低，一般果蔬食品的冰点温度通常在－3.8～0℃之间，所以其冻结曲线与纯水的冻结曲线有较大差异（图 4-2）。

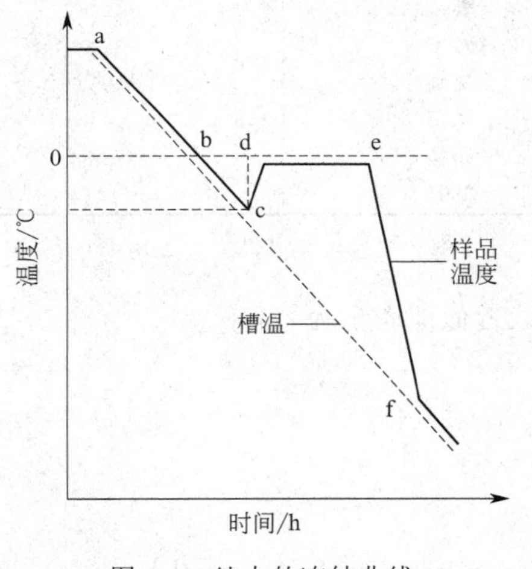

图 4-1　纯水的冻结曲线

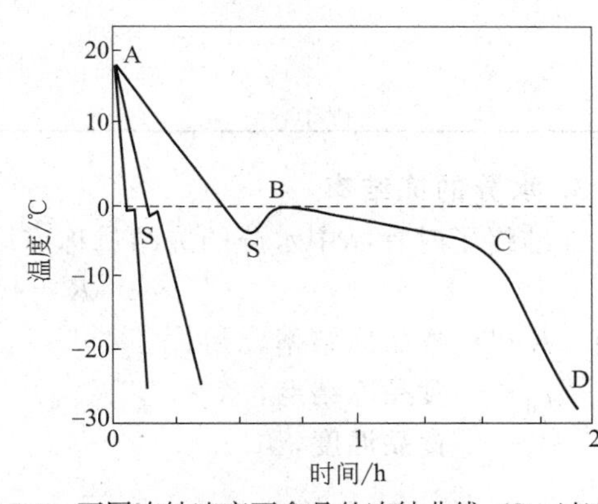

图 4-2　不同冻结速率下食品的冻结曲线（S＝过冷点）

(2) 结晶　食品中的水分由液态变为固态的冰晶结构，即食品中的水分温度在下降到过冷点之后，又上升到冰点，然后开始由液态向固态的转化，此过程为结晶。结晶包括两个过程，即晶核的形成和晶体的增长。

① 晶核的形成。在达到过冷温度之后，极少一部分水分子以一定规律结合成颗粒型的微粒，即晶核，它是晶体增长的基础。

② 晶体的增长。指水分子有秩序地结合到晶核上面，使晶体不断增大的过程。

食品的冻结曲线（图 4-2）显示了食品在冻结过程中温度与时间的关系。AS 阶段为降温阶段，食品经过过冷现象，此间温度下降放出显热。BC 阶段为结晶阶段，此时食品中大部分水结成冰，整个冰冻过程中大部分热量（潜热）在此阶段放出，降温慢、曲线平坦。CD 阶段为成冰到终温，冰继续降温，余下的水继续结冰。

如果水和冰同时存在于 0℃下，保持温度不变，它们就会处于平衡状态而共存。如果继续由其排除热量，就会促使水转换成冰而不需要晶核的形成，即在原有的冰晶体上不断增长扩大。如果在开始时只有水而无晶核存在的话，则需要在晶体增长之前先有晶核的形成，温度必须降到冰点以下形成晶核，而后才有结冰和体积增长。晶核是冰晶体形成和增长的基础，结冰必须先有晶核的存在。晶核可以是自发形成的，也可以是外加的，其他物质也能起到晶核的作用，但是它要具有与晶核表面相同的形态，才能使水分子有序地在其表面排列结合。

2. 果蔬的冰点

纯水的结冰温度称为水的冰点，而果蔬中的水呈一种溶液状态，其冰点比纯水低。果蔬细胞含有大量的水分，一般为其质量的2/3以上。其中溶解有各种有机和无机物质，如溶解的盐类、糖类、酸类以及悬浮在其中的蛋白质，是一种很复杂的溶液。与纯水相比其蒸气压下降，而果蔬细胞液体的冰点就是液体与固体蒸气压达到平衡时的温度，因此冰点降低，其冰点总是低于纯溶剂的冰点，食品的冰点总是低于纯水的冰点，一般果蔬食品冰点温度通常在−3.8～0℃之间。各种果蔬的冰点温度见表4-1。

表4-1 各种果蔬的冰点温度

产品种类	冰点温度/℃	产品种类	冰点温度/℃
芦笋	−0.60	甜玉米	−0.60
菜花	−0.60	豌豆	−0.60
甘蓝	−0.80	番茄	−0.50
卷心菜	−0.90	洋葱	−0.80
胡萝卜	−1.40	蘑菇	−0.90
芹菜	−0.50	黄瓜	−0.50
李	−1.55	葡萄	−3.29
梨	−1.50	草莓	−0.85
杏	−2.12	柑橘	−1.03
桃	−1.31	苹果	−1.40

3. 水分的冻结率

冻结终了时食品中水分的冻结量称冻结率。可以近似地表示为

$$K=100(1-t_d/t_s)$$

式中 K——食品冻结率，%；

t_d——食品冻结点，℃；

t_s——食品温度，℃。

如食品的冻结点为−1℃，降到−5℃时，冻结率 $K=100\times\left(1-\frac{-1}{-5}\right)=80\%$，降到−18℃时的冻结率 $=100\times\left(1-\frac{-1}{-18}\right)=94.4\%$。

食品的冻结率与温度、食品的种类有关，温度越低，食品冻结率越高，不同种类的食品即使在相同温度下也有不同的冻结率，如表4-2所示。

表4-2 一些果蔬在不同温度下的水分冻结率 单位：%

品名	食品温度/℃											
	−1	−2	−3	−4	−5	−6	−10	−15	−18	−20	−25	−30
番茄	30	60	70	76	80	82	88	90	91	91.5	93	95
洋葱	10	50	65	71	75	77	83.5	87.5	89	90	92	93
大豆、胡萝卜	0	28	50	58	64.5	68	77	83	84	85	87	90
苹果、梨、马铃薯	0	0	32	45	53	58	70	78	80.2	82	85	87
葡萄	0	0	20	32	41	48	65.5	72	75	77	80	83
樱桃	0	0	0	20	32	40	58	67	71	72	74	76

通常食品的温度需下降到−55～−65℃，全部水分才会凝固，从冻结成本考虑，工艺上

一般不采用这样的低温，在－30℃左右，食品中大部分水分能够结晶，结晶水分主要为游离水，在此温度下冻结食品，已经达到冷冻贮藏要求。

在冻结过程中，多数食品在－5～－1℃温度范围内，大部分游离水已形成冰晶，一般把这一温度范围称为食品最大冰晶生成区。

二、冻结速率和冰晶分布

1. 冻结速率的表示方法

（1）按时间划分　食品中心温度从－1℃降到－5℃所需要的时间，在30min内为快速冻结，超过30min为慢速冻结，之所以选择30min是因为在这样的冻速下冰晶对组织影响最小。

（2）按距离划分　每小时食品在－5℃的冻结层从食品表面向内部延伸的距离为5～20cm时称为快速冻结；1～5cm/h称为中速冻结；0.1～1cm/h为慢速冻结。

2. 冻结速度与冰晶分布

在食品冷冻过程中，冻结速度与食品中冰晶颗粒大小直接相关，而晶体大小决定了冷冻食品的最终质量。

（1）速冻　速冻是指食品中的水分在30min内通过最大冰晶生成区而结冻。在速冻条件下，食品降温速率快，食品细胞内外同时达到形成晶核的温度条件，食品降温速率快，食品细胞内外同时达到形成晶核的温度条件，晶核在细胞内外广泛形成，形成的晶核数目多而细小，水分在许多晶核上结合，形成的晶体小而多，冰晶的分布接近于天然食品中液态水的分布情况。由于晶体在细胞内外广泛分布，数量多而小，细胞受到压力均匀，基本不会伤害细胞组织，解冻后产品容易恢复到原来状态，流汁量极少或不流汁，能够较好地保存食品原有的质量。

（2）缓冻　缓冻是指不符合速冻条件的冷冻。食品在缓冻条件下，降温速率慢，细胞内外不能同时达到形成晶核的条件，通常在细胞间隙首先出现晶核，晶核数量少，水分在少数晶核上结合，形成的晶体大，但数量少。由于较大的晶体主要分布在细胞间隙中，致使细胞内外受到压力不均匀，易造成细胞机械损伤和破裂，解冻后，食品流汁现象严重，质地软烂，质量严重下降。

3. 重结晶

由于温度的变化，食品反复解冻和再冻结，会导致水分的重结晶现象。通常当温度升高时冷冻食品中细小的冰晶体首先熔化，冷冻时水分会结合到较大的冰晶体上，反复的解冻和再冷冻后，细小的冰晶体会减少乃至消失，较大冰晶体会变得更大，因此对食品细胞组织造成严重伤害，解冻后，流汁现象严重，产品质量严重下降。另一种关于重结晶的解释是当温度上升，食品解冻时，细胞内部的部分水分首先熔化并扩散到细胞间隙中，当温度再次下降时，它们会附着并冻结在细胞间隙的冰晶上，使之体积增大。

可见冷冻食品质量下降的原因，不仅仅是缓冻，还有另外一个因素为重结晶，即使采用速冻方法得到的速冻食品，在贮藏过程中如果温度波动大，同样会因为重结晶现象造成产品质量劣变。

三、冷冻对果蔬的影响

果品、蔬菜在冷冻过程中，其组织结构及内部成分仍然会起一些理化变化，影响产品质量。影响的程度视果蔬的种类、成熟度、加工技术及冷冻方法的不同而异。

1. 冷冻对果蔬组织结构的影响

一般来说，冷冻可以导致果蔬细胞膜的变化，即细胞膜透性增加，膨压降低或消失，细胞膜或细胞壁对离子和分子的透性增大，造成一定的细胞损伤，而且缓冻和速冻对果蔬组织结构的影响也是不同的。另外，果蔬在冷冻时，通常体积膨胀，密度下降4%～6%，所以在包装时，容器要留有空间。

在缓冻条件下，晶核主要是在细胞间隙中形成，数量少，细胞内水分不断外移，随着晶体不断增大，原生质体中无机盐浓度不断上升，最后，细胞失水，造成质壁分离，原生质浓缩，其中的无机盐可达到足以沉淀蛋白质的浓度，使蛋白质发生变性或不可逆的凝固，造成细胞死亡，组织解体，质地软化，解冻后流汁严重。

在速冻条件下，由于细胞内外的水分同时形成晶核，晶体小，且数量多，分布均匀，对果蔬的细胞膜和细胞壁不会造成挤压，所以组织结构破坏不多，解冻后仍可复原。保持细胞膜的结构完整对维持细胞内静压是非常重要的，它可以防止流汁和组织软化。

果蔬冷冻保藏的目的是要尽可能地保持其新鲜原料的特性。但在冻结和解冻期间，产品的质地、外观与新鲜果蔬比较，还是有差异的。其组织的溃解、软化、流汁等程度因产品的种类和状况不同而有所不同。例如食用大黄，其果肉组织中的细胞虽有坚硬的细胞壁，但冷冻时组织中形成的冰晶体使细胞发生质壁分离，靠近冰晶体的许多细胞被扭曲和溃烂，使细胞内容物流入细胞间隙中去，解冻后汁液流失。又如芦笋在一定的温度下冻结，解冻后很难恢复到原来的新鲜度。

一般认为，冷冻造成的果蔬组织破坏并引起软化流汁，不是由于低温的直接影响，而是由于冰晶形成所造成的机械损伤，由于细胞间隙结冰而引起细胞脱水，原生质破坏，发生质壁分离，破坏了原生质的胶体性质，由于失水而增加了盐类的浓度，使蛋白质由原生质中盐析出来造成细胞死亡，从而失去对新鲜特性的控制能力。据试验观察，果蔬在干冰中速冻，解冻时的流汁现象比－18℃的空气中冷冻要少得多。

2. 冷冻对果蔬化学变化的影响

果蔬原料在降温、冻结、冻藏和解冻期间都会发生色泽、风味和质地的变化，因而影响产品的质量。通常在－7℃的冻藏温度下，多数微生物停止了生命活动，但原料内部的化学变化并没有停止，甚至在商业性的冷藏温度（－18℃）下仍然发生化学变化。在速冻温度以及－18℃以下的冻藏温度条件下化学物质变化速度较慢。在冻结和冻藏期间常发生影响产品质量的化学变化有：不良气味的产生，色素的降解，酶促褐变以及抗生素的自发氧化等。

不良气味的产生是因为在冻结和冻藏期间，果蔬组织中积累的羰基化合物和乙醇等物质产生的挥发性异味，或是含类脂物质较多的果蔬，由于氧化作用而产生异味。试验表明：豌豆、四季豆和甜玉米在冷冻贮藏期间发生了类脂化合物的变化，它们的游离脂肪酸的含量显著增加。

色泽的变化包括两个方面：一方面是果蔬本身色素的分解，如叶绿素转化为脱镁叶绿素，果蔬由绿色变为灰绿色，既影响外观，又降低其商品价值；另一方面是酶的影响，特别是解冻后褐变更为严重，这是由于果蔬组织中的酚类物质（绿原酸、儿茶酚、儿茶素等）在氧化酶和多酚氧化酶的作用下发生氧化反应。这种反应速度很快，使产品变色变味，影响严重。防止酶促褐变的有效措施有：酶的热钝化；添加抑制剂，如二氧化硫和抗坏血酸；排出氧气或用适当的包装密封；排除包装顶隙中的空气等。

经冻藏和解冻后的果蔬，其组织发生软化，原因之一是由于果胶酶的存在，使果胶水解，原果胶变成可溶性果胶，从而导致组织结构分解，质地软化。另外，冻结时细胞内水分外渗，解冻后不能全部被原生质吸收复原，也是果蔬组织软化的一个原因。

冷冻保藏对果蔬的营养成分也有影响。冷冻本身对营养成分有保护作用，温度越低，保护程度越高。但是由于原料在冷冻前的一系列处理，如洗涤、去皮、切分、破碎等工序使原料破裂，暴露于空气中，与空气的接触面积大大增加，维生素C因氧化、水溶而失去营养价值。这种化学变化在冻藏中仍然进行，但速度缓慢得多。因而，冷冻前的热处理（抑制酶的活性）及加入抗坏血酸等措施都有保护营养物质的作用。维生素 B_1 对热比较敏感，易受热损失，但在冷藏中损失很少。维生素 B_2 在冷冻前的处理过程中有所降低，但在冷冻贮藏中损失不多。冷冻果蔬中维生素C常有很大程度的损失。只有在低温并不供给氧气的状况下，维生素C才比较稳定。

3. 冷冻对果蔬中酶活性的影响

冷冻产品的色泽、风味变化很多是在酶的作用下进行的。酶的活性受温度的影响很大，同时也受pH和基质的影响。酶或酶系统的活性在高温93.3℃左右被破坏，而温度降至－73.3℃时还有部分活性存在，食品冷冻对酶的活性只是起到抑制作用，使其活性降低，温度越低，时间越长，酶蛋白失活程度越重。酶活性虽然在冷冻冷藏中显著下降，但是并不说明酶完全失活，在长期冷藏中，酶的作用仍可使果蔬变质。当果蔬解冻后，随着温度的升高，仍保持活性的酶将重新活跃起来，加速果蔬的变质。因此，速冻果蔬在解冻后应迅速食用或使用。

研究表明，酶在过冷状况下，其活性常被激发。例如，果蔬冻结时，当温度降至－5～－1℃时，有时会呈现催化反应速度比高温时快的现象。原因是在这个温度区间，果蔬中的水分有80％变成了冰，而未冻结溶液的基质浓度和酶浓度都相应增加的结果。因此，快速通过这个冰晶带不但能减少冰晶对果蔬的机械损伤，同时也能减少酶对果蔬的催化作用。由表4-2可以看出，在－18℃以上的温度中，还有不少未冻结水分存在，这就为酶的活动提供了条件，因而可引起冻藏产品败坏。一般认为冻藏温度不高于－18℃，商业上一般采用－18℃作为冻藏温度，对多数食品在数周至数月内是安全可行的。也有些国家采用更低的冻藏温度。

因此，在速冻以前常采用一些辅助措施破坏或抑制酶的活性，如冷冻以前采用的漂烫处理、浸渍液中添加抗坏血酸或柠檬酸以及前处理中采用硫处理等。

果蔬原料中加入糖浆对冷冻产品的风味、色泽也有良好的保护作用。糖浆涂布在果蔬表面既能阻止其与空气接触，减少氧化机会，也有利于保护果蔬中挥发性酯类香气的散失，对酸性果实可增加其甜味。冷冻加工中常将抗坏血酸和柠檬酸溶于糖浆中以提高其保护效果。经 SO_2 处理后的果蔬如果再加用糖浆，对风味的保持亦有良好的作用。

将上面提出的处理方法与真空处理相结合，则能取得更好的效果。具体做法是将果蔬原料浸渍在这类化学溶液或糖液中，装入容器内，在真空条件下排除组织内的空气，待解除真空后，化学溶液或糖液就很快地渗入到组织中，取代原来由空气所占据的空间，以阻止空气通路，从而起到更有效的保护作用。

4. 冷冻对微生物的影响

任何微生物的生长、繁殖及活动都有一定的温度范围，超过或低于这个温度，微生物的生长及活动就逐渐抑制或被杀死。大多数微生物在低于0℃的温度条件下其生长活动就可被抑制，温度越低对微生物的抑制作用越强。冷冻果蔬中微生物的影响主要有两个方面：一方面是造成产品质量劣变或全部腐烂；另一方面是产生有害物质，危机人体健康。

低温导致微生物活力减弱的原因是：一方面在较低温度下微生物酶活性下降，当温度降至－20～－25℃时，微生物细胞内所有酶反应几乎完全停止；另一方面，微生物细胞内原生质黏度增加，胶体吸水性下降，蛋白质发生不可逆凝固变性，同时冰晶体的形成还会使细胞遭受机械性破坏。因而冷冻可以抑制或杀死微生物。

食品冻结时缓冻将导致大量微生物死亡，而速冻则相反，因为缓冻时食品温度长时间处于－18～－12℃，易形成少量大粒冰晶体，对细胞产生机械破坏作用，对微生物影响较大。而在速冻条件下，食品在对细胞威胁较大的温度范围内停留时间甚短，温度迅速下降到－18℃下，对微生物影响相对较小。

果蔬原料在冷冻前，其条件适宜于微生物的生长繁殖，所以易被杂菌感染，而且原料从准备处理到冷冻之前拖的时间愈长，感染愈重。如原料热处理后降温不够充分就包装冷冻，那么包装材料会阻碍热的传导，使冷却变得缓慢，尤其是包装中心温度下降更慢，在此期间仍会有微生物活动引起败坏作用发生。因而最好是在包装之前将产品冷却到接近冰点温度，然后再进行包装冷冻，这样才较为安全。

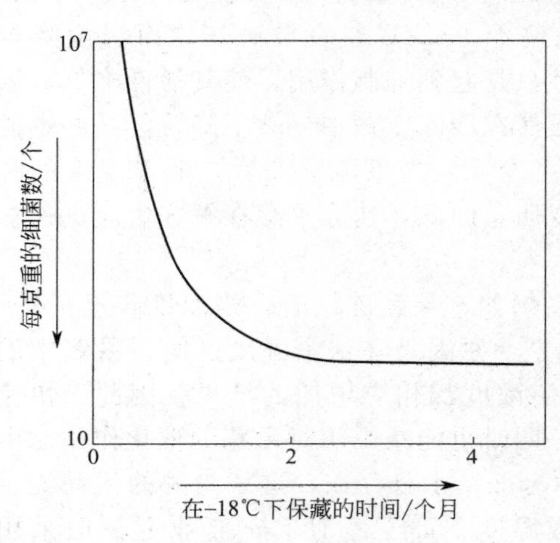

图 4-3　冷冻食品中致病菌的存活率

致病菌在果蔬速冻时随着温度降低其存活率迅速下降，但冻藏中低温的杀伤效应则很慢（图 4-3）。如果冷冻和解冻重复进行，对细菌的营养体具有更高的杀伤力，但对果蔬的品质也有很大的破坏作用。试验证明，芽孢霉菌能在－2℃生长，某些嗜冷性细菌能在－20～－10℃的范围内生存。因此果蔬冻藏温度一般要求不超过－10℃，为安全起见，速冻果蔬的冻藏通常采用－18℃或更低一些的温度。

关于冷冻食品的冻藏对于某些产毒素致病菌，如肉毒杆菌、伤寒菌、霍乱菌以及其他致病菌的影响，曾进行过很多的研究。一般认为有的霉菌、酵母菌和细菌在冷冻食品中能生存数年之久，伤寒杆菌在冰淇淋中能活到 2 年以上，肉毒杆菌在冻藏中至少可以存活 1 年以上，其毒素活性也可保持 1 年以上，但这种杆菌在冻藏条件下是不会产生毒素的。冷冻可以杀死许多微生物，但不是所有的微生物，某些微生物的活动只是受到抑制。冷冻在保存果蔬的同时也能保护不少微生物。冷冻果蔬一旦解冻后，在温度、湿度适宜的条件下，残存的微生物重新复苏，活动加剧，很快造成果蔬腐烂变质，因此应尽快食用或使用。

任务二　学习速冻果蔬生产技术

一、工艺流程

果蔬速冻加工工艺因种类而不尽相同。水果多以原果速冻为主，蔬菜则需经多道加工工序方可速冻。果蔬速冻加工工艺流程如下：

原料选择 → 预冷 → 清洗 → 去皮 → 切分 → 漂烫 → 冷却 → 沥水 → 包装 → 速冻 → 冻藏 → 解冻

二、技术要点

1. 原料的选择

适合速冻加工的蔬菜很多，有青刀豆、茄子、番茄、青椒、黄瓜、南瓜等，叶菜类有菠菜、芹菜、韭菜、蒜薹、香菜等，茎菜类有马铃薯、芦笋、莴笋、芋头等，根菜类有：胡萝卜、山药等。此外，还包括花菜类和食用菌等。适宜速冻的水果主要有：葡萄、桃、李子、樱桃、草莓、荔枝、板栗、西瓜、梨、杏等。

速冻对果蔬原料的基本要求：

(1) 耐冻藏，而冷冻后严重变味的原料一般不宜。

(2) 食用前需要煮制的蔬菜适宜速冻，对于需要保持其生食风味的品种不作为速冻原料。

2. 原料的预冷

原料在采收之后，速冻之前需要进行降温处理，这个过程称预冷，通过预冷处理降低果蔬的田间热和各种生理代谢速率，防止腐败衰老。预冷的方法包括冷水冷却、冷空气冷却和真空冷却。

3. 原料的清洗、整理和切分

按原料种类特点和加工要求进行清洗、整理和适当切分。

4. 原料的漂烫和冷却

通过漂烫可以全部或部分地破坏原料中氧化酶的活性，起到一定杀菌作用。对于含纤维较多的蔬菜和适于炖炒的种类，一般进行漂烫。漂烫的时间和温度根据原料的性质、切分程度确定，通常是95～100℃，几秒至数分钟。对于含纤维较少的蔬菜，适宜鲜食的，一般要保持脆嫩质地，通常不进行漂烫。

影响速冻蔬菜质量的酶有过氧化酶、氧化酶、过氧化氢酶、抗坏血酸酶等。这些酶一般在70～100℃或−40℃以下才失去活性。利用漂烫破坏蔬菜中酶活性比低温处理要经济、简便。蔬菜经过漂烫后要立即冷却，以免余热导致原料颜色或营养成分的改变。

5. 水果的浸糖处理

水果需要保持其鲜食品质，通常不进行漂烫处理，为了破坏水果酶活性，防止氧化变色。水果在整理切分后需要保存在糖液或维生素C溶液中。水果浸糖处理还可以减轻结晶对水果内部组织的破坏作用，防止芳香成分的挥发，保持水果的原有品质及风味。糖的浓度一般控制在30%～50%，因水果种类不同而异，一般用量配比为2份水果加1份糖液，加入超量糖会造成果肉收缩。某些品种的蔬菜，可加入2%食盐水包装速冻，以钝化氧化酶活性，使蔬菜外表色泽美观。为了增强护色效果，还常需在糖液中加入0.1%～0.5%维生素C、0.1%～0.5%柠檬酸或维生素C和柠檬酸混合使用效果更好（如0.5%左右的柠檬酸和0.02%～0.05%维生素C合用），此外，还可以在果蔬去皮后投入50mg/kg SO_2 溶液或2%～3%亚硫酸氢钠溶液浸渍2～5min，也可有效抑制褐变。

6. 沥水（甩水）

原料经过漂烫、冷却处理后，表面带有较多水分，在冷冻过程中很容易形成冰块，增大产品体积，因此要采取一定方法将水分甩干，沥水的方法有两种：

(1) 可将原料置平面载体上晾干。

(2) 用离心机或振动筛甩干。

7. 包装

原料可以在冷冻前包装，也可以在冷冻后包装。冷冻前包装能够防止食品氧化、光照、失水干燥；防止杂物、异味污染，使贮藏期延长。

（1）速冻果蔬包装的方式　速冻果蔬包装的方式主要有普通包装、充气包装和真空包装，下面主要介绍后两种。

① 充气包装。首先对包装进行抽气，再充入 CO_2 或 N_2 等气体的包装方式。这些气体能防止食品特别是肉类脂肪的氧化和微生物的繁殖，充气量一般在0.5%以内。

② 真空包装。抽去包装袋内气体，立刻封口的包装方式。袋内气体减少不利于微生物繁殖，有益于产品质量保存并延长速冻食品保藏期。

（2）包装材料的特点

① 耐温性。速冻食品包装材料一般以能耐100℃沸水30min为合格，还应能耐低温。纸最耐低温，在－40℃下仍能保持柔软特性，其次是铝箔和塑料在－30℃下能保持其柔软性，塑料遇超低温时会硬化。

② 透气性。速冻食品包装除了普通包装外，还有抽气、真空等特种包装，这些包装必须采用透气性低的材料，以保持食品特殊香气。

③ 耐水性。包装材料还需要防止水分渗透以减少干耗，这类不透水的包装材料，由于环境温度的改变，易在材料上凝结雾珠，使透明度降低。因此，在使用时要考虑环境温度的变化。

④ 耐光性。包装材料及印刷颜料要耐光，否则材料受到光照会导致包装色彩变化及商品价值下降。

（3）包装材料的种类　速冻食品的包装材料按用途可分为：内包装（薄膜类）、中包装和外包装材料。

内包装材料有聚乙烯、聚丙烯、聚乙烯与玻璃复合或与聚酯复合材料等，中包装材料有涂蜡纸盒、塑料托盘等，外包装材料有瓦楞纸箱、耐水瓦楞纸箱等。

① 薄膜包装材料。一般用于内包装，要求耐低温，在－30～－1℃下保持弹性；能耐100～110℃高温；无异味、易热封、氧气透过率要低；具有耐油性、印刷性。

② 硬包装材料。一般用于制托盘或容器，常用的有聚氯乙烯、聚碳酸酯和聚苯乙烯。

③ 纸包装材料。目前速冻食品包装以塑料类居多，纸包装较少，原因是纸有以下缺点：防湿性差、阻气性差、不透明等。但纸包装也有明显的优点，如容易回收处理、耐低温极好、印刷性好、包装加工容易、保护性好、价格低、开启容易、遮光性好、安全性高等。

为提高冻结速度和效率，多数果蔬宜采用速冻后包装，只有少数叶菜类或加糖浆和食盐水的果蔬在速冻前包装。速冻后包装要求迅速及时，从出速冻间到入冷藏库，力求控制在15～20min内，包装间温度应控制在－5～0℃，以防止产品回软、结快和品质劣变。

8. 速冻

选择上述适宜的冻结方法和设备进行果蔬的速冻，要求在最短的时间内以最快的速度通过果蔬的最大冰晶生成带（－5～－1℃），一般控制冻结温度在－40～－28℃，要求30min内果蔬中心温度达到－18℃。冻结速度是决定速冻果蔬内在品质的一个重要因素，它决定着冰晶的形成、大小及解冻时的流汁量。生产上一般采取冻前充分冷却、沥水，增加果蔬的比表面积，降低冷冻介质的温度，提高冷气的对流速度等方法来提高冻结速度。目前，流态化单体速冻装置在果蔬速冻加工中应用最为广泛。

9. 冻藏

速冻果蔬的贮藏是必不可少的步骤，一般速冻后的成品应立即装箱入库贮藏。要保证优质的速冻果蔬在贮藏中不发生劣变，库温要求控制在－20℃±2℃，这是国际上公认的最经济的冻藏温度。冻藏中要防止产生大的温度变动，否则会引起冰晶重排、结霜、表面风干、褐变、变味、组织损伤等品质劣变；还应确保商品的密封，如发现破袋应立即换袋，以免商品脱水和氧化。同时，根据不同品种速冻果蔬的耐藏性确定最长贮藏时间，保证产品优质销售。

速冻产品贮藏质量好坏，主要取决于两个条件：一是低温；二是保持低温的相对稳定。冻藏期间出现的问题概括为以下三个方面。

（1）速冻果蔬在冻藏过程中的败坏主要由物理、生化等方面的变化引起，表现为冰晶成长、变色、变味等，这些变化主要是由冻藏条件和微生物与酶的作用引起的，特别是酶在长期的冻藏中仍能进行缓慢的催化作用而造成质量败坏。例如，蔗糖酶、酯酶、氧化酶等许多酶类能忍受很低的温度。另外，由于冻藏室内温度的波动易造成冰的融化和再结晶现象，使冰晶体不断增大，破坏产品的组织结构，影响品质，而且解冻后还易出现流汁现象，所以冻藏期间一定要维持稳定的低温。速冻果蔬保藏通常采用－18℃，一般来说，微生物在这样的低温下是不能生长活动的，嗜冷性细菌在－10℃下停止生长，致病或腐败菌在－3℃以下就不能活动，因此产品在冻藏期间的败坏是理化方面的。

（2）冷冻产品在冻藏中易出现冰的升华作用，使产品表面失水。在产品表面保持一层冰晶层或采用不透水蒸气的包装材料包装，以及提高相对湿度等，则可有效地防止产品失水，避免由于失水造成的表面变色。

（3）冷冻产品在冻藏期间也出现不同程度的化学变化，如维生素的降解、色素的分解、类脂的氧化以及某些化学变化引起的组织软化。这些变化在－18℃下进行得缓慢，而且温度越低变化越缓慢。因而速冻果蔬要尽量贮藏在－18℃以下，若温度过高，就有明显的褐变或品质劣变。例如，将桃薄片（4：1加糖）速冻后贮藏在－18℃时非常稳定，但在－18℃以上就会有明显变化。欧洲有些国家采用更低的贮藏温度是有益的。

10. 解冻与使用

所谓解冻，是使冷冻食品内部的冰晶体状态的水分转化为液态水，同时最大限度地恢复食品原有状态和特性的工艺过程。它需要外部提供热量，本质上为冷冻的逆过程。解冻情况根据各种产品的性质而定，且对产品质量的影响亦不同。

速冻果蔬的解冻与速冻是两个传热方向相反的过程，而且二者的速度也有差异，对于非流体食品的解冻比冷冻要缓慢。而且解冻的温度变化有利于微生物活动和理化变化的加强，正好与冻结相反。食品速冻和冻藏并不能杀死所有微生物，它只是抑制了幸存微生物的活动。食品解冻之后，由于其组织结构已有一定程度的损坏，因而内容物渗出，温度升高，使微生物得以活动和生理生化变化增强。因此速冻食品应在食用之前解冻，而不宜过早解冻，且解冻之后应立即食用，不宜在室温下长时间放置。否则由于“流汁”等现象的发生而导致微生物生长繁殖，造成食品败坏。冷冻水果解冻越快，对色泽和风味的影响越小。

冷冻食品的解冻常由专门设备来完成，按供热方式可分为两种：一种是外面的介质如空气、水等经食品表面向内部传递热量；另一种是从内部向外传热，如高频和微波。按热交换形式不同又分为空气解冻法、水或盐水解冻法、冰水混合解冻法、加热金属板解冻法、低频电流解冻法、高频和微波解冻法及多种方式的组合解冻等。其中空气解冻法也有三种情况：0～4℃空气中缓慢解冻；15～20℃空气中迅速解冻和25～40℃空气-蒸汽混合介质中快速解冻。微波和高频电流解冻是大部分食品理想的解冻方法，此法升温迅速，且从内部向外传热，解冻迅速而又均匀，但用此法解冻的产品必须组织成分均匀一致，才能取得良好的效果。如果食品内部组织成分复杂，吸收射频能力不一致，就会引起局部的损害。

速冻果品一般解冻后不需要经过热处理就可直接食用，如有些冷冻的浆果类。而用于果糕、果冻、果酱或蜜饯生产的果蔬，经冷冻处理后，还需经过一定的热处理，解冻后其果胶含量和质量并没有很大损失，仍能保持产品的品质和食用价值。

解冻过程应注意以下几个问题：

（1）速冻果蔬的解冻是食用（使用）前的一个步骤，速冻蔬菜的解冻常与烹调结合在一起，而果品则不然，因为它要求完全解冻方可食用，而且不能加热，不可放置时间过长。

（2）速冻水果一般希望缓慢解冻，这样，细胞内浓度高而最后结冰的溶液先开始解冻，即在渗透压作用下，果实组织吸收水分恢复为原状，使产品质地和松脆度得以维持。但解冻不能过慢，否则会使微生物滋生，有时还会发生氧化反应，造成水果败坏。一般小包装400～500g水果在室温中解冻2～4h，在10℃以下的冰箱中解冻4～8h。

三、速冻果蔬产品加工实例

1. 速冻青椒

（1）工艺流程

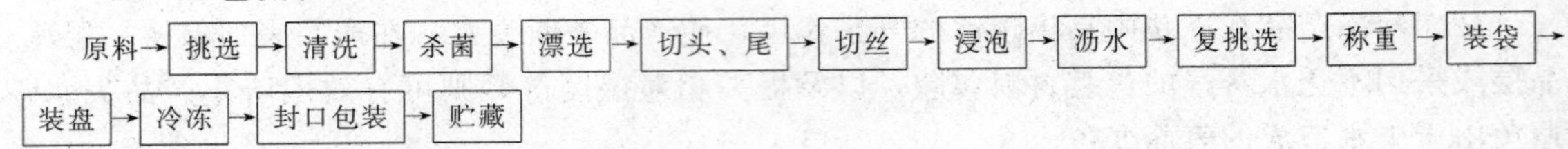

（2）操作要点

① 原料要求。青椒果肉鲜嫩肥厚，质地脆嫩，皮呈鲜绿色，有光泽，无机械损伤、病虫害、异色斑点、老化等。

② 清洗。用流动清水将青椒表面清洗干净。

③ 杀菌。将清洗后的青椒投入0.005%～0.01%次氯酸钠溶液中杀菌，时间为60s，每次投入的青椒与次氯酸钠溶液的质量比为1∶7。

④ 切丝。用切丝机将青椒切成宽5mm的丝。

⑤ 浸泡。由于青椒速冻后食用时会产生异味，因而在速冻前要进行处理。浸泡液要提前配制，配制方法如下：

a. 将品质改良剂A配成浓度为50%的水溶液。

b. 在不锈钢水池中加水150L，边搅拌边加入品质改良剂A（50%）溶液600g，再加入试剂B 3kg，待完全溶解后加入余下的150L水。

c. 静置3min后再充分搅拌，待用。300L的浸泡液可处理125kg的青椒丝，浸泡时间为30min，每隔10min搅拌一次，然后取出青椒丝。

品质改良剂A的配方：偏磷酸钠15%；明矾20%；柠檬酸10%；维生素C 3%；富马酸10%；乳酸钙10%；乳糖32%。试剂B的配方：碳酸钠50%；异抗坏血酸钠50%。

⑥ 称量、装袋。称取质量为500g的青椒丝，装入塑料袋中，增量为2%，要求内容物距袋边3cm以下。然后袋口折叠放入铝盘中轻轻拍平。

⑦ 冷冻。装盘后放在冻结间进行冻结，冻结间温度在－35℃以下，使冻品中心温度在－18℃以下。

⑧ 异物探测。青椒丝通过金属探测仪，确保产品中不存在金属异物。

（3）质量标准

① 色泽。呈青椒本身的鲜绿色，色泽一致。

② 风味。具有青椒特有的气味，味甜，无异味。

③ 组织形态。新鲜，食之无纤维感，形态完整，果肉肥厚，无腐烂、蒂梗、虫斑、籽等。

④ 规格。长度3.5～7cm、宽度（5±1）mm的丝状。

⑤ 卫生要求。符合食品卫生的要求。

⑥ 袋尺寸。20.5cm×15.5cm×8.0cm。

⑦ 细菌指标。细菌总数小于 3×10^6 个/g；大肠菌群呈阴性。

2. 速冻蘑菇

（1）工艺流程

原料→挑选、分级→清洗→烫漂→冷却→速冻→封口包装→贮藏

（2）操作要点

① 原料要求。选择菌盖完整，色泽洁白，有弹性，菌柄长度不超过 15mm，菌盖直径不超过 30mm 的不开伞的蘑菇。

② 挑选与分级。按蘑菇菌盖大小分成 3 级，分别为 40mm 以上，30～40mm，30mm 以下。

③ 清洗。用清水清洗 2～3 次，以洗去泥沙污物。

④ 烫漂。在 100℃沸水中烫漂 3～5min。

⑤ 冷却。热烫后迅速将蘑菇投入到冷水中，冷却至 10℃以下。

⑥ 速冻。将不同规格的蘑菇分别速冻。采用－35℃的单体快速冻结为宜。为保持蘑菇颜色洁白，切片蘑菇要求在 3～5min 内使其中心温度达到－23℃以下；整菇要求在 20min 内达到－23℃。

⑦ 包装。采用蒸煮袋真空包装。

⑧ 冻藏。一般在－18℃以下的温度下贮藏，最后在－23℃的温度下贮藏。

任务三 学习果蔬速冻方法和设备

果蔬的冻结可以根据各种果蔬的具体条件和工艺标准，采用不同的方法和冻结装置来实现。果蔬的冻结方法及装置多种多样，分类方式不尽相同。按冷却介质与果蔬接触的方式可以分为空气冻结法、间接接触冻结法和直接接触冻结法三种，每一种方法均包含了多种形式的冻结装置。目前在生产上应用的速冻装置主要包括以下几种类型。

一、隧道式鼓风冷冻机

隧道式鼓风冷冻机是空气冻结法的一种装置（图 4-4）。生产上采用的隧道式鼓风冷冻机，主体是一个狭长的、墙壁有隔热装置的通道。冷空气在隧道中循环，将产品铺放于车架

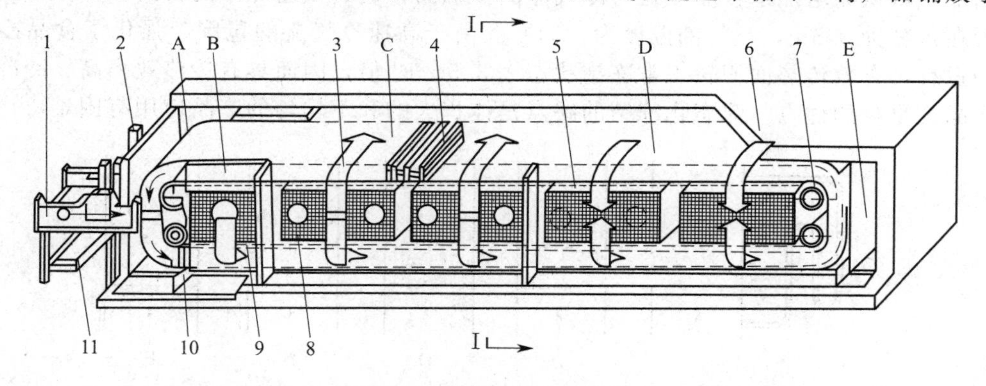

图 4-4 LBH31.5 型带式隧道冻结装置（德国）

1—装卸设备；2—除霜装置；3—空气流动方向；4—冻结盘；5—板式蒸发器；6—隔热外壳；7—转向装置；8—轴流风机；9—光管蒸发器；10—液压传动机构；11—冻结块输送带；A—驱动室；B—水分分离室；C，D—冻结间；E—旁路

上各层筛盘中，然后将筛盘放在架子上以一定的速度通过此隧道。内部装置各有不同。有的是将冷空气由鼓风机吹过冷凝管道后温度降低，而后吹送到隧道中，穿流于产品之间使其冷冻，且降温的速度很快，比缓冻法先进。有的则是在通道中设置几层连续运行的传送带，进口的原料先后落在最上层的网带上，继而与带一起运行到末端，而后将产品卸落在第二层网带上，上下两层的网带运行方向相反，最后产品从最下层末端卸出。一般采用的吹风温度在－37～－18℃的范围，风速每分钟 30～1000m，可随产品特性、颗粒大小而进行调整。

通常是将未经包装的产品散放在传送带或盘上通过冷冻隧道。这种方法的缺点是失水较多，在短时间内能失去大量水。为了避免失水太快，应在隧道两侧装置液态氨管道，且管上带翘片，中间留一通道供产品通过，并控制制冷剂与接触产品的空气之间较小的温差，保持穿流的空气有较高的湿度。一般将通道温度分为 3～6 个阶段，以不同的温度进行冷冻，从而逐步降低温度，减少产品失水。

在鼓风冷冻中，冷冻的速度由穿流空气的温度与速度、产品的初温、形状大小、包装与否、在通道内的排列方式等决定，鼓风冷冻中需要克服产品失水的缺点。一般采用包装工艺阻止水分蒸发，但妨碍了热的传导，使产品内部温度升高，造成质量败坏。

二、流态化冻结装置

流态化冻结法也称流动冷冻法，属于空气冻结的一种方法。流态化冻结就是使置于筛网上的颗粒状、片状或块状果蔬，在一定流速的低温空气自下而上的作用下形成类似沸腾状态，像流体一样运动，并在运动中被快速冻结的过程。其流态化原理如图 4-5 所示。

当冷气流自下而上地穿过食品床层而流速较低时，食品颗粒处于静止状态，称为固定床（图 4-5A）。随着气流速度的增加，食品床层两侧的气流压力差也增加，食品层开始松动（图 4-5B）。当压力差达到一定数值时，食品颗粒不再保持静止状态，部分颗粒悬浮向上，造成床层膨胀，空隙率增大，即开始进入流化状态。这种状态是区别固定床和流化床的分界点，称为临界状态。对应的最大压力差 Δp_k 叫作临界压力，对应的风速 v_k 叫作临界风速。临界压力和临界风速是形成流态化的必要条件（图 4-5C）。当气流速度进一步提高，床层的均匀和平稳状态受到破坏，流化床层中形成沟道，一部分空气沿沟道流动，使床层两侧的压力降低到流态化开始阶段（图 4-5D），并在食品层中形成气泡产生激烈的流态化（图 4-5E）。这种强烈的冷空气流与食品颗粒相互作用，使食品颗粒时上时下、无规则地运动，颇像液体沸腾的形式，从而增加了食品颗粒与冷气流的接触面，达到快速冷冻的目的。冷冻时空气流速至少在每分钟 375m，空气的温度为－34℃。由于高速冷气流的包围，强化了食品冷却及冻结的过程，有效传热面积较正常冻结状态大 3.5～12 倍，因而具有传热效率高、冷冻速率快、产品失重少的优点。流态化冻结的缺点是体积大的和不均匀的产品使用有困难。

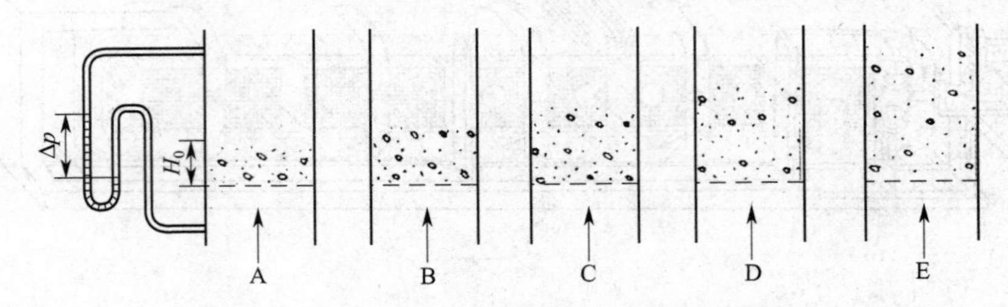

图 4-5　流化床结构与气流速度的关系

A—固定床；B—松动层；C—流态化开始；D—流态化展开；E—输送床

流态化冻结装置适用于冻结球状、片状、圆柱状、块状颗粒食品，尤其适用于果蔬类单体食品的冻结。将小型果蔬以及切成小块的果蔬铺放在网带上或有孔眼的盘子上，铺放厚度据原料的情况而定，一般在 2.5～12.5cm。食品流态化冻结装置属于强烈吹风快速冻结装置，目前，生产上使用的主要有带式流态化冻结装置、振动流态化冻结装置和斜槽式流态化冻结装置（图 4-6）。

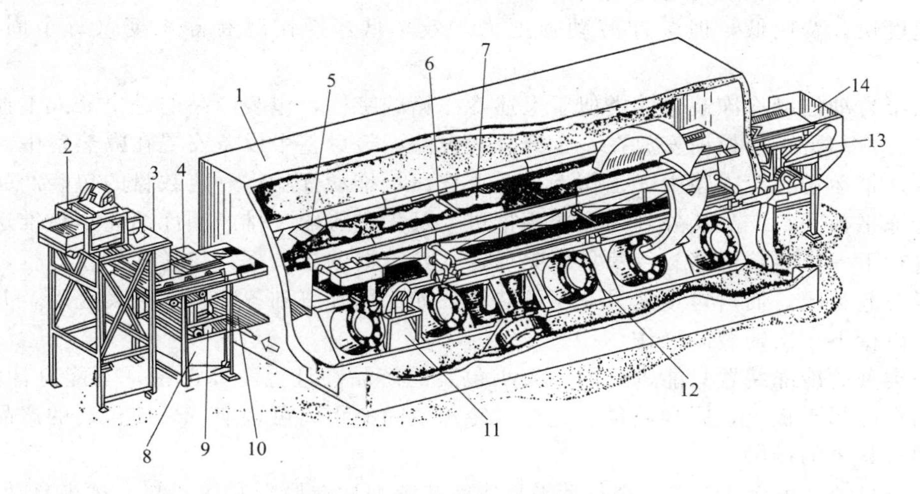

图 4-6 一段带式流态化冻结装置

1—隔热层；2—脱水振荡器；3—计量漏斗；4—变速进料带；5—“松散相”区；6—匀料棒；7—“稠密相”区；8～10—传送带清洗、干燥装置；11—离心风机；12—轴流风机；13—传送带变速驱动装置；14—出料口

在流态化冻结过程中，正常的流态化操作取决于气流速度、压力差、食品组织的均匀性、食品厚度、筛网孔隙率、食品颗粒的形状和质量及其潮湿程度等因素。这些因素的不良状态极易造成不良流化现象，即沟流现象、黏结现象、夹带现象等，影响冻结质量，因而使用操作时应特别注意。

三、间接接触冻结装置

间接接触冷冻法是将产品放在由制冷剂（或载冷剂）冷却的金属空心板、盘、带或其他冷壁上，与冷壁表面直接接触但与制冷剂（或载冷剂）间接接触而进行降温冷冻的方法。间接接触冷冻设备有多种设计，最初用的是水平装置的空心金属平板，它安装在一个隔热的箱柜中，制冷剂在空心平板中穿流，包装的产品放置在平板上，而后由水压机器带动空心平板，使包装的产品与上下平板的表面在一定的压力下紧密接触通过热交换方式进行冷冻。对于固态物料，可将其加工为具有平坦表面的形状，使冷壁与物料的一个或两个平面接触；对于液态物料，则用泵送方法使物料通过冷壁热交换器，冻成半融状态。

1. 平板式冷冻装置

平板式冷冻装置的主体是一组作为蒸发器的空心平板，平板与制冷剂管道相连，其工作原理是将冻结的食品放在两个相邻的平板间，并借助油压系统使平板与食品接触。由于食品与平板间接触紧密，且金属平板具有良好的导热性能，故其传热系数高。当接触压力为 7～30kPa 时，传热系数可达 93～120W/(m^2 · K)。生产上使用的平板式冷冻装置主要有以下几种类型。

（1）间歇式接触冷冻装置　在一个隔热层很厚的箱体内安装多层空心平板，板内流动着制冷剂（氨、F-12、F-22 或冷盐液），使用两级冷凝压缩系统操纵平板的温度，使其达

－45.6℃，这些平板由往复液压压头操纵其升降。将包装的产品放在盘中进入上下平板之间，或直接放在平板上（包装的产品厚度为 2.5～7.5cm），与冷冻面紧密接触，进行热交换。冷冻的速度受包装材料、体积、装填的松紧度等因素有关，紧密包装比松散包装的冷却速度快，时间短。因包装内的空气间隙起隔热作用，导热受阻，所以操作时应注意。这种方法冻结速度快，费用低，但装卸劳动强度大，效率低，操作时有停工期（每个周期 10～30min）。

（2）半自动接触冷冻装置　类似于上述冷冻箱的结构，包装产品的进出靠人工控制的装卸器操作。冷却平板松松地安放在一个升降装置上，最后整个设备安置在隔热室中。操作时产品由传送带运送到冷冻箱中，工作人员按下按钮，推动杆就将一定数目的包装产品推进箱内两块冷冻平板间，产品从外到内按次序推进，最先进入的一排产品冻结完毕被推送到传送带上，进行下一道装箱工序。待每批装完后，在计算器的控制下，传送带停止运行，并将此层冷冻板升起关闭，而后再重复另一层的装卸，如此循环直到各冷却平板装完后，升降器自动降落，以待下一次的装卸操作。

这一类型的冷冻装置只能进行同一大小包装的产品。且包装要严密，不能有汁液流出，以免冻结在冷却平板上，影响质量。此外，冷却板间的距离可调节，以使包装的产品能与冷却平板间有紧密的接触。

（3）全自动平板冷冻装置　全自动平板冷冻装置的构造原理和形式与上述半自动式相同，只是装卸和循环操作都是在微型开关和继电器自动控制下进行的。当包装好的产品由包装机卸出后，便自动地由传送带运送到冷冻箱内进行冷冻（图 4-7）。这种方法劳动强度小，冷冻效率高，速度快，适于大型生产。例如，一个 17 层冷冻板的冷冻箱能容纳 208 个纸盒食品，可以在 45min 之内完成一个装卸循环，装卸的时间根据产品的冷冻要求进行调节控制。

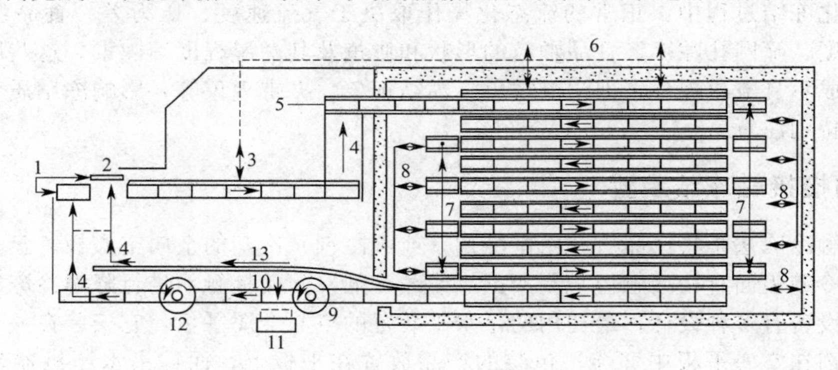

图 4-7　全自动平板冷冻装置

1—货盘；2—盖；3—冻结前预压；4—升降机；5—推杆；6—液压系统；
7—降低货盘的装置；8—液压推杆；9—翻盘装置；10—卸料；
11—传送带；12—翻转装置；13—盖传送带

2. 回转式冻结装置

回转式冻结装置是一种新型的间接接触式冻结装置，也是一种连续式冻结装置。其主体为一个回转筒，由不锈钢制成，外壁为冷表面，内壁之间的空间供制冷剂直接蒸发或供载冷剂流过换热，制冷剂或载冷剂由空心轴一端输入筒内，从另一端排除。冻品呈散开状由入口被送到回转筒的表面，由于回转筒表面温度很低，食品立即粘在上面，进料传送带再给冻品稍施加压力，使其与回转筒表面接触得更好。转筒回转一周，完成食品的冻结过程。冻结食品转到刮刀处被刮下，刮下的产品由传送带输送到包装生产线（图 4-8）。转筒的转速根据冻结食品所需时间调节，每转约数分钟。制冷剂可用氨、R-22或共沸制冷剂，载冷剂可选用盐水、乙二醇。该装置适宜于菜泥、流态食品及鱼、虾的冻结。其特点是：结构紧凑，占地面积小；冻结速度快，干耗小；连续冻结生产率高。

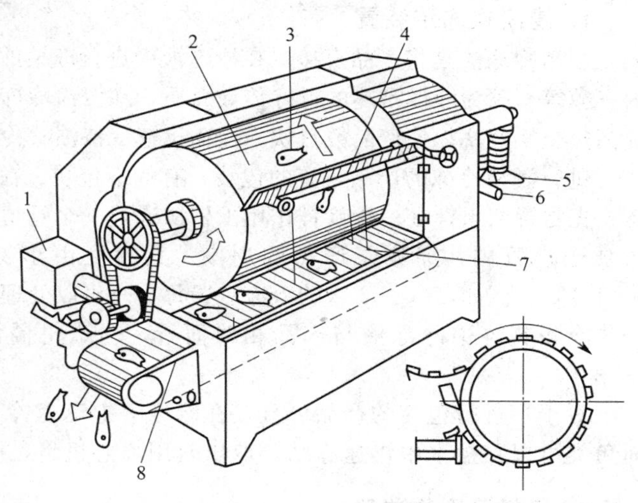

图 4-8 回转式冻结装置

1—电动机；2—滚筒冷却器；3—进料口；4，7—刮刀；5—盐水入口；6—盐水出口；8—出料传送带

3. 钢带式冻结装置

钢带式冻结装置的主体是钢质传送带（图 4-9）。传送带由不锈钢制成，在带下喷盐水，或使钢带滑过固定的冷却面（蒸发器）使食品降温，同时，食品上部装有风机，用冷风补充冷量，冷风的方向可与食品平行、垂直、顺向或逆向。传送带移动速度可根据冻结时间调节。因为产品只有一面接触金属表面，食品层以较薄为宜。

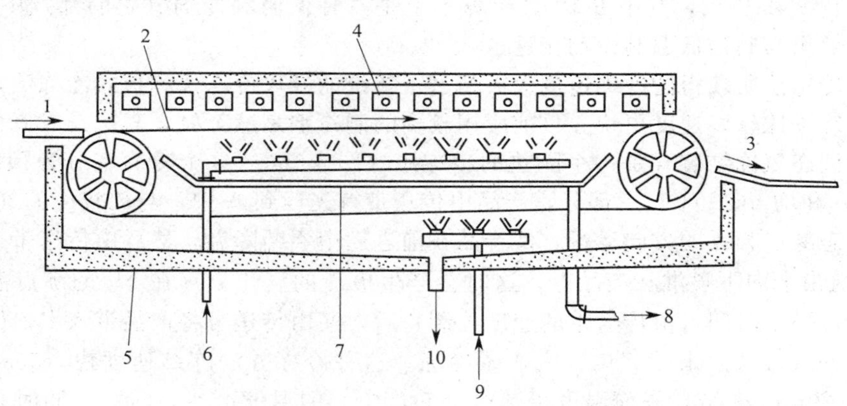

图 4-9 钢带式冻结装置

1—进料口；2—钢质传送带；3—出料口；4—空气冷却器；5—隔热外壳；6—盐水入口；7—盐水收集器；8—盐水出口；9—洗涤水入口；10—洗涤水出口

传送带下部温度为－40℃，上部冷风温度为－40～－35℃，因为食品层一般较薄，因而冻结速度快，冻结20～25mm厚的物料大约需30min，而15mm厚的物料只需12min。

钢带式冻结装置的特点是：连续流动运行；干耗较小；能在几种不同的温度区域操作；与平板式和回转式相比，其结构简单，操作方便，改变带长和带速，可大幅度地调节产量。

四、直接接触冻结装置

直接接触冻结法是将食品（包装或不包装）与冷冻液直接接触，食品与冷冻液换热后迅速降温冻结。食品与冷冻液接触的方法有浸渍法、喷淋法或两种方法同时使用。因食品与冷冻液直接接触，所以要求冷冻液无毒、无异味、无外来色泽或漂白剂；不易燃、不易爆，与食品接触后不改变食品原有成分和性质；经济合理、导热性好、稳定性强、黏度低。

1. 浸渍式冻结装置

浸渍冷冻法是将产品直接浸在冷冻液中进行冻结的方法。常用的载冷剂有盐水、糖溶液和丙三醇等。因为液体是热的良好传导介质，在浸渍冷冻中它与产品直接接触，接触面积大，能提高热交换效率，使产品散热快，冷冻迅速。浸渍式冷冻装置可以进行连续自动化生产。

进行浸渍冷冻的产品，有的包装，有的不包装。在包装冷冻中，如用于果汁的管状冷冻设备，先将罐装果汁在一螺旋杆作用下依次通过一个管道，管道的外面是氨液环绕流动，不冻液由泵送进管内，穿流于产品的周围。其温度由于氨液的制冷作用而降低，一般维持在－31.7℃。例如，一个 6 管的冷冻装置每小时可以处理 113kg 的流体或半流体的产品。连续式浸渍冷冻装置中冷冻液与产品相对而行，一罐柑橘汁在 10～15min 内可以从 45℃降低到－18℃。

对于不进行包装的产品可直接在冷冻液中迅速冷冻。如果品蔬菜可以在糖溶液中冻结，而鱼类可以在盐水中迅速冻结，取出时用离心机将黏附未冻结的液体排除即可。

2. 深低温冷冻装置

深低温冷冻法用于原形的或者薄膜包装的产品，它是一种在制冷剂变态的条件下（液态变为气态）迅速冷冻的方法。这种深低温冻结是通过制冷剂在沸腾变态的过程中吸收产品中大量的热而获得的。低温制冷剂一般都具有很低的沸点，通常采用的制冷剂有液态氮、二氧化碳、一氧化氮和 F-12，其中 F-12 虽然算不上是一种低温制冷剂（它的沸点不够低），但它的冷冻液效果与其他低温制冷剂相近。

深低温冷冻法所获得的冷冻速度大大超过了传统的鼓风冷冻法和板式冷冻法，且与浸渍冷冻和流化冷冻比较，速度更快。目前应用较多的制冷剂是液态氮，其次是二氧化碳。

深低温液态氮冻结装置是一个隔热的冷冻室（图 4-10）。这个冷冻室分为预冷区（A）、冻结区（B）和均温区（C）三部分，产品由传送带首先运到 A 中，与比较冷的气态氮相遇，产品与冷气态氮以相反的方向运行，使产品在前进途中不断降温，然后由传送带携带运行到 D。D 有液氮由上向下喷淋在产品上，这时会产生极冷的气化氮（在 N_2 的沸点温度）与产品接触，经过一定时间（由传送带的速度控制）后，又由传送带将产品带入 C，使产品的冻结温度均匀一致，再由末端卸出，完成了冷冻。这种冷冻方法冻结速度快，5cm 厚以下的制品经 10～30min 冻结，表面温度可达－30℃，中心的温度可达－20℃。同时具有下列优点：产品脱水率在 1%以下，失重小；冷冻期间排除了氮；低温损害轻微，更好地保持了产

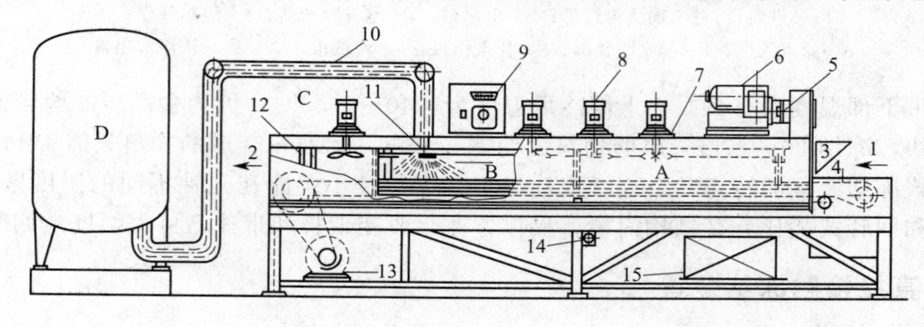

图 4-10　日本 4150 型液态氮速冻装置

1—原料进口；2—原料出口；3、12—硅橡胶幕帘；4—不锈钢丝网传送带；
5—T 形碟形阀；6—排气风机；7—硅橡胶密封垫；8—搅拌风机；9—温度指示计；
10—隔热管道；11—喷嘴；13—无级变速器；14—电流开关；15—控制盘；
A—预冷区；B—冻结区；C —均温区；D—液氮贮罐

品原有的性质，且设备简单，投资费用低，使用范围广，生产效率高，适用于连续操作。缺点是液体的消耗和费用较大。

液态 CO_2 喷淋装置常做成箱体形，内装螺旋式传送带输送食品。CO_2 在常压下不能以液态存在，因而液态 CO_2 喷淋到果蔬表面后，立即变成蒸气和干冰，蒸气和干冰的温度均为－78.5℃，使产品迅速冻结。CO_2 汽化时翻滚速度快，气流强度大，易使脆嫩食品受损；另外，还有一部分 CO_2 易被产品吸收，增大了体积。所以，产品在包装前必须将其排除掉，否则会使包装膨胀造成破裂。

任务四　学习速冻果蔬的营销

速冻果蔬在营销过程中需要有冷藏链。所谓冷藏链是指易腐食品在生产、贮藏、运输、销售、直到销售前的各个环节中始终处于规定的低温环境下，以保证食品质量，减少食品损耗的一项系统工程，冷藏链是一种在低温条件下的物流现象，因此，要求把所涉及的生产、运输、销售、经济性和技术性等各种问题集中考虑，协调相互间的关系。

一、食品冷藏链的分类

1. 按食品从加工到消费所经过的时间顺序分类

食品冷藏链由冷冻加工、冷冻贮藏、冷冻运输、冷冻销售 4 个环节构成。

（1）冷冻加工　包括果品蔬菜的预冷与速冻，主要涉及冷却与冻结装置。

（2）冷冻贮藏　包括果蔬速冻食品及其他冷冻食品的冷藏和冻藏，也包括果蔬的气调贮藏。主要涉及各类冷藏库、冷藏柜、冻结柜及家用冰箱等。

（3）冷藏运输　包括速冻果蔬等冷冻食品的中、长途运输及短途送货等。主要涉及铁路冷藏车、冷藏汽车、冷藏船、冷藏集装箱等低温运输工具。在冷藏运输过程中，温度的波动是引起食品质量下降的主要原因之一，因此，运输工具必须具有良好的性能，要保持规定的低温，切忌大的温度波动，长距离运输尤其如此。

（4）冷冻销售　包括速冻果蔬等冷冻食品的批发及零售等，由生产厂家、批发商和零售商共同完成。早期，冷冻食品的销售主要由零售商的冷冻车及零售商店承担，近年来，城市中超级市场的大量涌现，已使其成为冷冻食品的主要销售渠道。超市中的冷藏陈列柜，兼有冷藏和销售的功能，是食品冷藏链的主要组成部分之一。

2. 按冷藏链中各个环节的装置分类

食品冷藏链可分为固定的装置和流动的装置两大类型。

（1）固定的装置　包括冷藏库、冷藏柜、家用冰箱、超市冷藏陈列柜等。冷藏库主要完成食品的收集、加工、贮藏及分配；冷藏柜和冷藏陈列柜主要供机关团体的食堂及食品零售用；家用冰箱主要为冷冻食品的家庭供应所用。

（2）流动的装置　包括铁路冷藏车、冷藏汽车、冷藏车和冷藏集装箱等。

二、食品冷藏链的要求

冷藏链中的各个环节都起着非常重要的作用，是不容忽视的。而且温度是冷冻食品冷藏链中最重要的控制因素。温度的控制有三方面：一是冻结前的温度，特别是烫漂后冻结前的温度，要求控制在 10℃以下，以防止微生物生长，也有利于提高冻结速度。二是冻结温度，要求在－30℃以下，越低越好。三是贮运和销售温度，要求在－18℃或更低，温度波动要求控制在2℃以内。

同时，要保证冷藏链中食品的质量，对食品本身也有要求：

(1) 食品应该是完好的，最重要的是新鲜度，如果食品已开始变质，低温也不能使其恢复到初始状态。

(2) 食品应在生产、收获后不做停留或只做极短停留后就予以冷冻。

三、速冻果蔬的营销环节

速冻果蔬在营销过程中也要处于冷的环境中，以保证产品的品质。速冻果蔬在运输和市场零售期间，应当保持其接近于冷藏的温度，使产品保持原始的冻结状态而不解冻。就是短途运输也应使用保温车，使产品在中途不致解冻，不能因时间短就忽视这个问题，因为到达目的地后还要贮存多久是难以预料的。

速冻果蔬在零售部门的处理，不能与普通食品一样看待，销售速冻果蔬的商店必须具备冷冻食品贮存库或冰箱设施，使产品维持在冻藏温度下安全贮存，不至于解冻。

【项目小结】

冷冻保藏是储藏果蔬食品一种较好的保鲜方法。由于其保藏成本较低、保存时间较长且速冻食品又有新鲜、卫生、方便等特点，所以近年来冷冻保藏技术得到普及和应用。

本项目主要阐述了果蔬冷冻的基本原理、速冻果蔬的工艺流程、技术要点和加工实例、果蔬速冻的机械设备及基本营销知识。

【课后思考题】

(1) 什么是果蔬的速冻、缓冻？

(2) 简要说明冷冻对果蔬组织结构、化学变化、酶活性及微生物有什么影响。

(3) 果蔬常用冻结方法或装置有哪些类型？每一种类型的特点是什么？

(4) 果蔬速冻加工工艺流程是什么？

(5) 冷藏链是什么？冷藏链包括哪些关键环节？每一个环节的温度要求是多少？

【知识拓展】

速冻食品行业：集行业之力 拓展业务用领域新市场

2016年9月8日，由中国食品科学技术学会主办的“第十六届中国方便食品大会”在北京召开。记者从本次会上获悉，2015年全国424家规模以上速冻食品加工企业的主营业务收入达831.03亿元，较上年增长6.23%。

速冻食品是中国传统食品工业化的重要载体，并在方便、健康、营养、美味上占据先天优势。我国的速冻食品行业经过20年的黄金发展期成了食品行业最具竞争力的领域，以三全、思念、湾仔码头为代表的速冻食品业已形成“三国鼎立”之势辐射全国，市场集中度逐年提升。

速冻食品已是中国传统食品创新最活跃的领域，不断突破自我的转型也促成了行业的快速成长。但随着零售终端市场竞争的加剧，利润率下降。近年来，随着餐饮市场的需求旺盛，企业纷纷与业务用市场对接。相较日本等发达国家速冻食品业务用量60%以上的占比，我国速冻食品业务用领域市场潜力巨大。随着冷链的普及、新时代人们生活节奏快速化和消费能力的提升，速冻食品行业的市场潜力将持续拓展。

项目五　果蔬干制技术

【知识目标】

（1）掌握干制过程中果蔬物理化学变化及对干制品质量的影响。

（2）掌握各种干燥技术原理，了解设备的特点及其选用原则。

【技能目标】

（1）会讲解果蔬干燥特性，对干燥阶段的影响因素进行分析。

（2）能够分析果蔬干制过程中性质变化及处理方法。

（3）能选择合适的包装材料对果蔬产品进行包装处理、贮藏。

【必备知识】

（1）环境条件、原料性质、原料状态对干燥速率的影响。

（2）常用的干燥方法及干燥设备。

（3）果蔬干制技术的工艺流程及要点。

任务一　学习果蔬干制原理

在果蔬脱水干制过程中，采用何种脱水技术及设备是尽可能保持果蔬原有色、香、味及营养成分，改善干制产品质地和风味的关键。脱水是利用干燥介质使物料中的水分变成蒸汽而被排除的过程。要获得高质量的干制品，必须了解原料的特性，干制中水分的变化规律，干燥介质中空气温度、湿度、气流循环等对果蔬干制的影响。

一、果蔬中水分的状态

1. 果蔬中水分存在的状态

新鲜果蔬中含有大量的水分。一般果品含水量为70％～90％；蔬菜为75％～95％（表5-1）。无论果蔬含水量多少，它们都是以两种状态存在于果蔬组织中。

（1）游离水　是以游离状态存在于果蔬组织中的水分。果蔬中的水分，绝大多数都是以游离水的形态存在（表5-2）。游离水具有水的全部性质，能作为溶剂溶解很多物质如糖、酸等。游离水流动性大，能借助毛细管和渗透作用向外或向内移动，所以干制时容易蒸发排除。

（2）结合水　是指通过氢键和果蔬组织中的化学物质相结合的水分。结合水仅占极小部分，和游离水相比，结合水稳定、难以蒸发，一般在－40℃以上不能结冰，这个性质具有重要实际意义。结合水不能作溶剂，也不能被微生物所利用。干燥时，当游离水蒸发完之后，一部分结合水才会被排除。

表 5-1　几种果品蔬菜的水分含量

名　　称	水分/%	名　　称	水分/%
苹果	84.60	金针菜(北京产)	82.30
葡萄	87.90	辣椒	92.40
梨	89.30	萝卜	91.70
桃	87.50	芥菜	92.90
梅	91.10	白菜	95.00
枣	73.40	冬笋	88.10
柿	82.40	洋葱	88.30
荔枝	84.80	姜	87.00
龙眼	81.40	藕	89.00
无花果	83.60	(大蒜)蒜头	69.80
杏	85.00	蘑菇	93.30
椰子肉	47.00	马铃薯	81.50
银杏(白果)	53.70		

表 5-2　几种果蔬中不同形态水分的含量

名　　称	总水量/%	游离水/%	结合水/%
苹果	88.70	64.60	24.10
甘蓝	92.20	82.90	9.30
马铃薯	81.50	64.00	17.50
胡萝卜	88.60	66.20	22.40

果蔬干燥过程中，根据水分是否能被排除将其分为平衡水分和自由水分。

(1) 平衡水分　在一定的干燥条件下，当果蔬中排出的水分与吸收的水分相等时，果蔬的含水量称为该干燥条件下某种果蔬的平衡水分，也可称为平衡湿度或平衡含水量。在任何情况下，如果干燥介质条件（温度和湿度）不发生变化，果蔬中所含的平衡水分也将维持不变。因此，平衡水分也就是在这一干燥条件下，果蔬干燥的极限。

(2) 自由水分　在一定干燥条件下，果蔬中所含的大于平衡水分的水。这部分水在干制过程中能够排除掉。自由水分大部分是游离水，还有一部分是结合水。果蔬中除水分以外的物质，统称为干物质，包括可溶性物质与不溶性物质。

2. 果蔬中的水分活度

(1) 水分活度　果蔬中的水分不同于纯水，受果蔬中多种成分的吸附，使果蔬组织中水分的蒸气压比同温度下纯水的蒸气压低，水汽化变成蒸汽而逸出的能力也降低，从而使水在果蔬组织内部扩散移动能力降低，水透过细胞的渗透能力也降低。为了综合说明果蔬中水的这一物理化学性能变化对上述各种现象的影响，引入了水分活度的概念。水分活度是指溶液中水的逸度与同温度下纯水逸度之比，也就是指溶液中能够自由运动的水分子与纯水中的自由水分子之比。可近似地表示为食品中水分的蒸气压与同温度下纯水的蒸气压之比，其计算公式如下：

$$A_w = p/p_0 = \mathrm{ERH}/100$$

式中　A_w——水分活度；

p——溶液或食品中的水蒸气分压；

p_0——同温度下纯水的蒸气压。

ERH 为平衡相对湿度，即食品中的水分蒸发达到平衡时，食品上空大气的相对湿度。

水分活度是从 0～1 之间的数值，纯水的 A_w＝1。水分活度表示水与食品的结合程度，A_w值越小，结合程度越高，脱水越难。水分活度只有在水未冻结前有意义，此时水分活度是食品组成与湿度的函数。对于不同食品而言，含水量相同的食品水分活度不一定相同，水分活度相同的食品含水量也不一定相同。图 5-1 为等温吸湿曲线［即在恒定的温度下，以产品的水分含量（g/g 干物质）为纵坐标，以 A_w为横坐标所做的曲线］，表示产品的含水量与水分活度之间的关系。在低含水量区，极少量的水分含量变动即可引起水分活度极大的变动，曲线的这一线段称为等温吸湿曲线，放大后的这一线段如图 5-2 所示。在吸湿曲线的吸附与解吸之间有滞后现象。

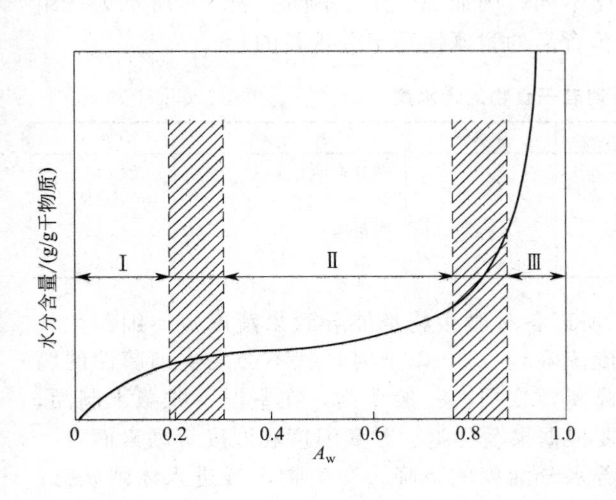

图 5-1　吸湿等温线及分区

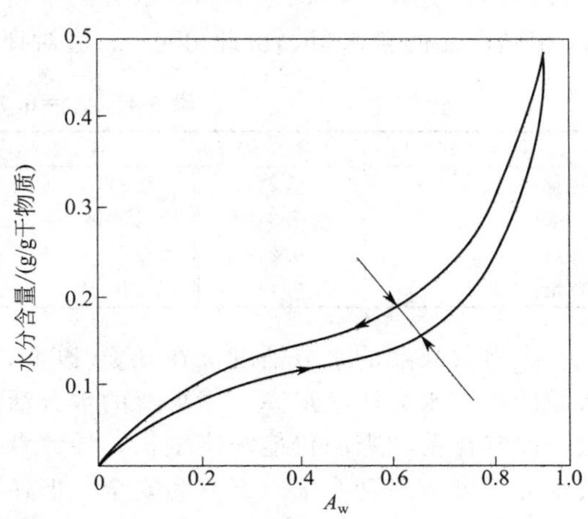

图 5-2　吸湿等温线的两种形式

在等温吸湿曲线上，按照含水量和水分活度情况，可以分为三个区段，见图 5-1。

第Ⅰ区段是单层水分子区。水在溶质上以单层水分子层状吸附着，结合力最强，A_w也最低，在 0～0.25 之间，在这个区段范围内，相当于物料含水 0～0.7g/g 干物质。

第Ⅱ区段是多层水分子区。在此状态下存在的水是靠近溶质的多层水分子，它通过氢键与邻近的水以及产品中极性较弱的基团缔合，它的流动性较差，其 A_w在 0.25～0.8 之间，这种状态下的水称为Ⅱ型束缚水。这个区段范围内，产品含水量在 0.07g/g 干物质至0.14～0.33g/g 干物质范围内。Ⅰ区和Ⅱ区的水通常占总水分含量的 5%以下。

第Ⅲ区段是产品组织内和组织间隙中的水以及细胞内的水和凝胶中束缚的水，这部分水流动性受到阻碍，在其他方面与稀盐溶液中的水具有类似的性质。这是因为Ⅲ区的水被Ⅰ区、Ⅱ区中的水所隔离，溶质对它的影响很小，其 A_w在 0.80～0.99 之间，这种状态的水称为Ⅲ型束缚水。这个区段范围内，产品含水量最低为 0.14～0.33g/g 干物质，最高为 20g/g 干物质。Ⅲ区的水通常占总水分的 95%以上。

应该指出的是：各区域的水不是截然分开的，也不是固定在某一个区域内，而是在区域内和区域间快速地交换着。所以，等温吸湿曲线中各个区域之间有过渡带。

（2）水分活度与微生物　每种产品都有一定的 A_w值，各种微生物的活动、化学反应以及生物化学反应也都有一定的 A_w阈值（表 5-3、表 5-4）。对微生物及化学反应、生物化学反应所需 A_w的了解，使我们可以预测食品的耐藏性。新鲜产品水分活度很高，降低水分活度，可以提高产品的稳定性，减少腐败变质。现在食品科学界正致力于探索按预定要求控制一些食品的 A_w值，以达到免杀菌来保藏食品。

表 5-3 一般微生物生长繁殖的最低 A_w 值

微生物种类	生长繁殖的最低 A_w	微生物种类	生长繁殖的最低 A_w
革兰阴性杆菌、一部分细菌的孢子、某些酵母菌	1.00～0.95	大多数霉菌、金黄色葡萄球菌	0.87～0.80
大多数球菌、乳杆菌、杆菌科的营养体细胞、某些霉菌	0.95～0.91	大多数耐盐细菌	0.80～0.75
大多数酵母菌	0.91～0.87	耐干旱霉菌	0.75～0.65
		耐高渗透压酵母	0.65～0.60
		任何微生物不能生长	<0.60

需要指出的是，即使含水量相同的产品，在贮藏期间的稳定性也会因种类而异。这是因为食品的成分和质构状态不同，水分的束缚度不同，因而 A_w 值也不同。表 5-4 所示为一组 A_w 相同产品的含水量，由此可见 A_w 值对评价食品的耐藏性是十分重要的。

表 5-4 $A_w=0.7$ 时若干食物的含水量　　单位：g/g 干物质

名　称	含水量	名　称	含水量	名　称	含水量
凤梨	0.28	干淀粉	0.13	聚甘氨酸	0.13
苹果	0.34	干马铃薯	0.15	卵白	0.15
香蕉	0.25	大豆	0.10	鲟鱼肉	0.21
糊精	0.14	燕麦片	0.13	鸡肉	0.18

大多数果蔬的水分活度都在 0.99 以上，所以各种微生物都能导致果蔬腐败。细菌生长所需的最低水分活度最高，当果蔬的水分活度值降到 0.90 以下时，就不会发生细菌性的腐败，而酵母菌和霉菌仍能旺盛生长，导致食品腐败变质。一般认为，在室温下贮藏干制品，其水分活度应降到 0.7 以下方为安全，但还要根据果蔬种类、贮藏温度和湿度等因素而定。

果蔬干燥过程并不是杀菌过程，而且随着水分活度的下降，微生物慢慢进入休眠状态。换句话说，干制并非无菌，在一定环境中吸湿后，微生物仍能引起制品变质，因此，干制品要长期保存，还要进行必要的包装。

（3）水分活度与酶的活性　引起干制品变质的原因除微生物外，还有酶。酶的活性也与水分活度有关，水分活度降低，酶的活性也降低，果蔬干制时，酶和底物两者的浓度同时增加，使得酶的生化反应速率变得较为复杂。在某些干制果蔬中，酶仍保持相当的活性，只有当干制品的水分降到1%以下时，酶的活性才消失。但实际干制品的水分不可能降到1%以下。因此，在干制前，需进行热烫处理，以钝化果蔬中的酶。

二、干制机理

目前，常规的加热干燥，都是以空气作为干燥介质。当果蔬所含的水分超过平衡水分，当它和干燥介质接触时，自由水分开始蒸发，水分从产品表面的蒸发称为水分外扩散（表面汽化）。干燥初期，水分蒸发主要是外扩散，由于外扩散造成产品表面和内部的水蒸气产生压差，使内部水分向表面移动，称为水分内扩散，此外，干燥时食品各部分温度不同，还存在水分的热扩散，其方向是从温度较高处向较低处转移，但因干燥时内外层温差较小，热扩散较弱。

实际上，干燥过程中水分的表面汽化和内部扩散是同时进行的，二者的速度随果蔬种类、品种、原料的状态及干燥介质的不同而异。一些含糖量高、块型大的果蔬如枣、柿等，其内部水分扩散速度较表面汽化速度慢，这时内部水分扩散速度对整个干制过程起控制作用，称为内部扩散控制。这类果蔬干燥时，为了加快干燥速度，必须设法加快内部水分扩散速度，如采用抛物线式升温对果实进行热处理等，而决不能单纯提高干燥温度、降低相对湿度，特别是干燥初期，否则表面汽化速度过快，内外水分扩散的毛细管断裂，使表面过干而结壳（称为硬壳现象），阻碍了水分的继续蒸发，反而延长干燥时间。此时，由于内部含水量高，蒸汽压力高，当这种压力超过果蔬所能忍受的压力时，就会使组织被压破，出现开裂现象，使制品品质降低。对一些含糖量低，切成薄片的果蔬产品如萝卜片、黄花菜、苹果等，其内部水分扩散速度较表面水分汽化速度快，水分在表面的汽化速度对整个干制过程起控制作用，称为表面汽化控制。这种果蔬内部水分扩散一般较快，只要提高环境温度、降低湿度，就能加快干制速度。因此，干制时必须使水分的表面汽化和内部扩散相互衔接，配合适当，才能缩短干燥时间，提高干制品的质量。

三、果蔬干燥速率和温度的变化

果蔬中水分有结合水和游离水之分，在一定温度下，游离水的蒸气压是一定的，它接近于同温下纯水的蒸气压，但结合水分的蒸气压却随结合力的不同而不同。图 5-3 表示干燥速率和干燥时间的关系，果蔬进入干燥初期所蒸发出来的必然是游离水，此时，果蔬表面的蒸气压几乎和纯水的蒸气压相等，而且在这部分水分未完全蒸发掉以前，此蒸气压也必然保持不变，并在一定的情况下会出现干燥速率不变的现象即恒速干燥阶段（*BC* 段）。只要外界干燥条件恒定，此时的干燥速度就保持不变。

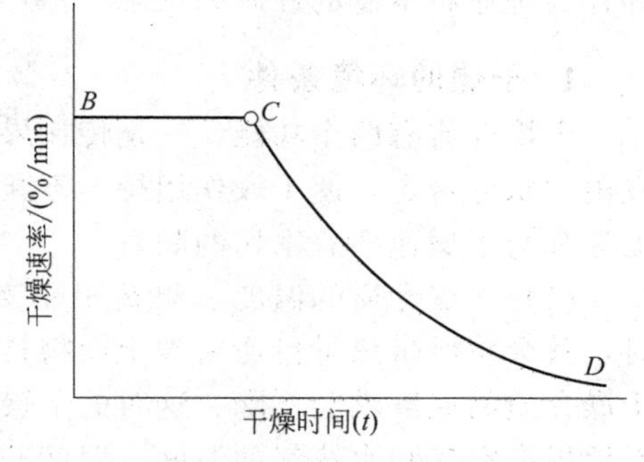

图 5-3 干燥速率曲线图

当恒速干燥过程进行到全部游离水汽化完毕后，余下的水分为结合水分时，水分的蒸气压随水分结合力的增加而不断降低，这样，在一定的干燥条件下，干燥速率就会下降即降速干燥阶段（*CD* 段）。实际上，结合水和游离水并没有绝对明显的界限，因此，干燥两个阶段的划分也没有明显的界限。

图 5-4 表示果蔬干燥时原料的温度、绝对水分含量与干燥时间的关系，开始干燥时，果蔬接受干燥介质的热量而使其温度升高，当果蔬温度超过水分蒸发需要的温度时，水

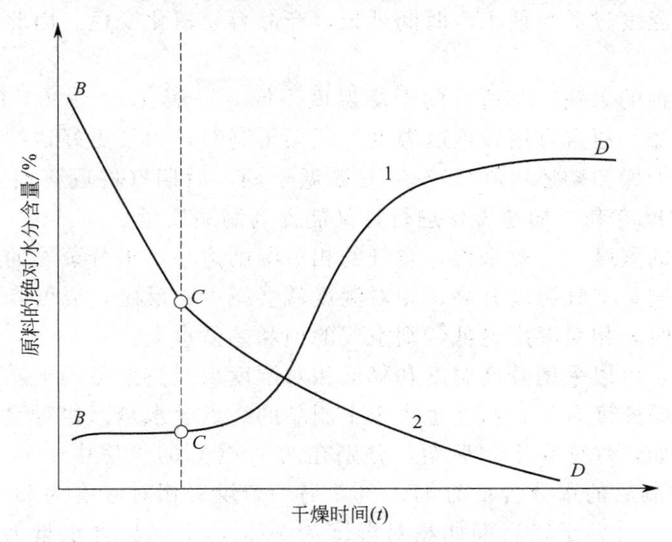

图 5-4 果蔬干燥时温度和湿度变化曲线图

1—原料温度；2—原料湿度

分开始蒸发，此时蒸发的水主要是游离水，由于干燥速度是恒定的，所以单位时间供给汽化所需的热量也应一定，使果蔬表面温度亦保持恒定，而果蔬的湿度则有规律下降，到达 C 点，干制的第一阶段结束，开始汽化结合水。正如干燥速度要发生变化一样，果蔬表面温度也要发生变化。这时，果蔬表面水分的蒸气压在不断下降，其湿度降低，干燥速度也相应降低，汽化所需的热量愈来愈高，导致果蔬表面温度提高，出现了 CD 段温度和湿度的变化。当原料表面和内部水分达到平衡状态时，水分的蒸发作用停止，干燥过程也就结束。

四、影响干燥速率的因素

干燥速率的快慢对于成品品质起决定性的作用。一般来说，干燥越快，制品的质量越好。干燥的速率常受许多因素的影响，这些因素归纳起来有两个方面，一是干燥的环境条件；二是原料本身的性质和状态。

1. 干燥的环境条件

干燥介质有两个功能：一是传递果蔬干燥所需要的热能，促使果蔬水分蒸发；二是将蒸发出的水分带走，使干燥作用持续不断地进行。因此，干燥介质的温度、相对湿度、流动速度等都与干燥速率有密切的联系。

（1）干燥介质的温度　果蔬干制多用热空气作为干燥介质。当热空气与湿的物料接触时，就会将所带热量传递给被干燥物料，物料吸收这部分热量会使其所含的部分水分汽化，干燥介质的温度就会下降，这时的干燥介质是空气与水蒸气的混合物。要使果蔬干燥就需不断地提高空气和水蒸气的温度。温度升高，空气所能够容纳的水蒸气就会增多，空气的湿含量就增大。果蔬的水分就容易蒸发，干燥速率就会加快。反之，温度低，空气的湿含量小，干燥速率就慢。

干制过程中，所采用的高温是有一定限度的，温度过高会加快果蔬中糖分和其他营养成分的损失或致焦化，影响制品外观和风味；此外，干燥前期，高温还易使果蔬组织内汁液迅速膨胀，细胞壁破裂，内容物流失；如果开始干燥时，采用高温低湿条件，则容易造成硬壳现象。相反，干燥温度过低，使干燥时间延长，产品容易氧化变色。因此，干燥时应选择适合的干燥温度。

不同种类和品种的果蔬，其适宜的干燥温度不同，一般在 40～90℃的范围内。凡富含淀粉和挥发油的果蔬，通常宜用较低的温度。蔬菜干制时，为了更好地抑制酶活性，除进行必要的预处理外，干燥初期还可在 75～90℃高温干燥，后期（将近终点）则使干燥温度降至 50～60℃，这样既有利于加速干燥进行，又能提高制品质量。

（2）干燥介质的湿度　一般来说，空气的相对湿度愈小，水分蒸发的速率就愈快。相对湿度又受温度的影响，空气温度升高，相对湿度就会减少；反之，温度降低，相对湿度就会增大。在温度不变时，相对湿度愈低，则空气的饱和差就愈大。

在干制过程中，可以采用升高温度和降低相对湿度来提高果蔬的干燥速率。干燥介质的相对湿度不仅与干燥速度有关，而且也决定干制品的终点含水量。相对湿度愈低，干制品的含水量也愈低。例如，红枣在干制后期，分别在两个 60℃的烘房中干制，一个烘房相对湿度为 65%，红枣干制后的水分含量为 47.2%，另一个烘房相对湿度为 56%，则干制后的红枣含水量为 34.1%。甘蓝干燥后期如相对湿度为 30%，干制品含水量为 8.0%；相对湿度为 8%～10%，干制品含水量则可达 1.6%。

（3）空气的流动速率　干燥空气的流动速率越大，果蔬的干燥速率也就越快。因为，加大空气流速，可以将表面蒸发出的、聚集在果蔬周围的水蒸气迅速带走，及时补充未饱和的空气，使果蔬表面与其周围干燥介质始终保持较大的湿度差，从而促使水分不断地蒸发。同时还促使干燥介质所携带的热量迅速传递给果蔬原料，以维持水分蒸发所需的温度。但空气流速不能过快，过快会造成热能与动力的浪费，前期风速过快还易出现表面"结壳"现象。据测定，风速在3m/s以下时，水分的蒸发速度与风速大体成正比例增加。

2. 原料性质和状态

原料因素包括原料的种类、预处理和装载量，对干燥速率影响也很明显。

（1）果蔬种类　不同果蔬原料，由于所含各种化学成分的保水力不同，组织和细胞结构性的差异，在同样干燥条件下，干燥速率各不相同。一般来说，可溶性固形物含量高、组织紧密的产品，干燥速率慢。反之，干燥速度快。叶菜类由于具有较大的表面积（蒸发面），所以比根菜类或块茎类易干燥。果蔬表皮有保护作用，能阻止水分蒸发，特别是果皮致密而厚，且表面有蜡质，因此，干制前必须进行适当除蜡质、去皮和切分等处理，以加速干燥过程，否则干燥时间过长，有损品质。

（2）果蔬干制前预处理　果蔬干制前预处理包括去皮、切分、热烫、浸碱、熏硫等，对干制过程均有促进作用。去皮使果蔬原料失去表皮的保护，有利于水分蒸发；原料切分后，比表面积（表面积与体积之比）增大，水分蒸发速度也增大，切分愈细愈薄，则需时愈短；热烫和熏硫，均能改变细胞壁的透性，降低细胞持水力，使水分容易移动和蒸发，如热烫处理的桃、杏、梨等干燥所需要的时间比不进行热烫处理的缩短30%～40%。果面有蜡质的果品如葡萄，干制前需碱液处理除去蜡质，可使干燥速度显著提高。经浸碱处理的葡萄，完成全部干燥过程只需12～15d，而未经浸碱处理的则需22～23d。

（3）原料装载量　物料的装载量和装载厚薄，对于果蔬的干燥速率影响也很大。载料盘上物料装载过多、厚度大时，不利于空气流通，影响水分的蒸发。因此，装载量的多少、厚薄要以不妨碍空气流通为原则，以便于热量的传递和水蒸气的外逸。但在干燥过程中可以随着物料体积的变化，调整其厚薄，干燥初期宜薄些，干燥后期可适当厚些。自然气流干燥的宜薄，用鼓风干燥的可厚些。

此外，干制设备的类型及干制工艺也是影响干燥速率的主要因素。应该根据原料的特性，选择理想的干制设备，控制合理的工艺参数，提高干制效率，保证干制品的质量。

五、原料在脱水过程中的变化

果蔬干燥过程中，会发生一系列物理化学变化，主要有以下两方面。

1. 物理变化

（1）体积减小、质量减轻　是果蔬干制后最明显的变化，一般干制后的体积为鲜原料的20%～35%，质量为鲜重的6%～20%。体积和质量的变化，利于包装和贮运。

原料种类、品种以及干制品含水量不同，干燥前后质量差异很大，用干燥率（原料鲜重与干燥成品重之比）来表示原料与成品间的比例关系。几种果品、蔬菜的干燥率见表5-5。

果蔬水分含量一般多用水分占果蔬质量的百分率来表示。但在干燥过程中，物料质量及含水量都在变化，利用含水量不能很好地反映干燥速度，宜用水分率表示干制的速率，即1份

表 5-5 几种果品蔬菜的干燥率

名称	干燥率	名称	干燥率
洋葱	(12～16)：1	黄花菜	(5～8)：1
杏	(4～7.5)：1	菠菜	(16～20)：1
梨	(4～8)：1	柿	(3.5～4.5)：1
桃	(3.5～7)：1	枣	(3～4)：1
李	(2.5～3.5)：1	甘蓝	(14～20)：1
苹果	(6～8)：1	香蕉	(7～12)：1
荔枝	(3.5～4)：1	胡萝卜	(10～16)：1
甜菜	(12～14)：1	番茄	(18～20)：1
马铃薯	(5～7)：1	菜豆	(8～12)：1
南瓜	(14～16)：1	辣椒	(3～6)：1

干物质所含有水分的份数。干燥时，果蔬的干物质基本不变，只有水分在变化。因此，在干燥过程中，1 份干物质中所含水分的份数逐渐减少，即可明显地表示水分的变化。水分率的计算公式如下：

$$M=\frac{w}{100-w}$$

式中 M——水分率；

w——物质的含水量。

$$D=\frac{100-w_2}{100-w_1}=\frac{w_{s_2}}{w_{s_1}}=\frac{M_1+1}{M_2+1}$$

式中 D——干燥率；

w_{s_1}——原料的干物质含量，%；

w_{s_2}——干制品的干物质含量，%；

w_1——原料的含水量，%；

w_2——干制品的含水量，%；

M_1——原料的水分率；

M_2——干制品的水分率。

设：一鲜果的含水量为 75%，干燥后的含水量为 16%，则：

鲜果的水分率为： $M_1=\frac{75}{100-75}=3$

干果的水分率为： $M_2=\frac{16}{100-16}=0.19$

也就是说每 4kg(M_1+1) 鲜果中含有 3kg 水分，每 1.19kg(M_2+1) 果干中含有 0.19kg 水分。所以，由鲜果制成果干，1kg 干物质，蒸发掉的水分为 $M_1-M_2=3-0.19=2.81$kg。

干燥率： $D=\frac{100-16}{100-75}=3.36$

即说明每 3.36kg 鲜果可制成 1kg 干果。如果用百分率表示，则为每 100kg 鲜果可制成 29.8kg 干果。

(2) 干缩　果蔬是由细胞组成的，有充分弹性的细胞组织均匀而缓慢地失水时，就会产生均匀收缩，使产品保持较好的外观。但当用高温干燥或用热烫方法使细胞失去活力之后，细胞壁多少要失去一些弹性，干燥时会产生永久的变形，且易出现干裂和破碎等现象。另外，在干制品块、片不同部位上所产生的不相等收缩，又往往造成奇形怪状的翘曲，进而影响产品的外观。

(3) 透明度的改变　新鲜果蔬细胞间隙中的空气，在干制时受热排除，使优质的干制品呈半透明状态（所谓“发亮”）。透明度决定于果蔬组织细胞间隙存在的空气，空气排除得愈彻底，则干制品愈透明，质量愈好。因此，排除组织内及细胞间的空气，既可改善外观，又能减少氧化，增强制品的保藏性。如原料干制前进行热处理（热烫），一方面钝化酶的活性，另一方面可排除组织中的空气，改善外观。

(4) 表面硬化现象　有两种原因造成表面硬化（也称为硬壳）。其一是由于产品表面水分的汽化速度过快，而内部水分扩散速度慢，不能及时移动到产品表面，从而使表面迅速形成一层干硬壳的现象。其二是产品干制时，产品内部的溶质分子随水分不断向表面迁移，积累在表面上形成结晶，从而造成硬壳。产品表面硬壳产生以后，水分移动的毛细管断裂，水分移动受阻，大部分水分封闭在产品内部，形成外干内湿的现象，致使干制速度急剧下降，进一步干制发生困难。

第一种表面硬壳现象与干燥条件有关，是人为可控制的。第二种表面硬壳现象常见于可溶性固形物含量较高的水果和某些腌制品。实际上，许多产品干制时出现的表面硬化现象是上述两种原因共同作用的结果。

关于溶质分子迁移造成的硬壳现象，机制尚未完全明了，但一般情况下，要解决这一问题，必须控制好干燥条件，即在干制早期温度、相对湿度要高一些，以促进内部水分较快扩散和再分配；同时，使产品表面水分汽化速度不致太快，这样可在一定程度上控制溶质分子迁移造成的硬壳现象。

(5) 多孔性　产品内部不同部位水分含量的显著差异造成了干燥过程中收缩应力的不同。一块容易收缩的产品，如果干燥很慢，它的中央部位不会比表面潮湿很多，产品就整块地向致密的核心收缩。相反，如果干燥得很快，那么表面要比中心干得多，且受到相当大的张力，这样，当内部最后干燥收缩时，内部的应力将使组织脱开，干燥产品内就出现大量的裂缝和孔隙，常称为蜂窝状结构。例如，快速干制的马铃薯丁有轻度内凹的干硬表面，而内部有较多的裂缝和孔隙。缓慢干制的马铃薯丁则没有这种现象。

多孔性的形成有时也与干制产品内部水分直接汽化蒸发有关。例如，马铃薯的膨化就是利用外逸的水蒸气来促进组织结构的膨松。

2. 化学变化

产品在干燥中会发生许多化学变化，这里主要论述干制时，产品发生的颜色变化、营养成分损失和风味的变化。

(1) 颜色变化　果蔬在干制或贮藏过程中，常会变成黄色、褐色或黑色等，一般统称为褐变。根据褐变发生的原因不同，又可将之分为酶促褐变和非酶褐变。

① 酶促褐变。是指在酶作用下，果蔬产生的变色现象，如苹果、香蕉、马铃薯去皮后的变色。酶作用的底物有酪氨酸和鞣质物质，经过一系列复杂中间过程，最终形成黑色素。酶褐变是在有氧的情况下由氧化酶类引起果蔬所含的酚类物质（鞣质、儿茶酚、绿原酸等）、酪氨酸等成分氧化而产生褐色物质的变化，如苹果、梨、桃、香蕉、马铃薯、茄子等在去皮、剖切、破碎时所发生的褐变。

酚类物质在氧化酶的催化下与空气中的氧气反应生成醌、羟基醌，再聚合生成黑色物质。果蔬褐变的主要基质是鞣质类物质。鞣质类物质的含量因果蔬种类、品种及成熟度的不同而异。一般未成熟果实的鞣质含量要高于同品种成熟的果实。不同种类的果实鞣质含量不同，因此，果蔬干制时应选择含鞣质物质少、成熟度高的原料。影响果蔬酶褐变的因素为底物（鞣质、酪氨酸等）、酶（氧化酶和过氧化物酶）活性和氧气，三者中只要控制其中之一，即可抑制酶褐变。因此，可用热烫的方法或 SO_2 处理来钝化氧化酶的活性；还可采用抗氧化剂消耗物料中的氧气，抑制酶促褐变的发生。

② 非酶褐变。凡没有酶参与所发生的褐变均可称为非酶褐变。这种褐变在果蔬干制和干制品贮藏中都可发生，非酶褐变比较难控制。非酶褐变的主要原因之一是果蔬中氨基酸的游离氨基与还原糖的游离羰基作用生成复杂的黑色络合物。这种反应是 1912 年法国化学家 L. C. Maillard 发现的，故又称为美拉德反应，其反应过程很复杂。

这种褐变的程度与快慢取决于氨基酸的含量与种类、糖的种类以及温度条件。类黑色素的形成与氨基酸含量的多少呈正相关，尤以赖氨酸、胱氨酸及苏氨酸等与糖的反应较强。糖类主要是还原糖，据研究发现，还原糖对褐变的影响大小，五碳糖的顺序为核糖、木糖、阿拉伯糖，六碳糖中半乳糖影响最大，鼠李糖最小。美拉德反应与温度关系也很密切，提高温度会促使反应加强，据试验，温度每上升 10℃，褐变率增加 5～7 倍。

此外，重金属也会促进褐变，金属对褐变作用的促进顺序是锡、铁、铅、铜。如鞣质与铁作用可生成黑色化合物；鞣质与锡长时间加热可生成玫瑰色化合物；鞣质遇碱作用容易变黑。蔬菜中含有的胡萝卜素、叶绿素因受热与其他物质反应变色也属于非酶褐变。果蔬中的糖类加热到其熔点以上时会产生黑褐色的色素物质，被称为焦糖化作用，也属非酶褐变。

原料的硫处理对于果蔬非酶褐变亦有抑制作用，因为二氧化硫与不饱和糖反应可形成磺酸，从而减少类黑色素的生成。在干制加工与保存时，控制温度也可减轻非酶褐变。

（2）营养成分的变化　果蔬中的主要营养成分中糖类、维生素、矿物质、蛋白质等，在果蔬干制时，会发生不同程度的变化。一般情况，糖分和维生素损失较多，矿物质和蛋白质则较稳定。

① 糖分的变化。糖普遍存在于果品和蔬菜中，是果蔬甜味的来源。它的变化直接影响果蔬干制品的质量。

果蔬含有的主要糖分是葡萄糖、果糖和蔗糖。不同种类的果蔬，这三种糖的含量有很大程度的差别。以果品为例，仁果的苹果和梨等以含果糖为主，葡萄糖和蔗糖次之；核果类的桃、梅、李等，则以含蔗糖为主，葡萄糖次之，果糖最少；浆果类的葡萄、草莓等，其葡萄糖和果糖的含量几乎相等；柑橘类则蔗糖较多。蔬菜的含糖量一般较低，但一些果菜类和根菜类其糖含量亦较高。

果蔬中的果糖和葡萄糖均不稳定，易氧化分解。因此，自然干制的果蔬，因干燥缓慢，酶活性不能很快被抑制，呼吸作用仍要进行一段时间，从而要消耗一部分糖分和其他有机物质。干制时间越长，糖分损失越多，干制品的质量越差。人工干制果蔬，能很快抑制酶的活性和呼吸作用，干制时间又短，可减少糖分的损失。但较高的干燥温度对糖分也有很大影响。一般来说，糖分损失随温度的升高和时间的延长而增加，温度过高时糖分焦化，颜色加深，味道变差。

② 维生素的变化。果蔬中含有多种维生素。在干制时，各种维生素的破坏损失是一个值得注意的问题，其中以维生素 C 氧化破坏最快。维生素 C 的破坏程度除与干制环境中的氧含量和温度有关外，还与抗坏血酸酶的活性和含量密切相关。氧化与高温共同影响，常可能使维生素 C 全部破坏，但在缺氧加热的条件下，则可以使维生素免遭破坏，此外，阳光照射和碱性环境中也易使维生素 C 遭到破坏，但在酸性溶液或者在浓度较高的糖溶液中则较稳定。因此，干制时对原料的处理方法不同，维生素 C 的保存率也不相同。

另外，其他维生素在干制时也有不同程度的破坏。如维生素 B_1（硫胺素）对热敏感，维生素 B_2（核黄素）对光敏感；胡萝卜素也会因氧化而损失。未经酶钝化处理的蔬菜在干制时胡萝卜素损耗量高达 80%，如果脱水方法选择适当，可下降到 5%。

（3）风味物质的变化　果蔬通过干制加工，常常由于高温加热使其挥发性芳香物质损失较多，从而使得干制品食用时芳香气味和鲜味不足。为此常从干制设备中回收或冷凝外逸的蒸汽再加回到干制品中，以便尽可能保存它的原有风味。

任务二　学习干制方法与主要设备

一、干制方法概述

果蔬干制的方法有多种形式。应该根据干制果蔬的种类、对干制品品质的要求及加工企业自身经济条件情况来选择干制方法和设备。果蔬干制的方法因热量来源不同分为自然干制和人工干制两大类。

1. 自然干制

自然干制是在自然条件下，利用太阳辐射能、热风等使果蔬干燥的方法。自然干制方法简便，设备简单。但自然干制受气候条件影响大，如在干制季节阴雨连绵，会延长干制时间，降低制品质量，甚至会霉烂变质。

自然干制方法可分为两种：一种是原料直接接受阳光暴晒的，称为晒干或日光干制；另一种是原料在通风良好的室内、棚下以热风吹干的，称为阴干或晾干。

晒干的方法是选择空旷通风、地面平坦之处，将果蔬直接铺于地上、苇席或晒盘上暴晒。夜间或下雨时，堆集一处，并盖上苇席，次日再晒，直到晒干为止。

阴干或晾干是主要采用干燥空气使果蔬产品脱水的方法。我国西北，特别是新疆吐鲁番一带干制葡萄采用此法。在葡萄收获季节，这一带气候炎热干燥，将葡萄整串挂在用土坯筑成的多孔干燥室内，借助热风的作用将葡萄吹干。

自然干燥要保证卫生条件，经常翻动产品以加速干燥，当果蔬大部分水分已除去，应作短期堆积使之回软后再晒，这样才会使产品干燥得比较彻底。

2. 人工干制

人工干燥是人为控制干燥环境和干燥过程而进行干燥的方法。和自然干制相比，人工干制可大大缩短干燥时间，并获得高质量的干制产品。但人工干制设备费用高，操作技术比较复杂，成本较高。

人工干燥设备一般按烘干时的热作用方式分为：借助空气加热的对流式干燥设备、借助热辐射的热辐射式干燥设备和借助电磁感应加热的感应式干燥设备三类。此外，还有间歇式烘干室和连续式通道烘干室及低温干燥室和高温烘干室之别。所用的载热体有蒸汽、热水、电能等。间歇式烘干室采用蒸汽、电能加热较为普遍；连续式通道烘干室则多采用红外线加热。近年来，又出现了远红外线干燥、冷冻干燥等技术。电磁感应式干燥目前尚未广泛应用。

二、常用的干制设备

干制机是目前生产上效率较高的一种干燥设备，它能控制干制环境的温度、湿度和空气的流速，因此，干燥时间短，制品质量好。干制机的类型很多，概括起来有以下几种。

1. 隧道式干燥机

这种干燥机的干燥室为狭长的隧道形，原料铺在运输设备（小车或传送带）上，然后从隧道另一端出料，完成干燥。隧道式干燥机有各种不同的设计，可分为单隧道式、双隧道式及多层隧道式等几种，大小也不相同，干燥室一般长 12～18cm、宽 1.8m、高 1.8～2m，在单隧道式干燥室的侧面或双隧道室的中间是加热器，并设有吹风机，以推动热空气进入干燥室，使原料干燥。热交换后的空气一部分从排气筒排除，另一部分回流到加热室继续使用。隧道式干燥机可根据被干燥的产品和干燥介质的运动方向分为逆流式、顺流式和混合式三种形式。

(1) 逆流式干燥机　其载车前进的方向与干热空气流动的方向相反。原料由隧道低温高湿的一端入，由高温低湿的一端完成干燥过程出来。干燥开始温度为 40～50℃，终点温度为 65～85℃。桃、杏、李、葡萄等含糖量高，汁液黏厚的果实适合于采用这种干燥机干制。

(2) 顺流式干燥机　其载车的前进方向和空气流动的方向相同。原料从高温低湿的热风一端进入。开始水分蒸发很快，随着载车的前进，湿度增大、温度降低，干燥速度逐渐减缓，有时甚至不能将干制品的水分减至最低的标准含量，应注意避免。这种干燥机的开始温度为 80～85℃，终点温度为 55～60℃，适宜于干制含水量高的蔬菜。

(3) 混合式干燥机　综合了上述两种干燥机的优点，克服了它们的缺点。混合干燥机有两个鼓风机和两个加热器，分别设在隧道的两端，热风由两端吹向中间，通过原料后，一部分热气从中部集中排除，一部分回流加热再利用，如图 5-5 所示。原料载车首先进入顺流式隧道，用较高的温度和较大的热风吹向原料，加快原料水分的蒸发。随着载车向前推进，温度逐渐下降，湿度也逐渐增大，水分蒸发趋于缓慢，有利于水分的内扩散，不致发生硬壳现象，待原料大部分水分蒸发以后，载车又进入逆流隧道，从而使原料干燥比较彻底。混合式干燥机具有能连续生产、温湿度易控制、生产效率高、产品质量好等优点。

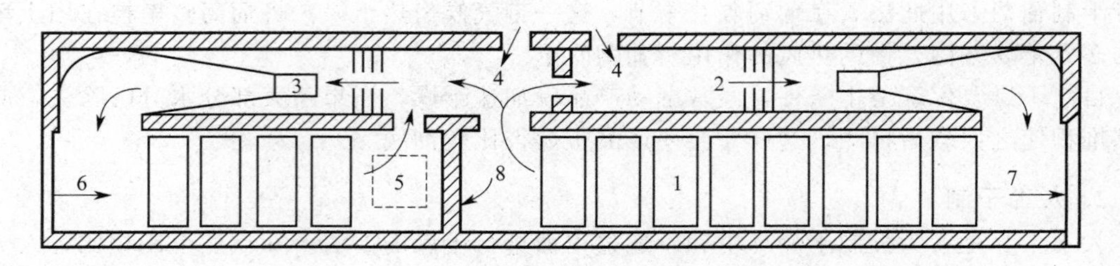

图 5-5　混合式干燥机

1—运输车；2—加热器；3—电扇；4—空气入口；5—空气出口；
6—原料入口；7—干燥品出口；8—活动隔门

2. 带式干燥机

带式干燥机是使用环带作为输送原料装置的干燥机。常用的输送带有帆布带、橡胶带、涂胶布带、钢带和钢丝网带等。原料铺在带上，借机械力而向前转动，与干燥室的干燥介质接触，而使原料干燥。图 5-6 为四层传送带式干燥机，能够连续转动。当上层部位温度达到 70℃，将原料从柜子顶部的一端定时装入，随着传送带的转动，原料依次由最上层逐渐向下移动，至干燥完毕后，从最下层的一端出来。这种干燥机用蒸汽加热，暖管装在每层金属网的中间，新鲜空气由下层进入，通过暖管变成热气，使原料水分蒸发，湿气由顶部出气口排出。带式干燥机适应于单品种、整季节的大规模生产。苹果、胡萝卜、洋葱、马铃薯和甘薯都可在带式干燥机上进行干燥。

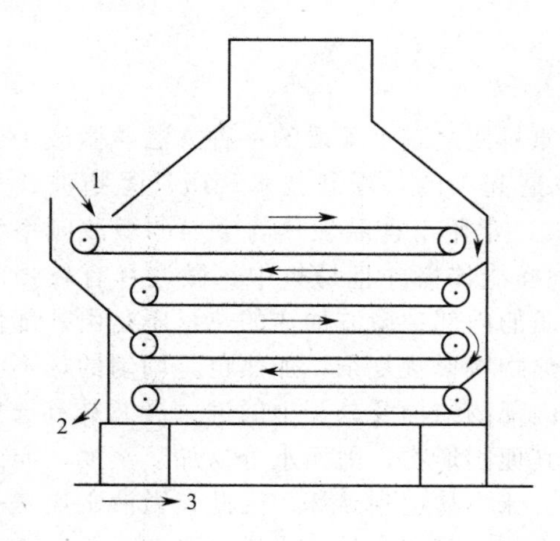

图 5-6 带式干燥机

1—原料进口；2—原料出口；3—原料运动方向

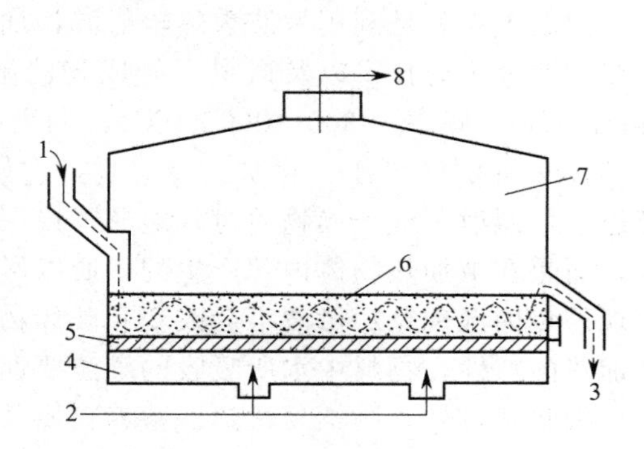

图 5-7 流化床式干燥设备

1—物料入口；2—空气入口；3—出料口；4—强制通风室；5—多孔板；6—沸腾床；7—干燥室；8—排气窗

3. 流化床干燥机

流化床干燥机如图 5-7 所示，多用于颗粒状物料的干制。干燥用流化床呈长方形或长槽状。它的底部为不锈钢丝编织的网板、多孔不锈钢板或多孔性陶瓷板。颗粒状的原料由进料口分布在多孔板上，热空气由多孔板下面送入，流经原料，对其加热干燥。当空气的流速调节适宜时，干燥床上的颗粒状物料则呈流化状态，即保持缓慢沸腾状，显示出与液体相似的物理特性。流化作用将被干燥的物料向出口方向推移。调节出口处挡板的高度，即可保持物料在干燥床停留的时间和干制品的水分含量。流化床式干燥设备可以连续化生产，其设备设计简单，物料颗粒和干燥介质密切接触，并且不经搅拌就能达到干燥均匀的要求。

三、其他干燥方法

1. 红外线干燥

红外线是一种看不见的电磁波，介于可见光与微波之间，波长在 0.72～1000μm 范围内，在电磁波谱中位于红色光外面，因而称红外线，又因为它是一种辐射，又称红外辐射。在工业上一般将把波长范围 0.72～2.5μm 称为近红外辐射，2.5～1000μm 称为远红外辐射。

红外线干燥是利用辐射传热干燥的一种方法。红外线辐射元件发出的红外线以光的速度直线传播到被干燥的物料，当它辐射到物体表面时，如同可见光，可被物体吸收、折射或反射。当红外线的发射波长和被干燥物料的吸收波长相匹配时，引起物料中的分子强烈振动，在物料内部发生激烈摩擦产生热而达到干燥的目的。

辐射线穿透物料的深度（透热深度）约等于波长，而远红外线比近红外线波长长，也就是说远红外干燥比近红外干燥好。特别是远红外线的发射频率与塑料、高分子、水等物质的分子固有频率相匹配，引起这些物质的分子激烈共振。这样，远红外线既能穿透到这些被加热干燥的物体内部，又容易被这些物质所吸收。所以两者相比，远红外干燥更好些。

获得远红外线的方法主要靠发射远红外线的物质碳化物、氮化物、硼化物、氧化物，如二氧化钛、二氧化硅、碳化硅等。因此，常利用这些物质作为远红外线辐射元件，涂在热源上，就可以发射出远红外线。远红外线发射的有效距离为 1m 以内。远红外设备形式也较多，如箱式远红外线烘箱、输送带式远红外干燥设备、移动式远红外加热干燥机等。

远红外线干燥具有干燥速率快、干燥质量好、生产效率高等优点，适用于大面积、薄层物料的加热干燥，已被用于果蔬干制中。

2. 微波干燥

微波干燥就是利用微波为热辐射源，加热果蔬原料使之脱水干燥的一种方法。微波干燥是在微波理论与技术以及微电子管成就的基础上发展起来的一项新技术。微波是指波长为1mm～1m，频率为300～300000MHz的高频电磁波。常用于食品加热与干燥的微波频率为915MHz和2450MHz。微波的特点是：它似光线一样能传播并且易集中；微波具有较强的穿透性，照射于被干燥物质时，能够很快深入到物质的内部；微波加热的热量不是由外部传入，而是在被加热物体内部产生的，所以尽管被加热物料形状复杂，加热也是均匀的，不会出现外焦内湿现象；微波不会改变和破坏物质分子内部的结构及分子中的键；微波具有选择性加热的特性，物料中水所吸收的微波要远远多于其他固形物，因而水分易加热蒸发，而固形物吸收热量少，则不易过热，营养物质及色、香、味不易遭到破坏。因此，微波干燥是一种干燥速度快、干制品质好、热效率高的果蔬干燥方法。其在食品的焙烤、烹调、杀菌工艺中被广泛应用。目前，微波干燥在欧美和日本已大量应用，我国上海各行业都在推广这项技术，效果很好。例如，上海儿童食品厂利用微波干燥器生产乳儿糕，干燥时间由原来的6～8h缩短到4～5min，大大缩短了干燥时间，实现了生产的连续化和自动化。

3. 真空冷冻干燥

真空冷冻干燥也被称为冷冻升华干燥、升华干燥。常被简称为“冻干”（FD）。冷冻干燥是将食品中的水分先冻结成冰，然后在较高真空度下，将冰直接转化为蒸汽而除去，从而使食品获得干燥的方法。

冷冻干燥法与常规干燥法相比具有如下特点：一是特别适用于热敏性食品以及易氧化食品的干燥，可以保留新鲜食品的色、香、味及维生素C等营养物质；二是干燥后制品不失原有的固体框架结构，保持原有的形状；三是冻干食品复水后易于恢复原有的性质和形状；四是冻干的热能利用经济，干燥设备往往无须绝热；五是由于操作是在高真空和低温下进行，需要有一整套高真空获得设备和制冷设备，故投资和操作费用都大，因而产品成本高，干燥成本为普通干燥的2～5倍以上。但是真空冷冻干燥的产品可以最大限度地保持新鲜原料所具有的色、香、味及营养物质，复水性良好，如表5-6所示。因此，真空冷冻干燥多用于一些中高档食品的干制加工。

表5-6 冷冻干燥与热风干燥复水情况的比较

品名	样品质量/g		复水时间/min		复水后质量/g	
	热风干燥	冷冻干燥	热风干燥	冷冻干燥	热风干燥	冷冻干燥
油菜	12	12	50	30	49.3	169
洋葱	14.2	14.2	41	10	67	81.5
胡萝卜	35	35	110	11	136.3	223

(1) 冷冻干燥的原理

① 水的相平衡关系。依赖于温度和压力的改变，水可以在固、液、气三态之间相互转变或达到平衡状态。上述变化可用水的相平衡图来表示，见图5-8。图中有三条线*AB*、*AC*及*AD*分别叫作升华曲线、熔解曲线及汽化曲线。这三条曲线有一个共点，即*A*点，称为三相点，在该点所对应的压力和温度条件下，水可以液、固、气三种相态同时存在，此时压力为610.5Pa，温度为0.0098℃。

当环境压力低于610.5Pa，温度的升高将直接导致水由固态变成气态，这就是升华过程。冷冻干燥即基于这一原理。当温度和压力均低于三相点（A点）时，若温度不变，压力降低；或者压力不变，温度上升，均可以促进冰的升华，加速冻干过程。

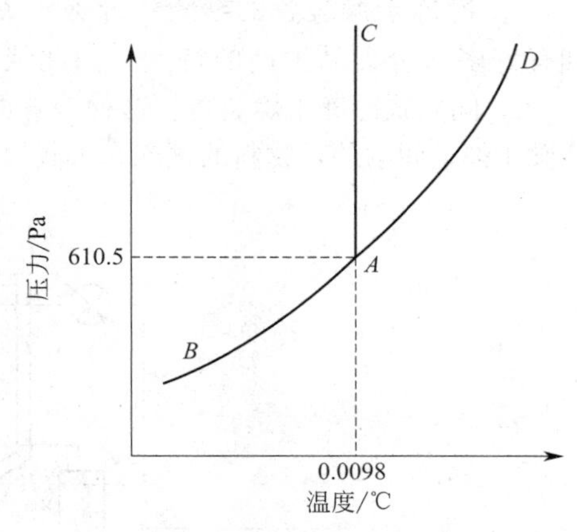

图5-8 水的相平衡

② 食品的冻结。冻结工艺将在以下几个方面影响冷冻干燥的效果。首先，冻结率低或未冻结水分较多者，冻干品的含水量也高；其次，冻结速度将影响冻干速度和冻干品质量。冻结速度慢，可能影响干制品的弹性和复水性，但却有利于冻干时水蒸气的逸出，因此必定存在一个最适冻结速度。最后，食品被冻结成什么形状，不仅影响冻干品的外观形态，而且对食品在干燥时，能否有效地吸收热量和排出升华气体起着重要的作用。

食品冻结常用的有自冻法和预冻法两种。自冻法是利用物料表面水分蒸发时从物料本身吸收汽化潜热，促使物料温度下降，直至达到冻结点时，物料水分自行冻结的方法。由于迅速蒸发会引起食品变形或发泡现象，因此，不适合于外观形态要求高的食品。预冻法是干燥前用一般的冻结方法将食品预先冻结成一定的形状，常用的是冷风冻结法、盐水浸渍冻结法、平板冻结法、液氮冻结法、液二氧化碳冻结法等。

③ 干燥。干燥包含了两个基本过程，即热量由热源通过适当方式传给冻结体的过程和冻结体冰晶吸热升华变成蒸汽并逸出的过程。冻结体冰晶的升华总是从表面向内部进行，干燥中总存在两个区域，即已干层（升华面以外的区域）和冻结层（升华面以内的区域）。由于在干燥过程中，热量向内部传入和内部水蒸气外散的阻力越来越大，使整个升华过程十分缓慢，干燥成本很高。

冷冻干燥过程的传热方式主要是热传导和热辐射。热传导常用的热源有电、石油、煤气、天然气和煤等，常用的载热剂有水、水蒸气、矿物油、乙二醇等。以辐射方式加热主要是通过红外线、微波进行，可以大大提高干燥速度，但微波干燥成本较高，因此，可以采取初期干燥时用普通热源，而中、后期干燥时用微波的方法，既能缩短干燥时间，又能降低干燥成本。

（2）冷冻干燥设备

① 冷冻干燥装置的组成。冷冻干燥装置的基本组成包括干燥室、制冷系统、真空系统、低温冷凝系统和加热系统等部分。

干燥室有多种形式，如箱式、圆筒式等，大型冻干设备的干燥室多为圆筒式，内设加热板或辐射装置，物料装在料盘中并放置在盘架或加热板上加热干燥。

制冷系统的作用有两个，一是将干燥盒中要干燥的物料进行冻结；二是给低温冷凝器提供冷量，使干燥室中抽出的水蒸气在低温冷凝器中冷却而结霜。冷冻干燥使用的冷冻机，负荷变化大。冷冻干燥初期，需要制冷量较大，随着水分的不断升华，需要量逐渐减少。

真空系统的作用主要是保持干燥室的真空度，其次为低温冷凝器降低压力，将干燥室内水蒸气和不凝结气体抽出。

低温冷凝器为了迅速排除升华产生的水蒸气，其温度必须低于被干燥物料的温度。通常低温冷凝器的温度为－50～－40℃。

加热系统的作用是供给冰晶升华所需的潜热。二者应大体相当，若供热过多，就会使食品升温并导致冰晶融化；如果过少，则会降低升华的速度。

② 冷冻干燥装置的形式。冷冻干燥装置的形式主要有间歇式和连续式两种，由于前者具有许多适合食品生产的特点，因此绝大部分食品的冻干均采用这种形式。

a. 间歇式冷冻干燥装置。这种装置的特点是预冻、抽气、加热干燥以及低温冷凝器的融霜等操作都是间歇的，物料的预冻和水蒸气的凝聚成霜分别由两个制冷系统完成，如图 5-9 所示。

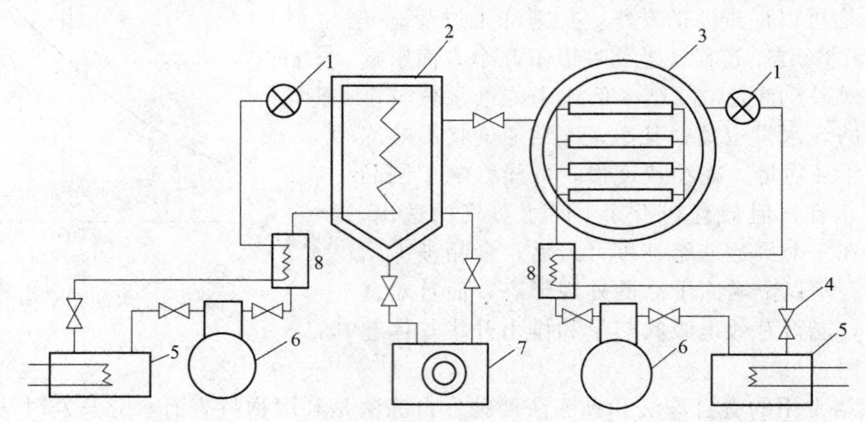

图 5-9　间歇式冷冻干燥设备示意

1—膨胀阀；2—低温冷凝器；3—干燥室；4—阀门；
5—冷凝器；6—压缩机；7—真空泵；8—热交换器

该装置的优点是适合多品种小批量生产；设备制造及维修保养简便；单机操作，不影响其他设备的正常运行；易于控制干燥时不同阶段的加热温度和真空度。缺点是设备利用率较低；若大批量生产，设备的投资费用和操作费用较大。

b. 连续式冷冻干燥设备。连续式冷冻干燥设备较适用于品种单一而产量较大的食品干燥，生产效率较高，降低了劳动强度，主要适用于浆液状和颗粒状食品的干燥。这种干燥器有两种形式：一种是物料在浅盘中进行干燥；另一种是不在浅盘中进行的颗粒状物料的冷冻干燥。在浅盘中进行的干燥，制品必须经过仔细预处理，以期干燥均匀。连续式冷冻干燥设备的缺点是不适于多品种小批量生产，设备复杂、庞大、投资费用高。图 5-10 是一种旋转式连续干燥设备，另外，还有多箱间歇式设备和隧道式冷冻干燥装置等。

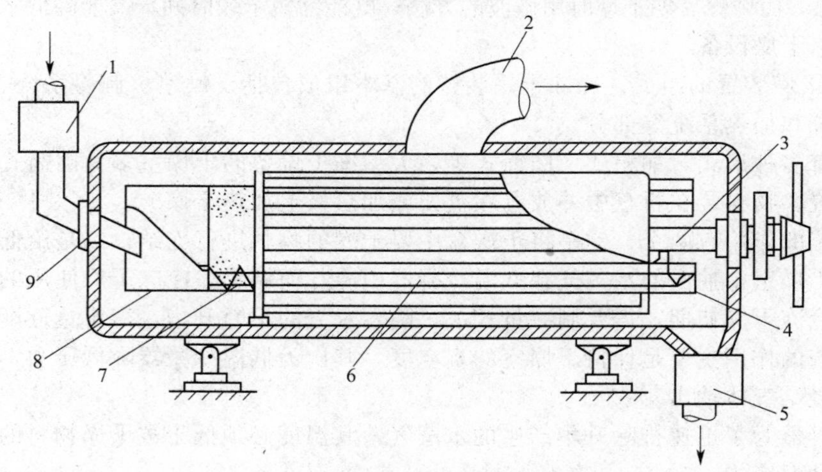

图 5-10　旋转式连续干燥器示意

1—真空闭风器；2—接真空系统；3—转轴；4—卸料管和卸料螺旋；5—卸料闭风器；
6—干燥管；7—加料管和加料螺旋；8—旋转料筒；9—静密封

总之，要想使冷冻干燥技术广泛应用于食品工业，还必须解决降低设备造价、能源综合利用、缩短冻干周期的问题。

4. 真空油炸干燥

真空低温油炸脱水利用减压条件下，产品中水分汽化温度降低，能在短时间内迅速脱水，实现在低温条件下对产品的油炸脱水。热油脂作为产品的脱水供热介质，还能起到膨化及改进产品风味的作用。真空油炸的技术关键在于原料的前处理及油炸时真空度和温度的控制，原料前处理除常规的清洗、切分、护色外，对有些产品还需进行渗糖和冷冻处理。渗糖浓度为 30%～40%，冷冻要求在 −18℃，低温冷冻 16～20h。油炸时真空度一般控制在 92.0～98.7kPa 之间，油温控制在 100℃以下。

目前国内外市场出售的真空油炸果品有：苹果、猕猴桃、柿子、草莓、葡萄、香蕉等；蔬菜有胡萝卜、南瓜、番茄、四季豆、甘薯、土豆、大蒜、青椒、洋葱等。近年来，随着这项技术研究的深入，使制品能更好地保留其原有的风味和营养，且松脆可口，具有广阔的开发前景。

此外声学干燥方法可用于热敏感性的产品干燥。虽然这种方法目前还仅处于实验室阶段，但具有很大的发展前途。试验研究声波和固体相互作用时高强度声场中产生的声流表明，在速度很大（声强 167dB 时，声流速度为 6m/s）的声流作用下，边界层破坏，会强化外部传质，使水分快速蒸发。根据国外已发表的资料，一系列产品的超声干燥参数大大优于真空干燥。例如，对于不能加热至 40℃以上的酶，超声波干燥时间仅为 14min，而真空干燥需要 1h。

采用表面活性剂干燥，即添加万分之几的表面活性剂，已足够使被干燥产品表面的“活性中心”闭合，并使结合水变成自由水，在一系列情况下甚至可用机械途径除去。这也是一种很有前途的干燥方法。

任务三　学习果蔬干制技术

一、原料的选择

选择适合于干制的原料，能保证干制品质量，提高出品率，降低生产成本。干制时对果品原料的要求是：干物质含量高，风味色泽好，肉质致密，果心小，果皮薄，肉质厚，粗纤维少，成熟度适宜。对蔬菜原料的要求是：干物质含量高，风味好，菜心及粗叶等废弃部分少，皮薄肉厚，组织致密，粗纤维少。

对蔬菜来说，大部分蔬菜均可干制，但黄瓜、莴笋干制后失去柔嫩松脆的质地，亦失去食用价值。石刁柏干制后，质地粗糙，组织坚硬，不堪食用。

一些常见果蔬干制原料的要求如下。

（1）葡萄　选用含糖量在 20%以上，皮薄，肉满，无核品种为佳，果粒成熟度应适当。如无核白、秋马奶子等是较好的干制品种，此外，优良的无核红色品种亦是理想的干制原料。

（2）杏　干制用杏要求果型大，果肉呈橘黄色或黄色，含糖量高，纤维少，水分少，充分成熟，有香味的品种。河南荥阳大梅、铁巴旦，新疆克孜尔苦蔓提等都是干制的好品种。

（3）桃　宜选用果型大的离核种，要求含糖量高，纤维素少，肉质细致而少汁液，果肉金黄色且具有香气的品种。采收期以果皮部稍变软时为宜。例如，甘肃宁县黄甘桃、砂子早生等较适于干制。

（4）梨　用于干制的梨需含糖量高，香气浓，石细胞少，肉质柔韧而致密，果心小。适宜于干制的梨有巴梨、茌梨、茄梨等。

（5）苹果　宜选用肉质致密，皮薄，鞣质含量少，干物质含量高，甜酸度适合，充分成熟，果型中等的品种如金冠、小国光、大国光等。

（6）枣　宜选用果型大，皮薄肉厚，含糖量高，肉质致密，核小的品种。此外，优良的小枣品种也可用于干制。山东乐陵金丝小枣、新疆哈密大枣、河南新郑灰枣、浙江义乌大枣都适合干制。

（7）番茄　干制主要用于制作番茄粉，要求品种丰产、早熟、红色，果肉色深，固形物在5%以上，肉质厚，种腔小，种子小。适宜的品种有真善美、早雀钻等。

（8）胡萝卜　中等大小，钝头，表面光滑，须根少，皮肉均呈橙红色，无机械损伤，无病虫害及冻僵情况，心髓不明显，成熟充分而未木质化，胡萝卜素含量高，干物质含量不低于11%，糖分不低于4%，废弃部分不超过15%。干制后复水率为4～9倍。大将军、长橙、无敌等品种适于干制。

（9）洋葱　要求中等或大型鳞茎，结构紧密，颈部细小，肉色为一致的白色或淡黄色，青皮少或无，无心腐病及机械伤，辛辣味强，干物质不低于14%，适合干制的品种有南京黄皮、天津黄皮；国外有南港白球、斯柯平、罗州白种等。

（10）食用菌　宜选菇面直径为3.5cm以下，肉厚，色白，有韧性，菌伞边缘向内卷，略具菌褶或不具菌褶的品种。用于干制的有白蘑菇、丹麦菇、香菇等。

二、原料的处理

干制前原料要进行洗涤，以除去表面的污物和泥沙，保持制品清洁，改善制品外观。洗涤后还应根据原料的品质、大小、成熟度进行选择分级，剔除不合格的部分，以获得质量一致的干制品。对于外皮比较粗糙的果蔬如苹果、梨、柿、马铃薯、毛笋等在干制前还需进行去皮处理，以提高制品品质，同时也利于水分蒸发。去皮时，只需去掉不合要求的部分，不能去得过多。去皮方法有手工去皮、机械去皮、热力去皮和化学去皮。此外，除枣、柿、葡萄、龙眼、樱桃、杏、荔枝等果实外，很多果蔬干制前还要进行去核和切分处理。桃、杏一般沿缝合线对切成两瓣；苹果、梨等切成环形或瓣状；蔬菜如马铃薯、萝卜等可切成圆片、细条或丁。切分多采用机械进行。

干制原料除以上预处理工序外，还有如下几个重要工序。

1. 热烫处理

热烫是果蔬干制时的一个重要工序。原料经过热烫后，钝化氧化酶，减少氧化变色和营养物质的损失、排除内部空气使干制品呈半透明状，提高外观品质；还使细胞透性增强，有利于水分蒸发，缩短干制时间，经过热烫的杏、桃、梨等果品，干制时间可以较原来缩短1/3。

热烫会损失一部分可溶性物质，特别是用沸水热烫的损失更大。切分愈细，损失愈多。采取热水重复使用，可减少热烫的损失，热烫水的浓度随热烫次数增多而增大，因此愈到后来，热烫原料的可溶性物质的流失也就愈少。热烫后的水，可收集起来综合利用。

绿色蔬菜要保持其绿色，可在热水中加入0.5%的碳酸氢钠使水呈中性或微碱性。因为叶绿素在碱性介质中会生成叶绿酸、甲醇和叶醇，叶绿酸仍为绿色；如进一步与碱反应形成钠盐则绿色更稳定。

热烫可采用热水和蒸汽。热烫的温度和时间应根据原料种类、品种、成熟度及切分大小不同而异，一般情况下热烫水温为80～100℃，时间为2～8min，热烫过度会使组织腐烂，影响质量。相反，如果热处理不彻底，反而会促进褐变。例如，白洋葱热烫不完全，变红的程度比未热烫的还要严重。可用愈创木酚或联苯胺检查热烫是否达到要求，其方法是将以上化学药品的任何一种用酒精溶解，配成0.1%的溶液，取已烫过的原料横切，随即浸入药液中，然后取出。在横切面上滴0.3%双氧水（H_2O_2），数分钟后，如果愈创木酚变成褐色或联基苯胺变成蓝色，说明酶未被破坏，热烫未达到要求，如果不变色，则表示热烫完全。

2. 硫处理

硫处理是许多果蔬干制的一种必要的预处理，如苹果、梨、杏、黄花菜、竹笋、甘蓝、马铃薯、番薯等，经过切片热烫后，都要进行硫处理。但有些果蔬，如青豌豆，干制时则不做硫处理，否则会破坏它所含的维生素。

熏硫处理时，可将装果蔬的果盘送入熏硫室中，燃烧硫黄粉进行熏蒸。二氧化硫的浓度一般为1.5%～2.0%，有时可达到3%。1t切分的原料，约需硫黄粉2～4kg，要求硫黄粉纯净，品质优良，易于燃烧，砷含量不得超过0.015%，含油质的硫黄粉不能使用，因其影响干制品的风味，硫黄燃烧要完全，残余量不应超过2%。如果硫黄不易点燃，可加入相当于硫黄质量5%的硝酸钠或硝酸钾。熏硫法一般需要能密闭的熏硫室，此外，亦可采用亚硫酸或亚硫酸盐类进行浸硫。为提高硫处理的效果，应将溶液pH调到酸性范围，增强硫处理效果。

3. 浸碱脱蜡

有些果实如李、葡萄等，在干制前要进行浸碱处理，其作用在于除去果皮上附着的蜡质，果面上出现细微裂纹，利于水分蒸发，促进干燥，同时易使果实吸收二氧化硫。碱可用氢氧化钠、碳酸钠或碳酸氢钠。碱液处理的时间和浓度依果实附着蜡质的厚度而异，葡萄一般用1.5%～4.0%的氢氧化钠处理1～5s，李子用0.25%～1.50%的氢氧化钠处理5～30s。

碱液处理时，应保持沸腾状态，每次处理果实不宜太多，浸碱后应立即用清水冲洗，以除去残留的碱液，或用0.25%～0.5%的柠檬酸或盐酸浸几分钟以中和残碱，再用水漂洗。

三、干制技术

1. 工艺流程

（1）热干燥工艺　工艺流程如下。

原料→挑选、整理→清洗→切分→烫漂（硫处理）→装盘烘烤→干制品→回软→包装

（2）冷冻干燥工艺　工艺流程如下。

原料→冻干前处理→冻干→压块→包装→贮藏

首先要选择优质果蔬原料进行冷冻干燥，水果要达到食用成熟度，蔬菜以鲜嫩为佳。常见的果蔬冻干原料有草莓、香蕉、青梅、胡萝卜、青豆、豌豆、菠菜、蘑菇、葱、姜等。前处理包括清洗、切分与破碎、烫漂等。水果一般采用预冻法冻结。冻结干燥后的果蔬一般可充氮气防止氧化。制品可在－18℃冷藏库中贮藏，可达10年以上，若常温下贮藏可达2年多。

为了降低冻干食品的成本，在进行冷冻干燥前可进行预脱水，再进行冷冻干燥；采用微波技术提高传热效率；增大食品的表面积，提高加热速度；提高真空度，加速冰结晶的升华；精确控制冷冻干燥终点温度，提高设备利用率。

2. 技术要点

在此主要介绍热干燥过程的技术要点。人工干制要求在较短的时间内，采取适当的温

度，通过通风排湿等操作，获得较高质量的产品。要达到这一目的，就要依据果蔬自身的特性，采用恰当的干燥工艺技术。

（1）升温　升温有三种方式。

第一种：在干制期间，干燥初期为低温55～60℃；中期为高温，为70～75℃，后期为低温，温度逐步降至50℃左右，直到干燥结束。这种升温方式适宜于可溶性固形物含量高的果蔬，或不切分整果干制的红枣、柿饼。操作较易掌握，能量耗费少，生产成本较低，干制质量较好。例如，红枣采用这种升温方式干燥时，要求在6～8h内温度平稳上升至55～60℃，持续8～10h，然后温度升至68～70℃持续6h左右，之后温度再逐步降至50℃，干燥大约需要24h。

第二种：在干制初期急剧升高温度，最高可达95～100℃，当物料进入干燥室后吸收大量的热能，温度可降低30℃左右，此时应继续加热使干燥室内温度升到70℃左右，维持一段时间后，视产品干燥状态，逐步降温至干燥结束。此法适宜于可溶性固形物含量较低的果蔬，或切成薄片、细丝的果蔬，如苹果、杏、黄花菜、辣椒、萝卜丝等。这种方法，干燥时间短，产品质量好，但技术较难掌握，能量耗费多，生产成本较大。依据试验，采用这种升温方式干制黄花菜，先将干燥室升温至90～95℃，送入黄花菜，温度会降至50～60℃，然后加热使温度升至70～75℃，维持14～15h，然后逐步降温至干燥结束，干制时间需16～20h。

第三种：其升温方式介于以上两者之间。即在整个干制期间，温度在55～60℃的恒定状态，直至干燥临近结束时再逐步降温，此法操作技术容易掌握，成品质量好。因为在干燥过程中长时间维持较均衡的温度，耗能比第一种高，生产成本也相应高一些。这种升温适宜于大多数果蔬的干制加工。

（2）通风排湿　果蔬含水量较高，在干制中由于水分的大量蒸发，干燥室内的相对湿度急剧升高，甚至会达到饱和程度。因此，在果蔬干制过程中应十分注意通风排湿工作，否则会延长干制时间，降低干制品质量。一般当干燥室内相对湿度达70%以上时，应进行通风排湿操作。通风排湿的方法和时间要根据加工设备的性能，室内相对湿度的大小，以及室外空气流动的强弱来定。

在进行通风排湿时，一般还应掌握干制的前期相对湿度应适当高些，这一方面有利于传热，另一方面可以避免物料因水分蒸发过快出现“结壳”现象；在干制的后期相对湿度应低些；可促使水分蒸发，使干制品的含水量符合质量要求。

（3）倒盘及物料翻动　利用烤架、烤盘的干燥设备，由于烤盘位于干燥室上下不同的位置，往往会使其受热程度不同，使之干燥不均匀。因此，为了避免物料干湿不均匀，需进行倒盘，在倒盘的同时翻动盘内的物料，促使物料受热均匀，干燥程度一致。

3. 实例

实例见表5-7～表5-9。

表5-7　几种果蔬的自然干制技术

名称	原料处理	干　燥	干燥后处理
红枣	选果，在沸水中热烫5～10min，有的不进行烫漂	暴晒开始后，每天日落时集拢成堆、覆盖，早晨日出后摊开，中午前后翻动数次	挑选，分级，包装
柿饼	选果，分级，削去外皮，切除萼片，保留萼盘和果梗，用麻绳系缚果梗，20～30个为一串，也有不用绳缚而散晒于晒帘上的	搭设晒架，悬挂果串，晒20d左右，进行第一次揉捏。3～4d后再进行第二次，再晒2～3d，从绳上取下压成扁平状，排列于晒盘中，再晒10～15d，每天翻动一次，晚间移到室内，用草席盖好，次晨再晒，晒制结束时即可生霜	挑选，分级，包装

续表

名称	原料处理	干　燥	干燥后处理
葡萄干	选用无核葡萄，除去太小或破损的果粒，用1.5%～4.0%NaOH处理1～5s，用水洗净碱液，装入晒盘	晒3～5d，翻转，继续晒2～3d，将晒盘叠置阴干。新疆吐鲁番等地，气候炎热干燥，将葡萄置通风室内上架干燥，一般需30d左右，制品色泽鲜绿，品质优良	贮存回软3周以上，然后脱粒去梗，包装
桃干	选用离核桃，去皮，对切为两半，去核，切面向上排列在晒盘内，熏果碗4～6h，硫黄用量为鲜果重的0.4%	晒至6～7成干时叠置，完成干燥时含水量宜为15%～18%	挑选，回软，包装
杏干	成熟度适宜，对切为两半，切面朝上单层置于晒盘内，熏硫至少3h，硫黄用量为鲜果重的0.4%	晒至5～7成干时，叠置阴干，干燥良好的杏干应肉质柔软，不易折断，彼此不相黏着，含水量为16%～18%为宜	挑选，回软均湿3周，包装

表5-8　几种果品的人工干制技术

干制品名称	原料处理	单位面积装载量/(kg/m²)	初温/℃	终温/℃	终点相对湿度/%	干燥时间/h
苹果干	削皮去心，切成7mm厚的圆片，熏硫10～20min，蒸烫2～4min，再熏硫3～5h	4～5	80～85	50～55	10	5～6
洋梨干	切成两半，去柄，去心，热烫15～20min，熏硫3～5h	4～5	55	65	30	30～36
桃干	切半，去核，去皮，冲洗，蒸烫5min，熏硫1h	10	55	65	20～30	14
葡萄干	挑选，脱蜡后冲洗干净	14～20	45～50	70～75	25	16～24
杏干	切半，去核，切面向上摆入烘盘中，熏硫3～4h，有的在熏硫前，用盐水洒于果面上，盐∶水为1∶33	7～9	50～55	70～80	10	10～12
李干	挑选，用0.25%～1.5%的NaOH溶液处理5～30s，然后清洗干净	12～24	45～55	70～75	20	20～30
枣	挑选，分级，沸水热烫5～10min	12～15	55	68～75	25～30	24

表5-9　几种蔬菜的干制技术

蔬菜名称	原料处理	干　制	成品率/%
马铃薯	洗净去皮，80～100℃水中烫漂10～20min，切成条块、薄片或方块，用0.3%～1.0%亚硫酸溶液处理2～3min	装载量3～6kg/m²，层厚10～20mm，干燥后期温度不能超过65℃，干燥需要5～8h，干制品含水量小于7%	8～12
菠菜	挑选，除去根部，洗净	摊放厚度以不影响空气流通为度，温度可达75～80℃，干燥需3～4h	5～6
胡萝卜	洗净，去皮，切分为条、薄片或方块，蒸汽烫漂5～8min	装载量5～6kg/m²，温度65～75℃，干燥需6～7h，干制品含水量5%～8%	6～10
南瓜	选取老熟南瓜，对切，除去外皮、瓜瓤和种子，切片或刨丝，蒸汽处理2～3min	装载量5～10kg/m²，干燥后期温度不能超过70℃，干燥约需10h，干制品含水量在6%以下	6～7
洋葱	洗净，除去外部鳞片，切成3～5mm厚的片	装载量4kg/m²，55～60℃，干燥需6～8h	5～6
菜豆	洗净，切成20～30mm的片段，除去不良部分，沸水烫漂5～6min	装载量3～4kg/m²，层厚2cm，温度60～70℃，干燥6～7h，干制品含水量约5%	6～8
菜花	除去外叶及基部，洗净，切分，沸水烫漂2～3min	装载量4～5kg/m²，50～55℃，干燥需6～8h，干制品含水量约5%	8～10
食用菌	洗净，挑拣，分级，整理	初期温度40～45℃，1.5～2h后升温到60～70℃，适当翻动，干燥需6～8h	10～12
黄花菜	选含苞待放的花蕾，洗净，蒸汽热烫10min左右	装载量5kg/m²，初温80～90℃，随后在75℃条件下干燥10h左右，降至50℃，适当翻动。干制品含水量为13%～15%	12～14

任务四 学习干制品的包装、贮藏和复水

一、包装前的处理

果蔬干制品在包装前通常要进行一系列的处理，以提高干制品的质量，延长贮存期，降低包装和运输费用。

1. 筛选、分级

干燥后的干制品在包装前应利用振动筛等分级设备或人工进行筛选分级，剔除过湿、结块等不合标准的产品。

2. 回软

回软又称均湿。促使干制品内部与外部水分的转移，使各部分含水量均衡，呈适宜的柔软状态，便于产品处理和包装运输。

干制时，产品的干燥程度是不均衡的，有的部分可能过干，有的部分却干燥不够，往往形成外干内湿的情况，此时立即包装，则表面部分从空气中吸收水气，使含水量增加，而内部水分来不及外移，就会发生败坏。因此，产品干燥后，必须进行回软处理。

回软处理的方法是，将筛选、分级后的干燥产品，冷却后立即堆集起来或放在密闭容器中，使水分平衡。在此期间，过干的产品吸收尚未干透制品的水分，使所有干制品的含水量均匀一致，同时产品的质地也稍显皮软。

回软所需的时间，视干制品的种类而定。一般菜干 1～3d，果干 2～5d。

3. 压块

大多数果蔬经过干制后，虽然质量减轻，体积缩小，但是有些制品很蓬松，这些干制品往往由于体积大，不利于包装运输。因此，在包装前需要压块处理。体积一般缩小 2/3～6/7。压块与温度、湿度和压力的关系密切。压块处理时要注意同时利用水、温度、压力的协同作用。表 5-10 为几种果蔬干制品压块处理时的工艺条件及效果。

果蔬干制品压块时要注意破碎问题。蔬菜干制品水分含量低，脱水蔬菜冷却后，质地变脆易碎。因此，蔬菜干制品常在脱水的最后阶段，干制品温度为 60～65℃时，趁热压块，或者在压块之前喷热蒸汽以减少破碎率。但是，喷过蒸汽的干制品压块后，水分可能超标，影响耐贮性。所以，在压块后还需干燥处理，生产中常用的干燥方法是与干燥剂一起贮放在常温下，利用干燥剂吸收水分。一般用生石灰作为干燥剂，约经过 2～7d，水分即可降低。

表 5-10 干制品压块处理的工艺条件及效果

干制品	形状	水分/%	温度/℃	压力/kPa	加压时间/s	密度/(kg/m³)		体积缩减率/%
						压块前	压块后	
甘蓝	片	3.5	65.6	1550	3	168	961	83
胡萝卜	丁	4.5	65.6	2756	3	300	1041	77
马铃薯	丁	14.0	65.6	547	3	368	801	54
甘薯	丁	6.1	65.6	2412	10	433	1041	58
杏	半块	13.2	24.0	203	15	516	1201	53
桃	半块	10.7	24.0	203	30	577	1169	48

压块可采用螺旋压榨机，机内另附特制的压块模型，也可用专门的水压机或油压机。压块压力一般为 70kgf/cm^2 （1kgf＝9.80665N，下同），维持 1～3min；含水量低时，压力要

加大。

4. 干制品的防虫

干制品贮存期间，易遭虫害。一旦条件适宜（温度、湿度适宜时），干制品中的虫卵就会发育，危害干制品。

防治害虫的方法主要有：热力杀虫及烟熏、低温杀虫、气调杀虫几种。

（1）热力杀虫及烟熏　热力杀虫就是利用自然的或人为的高温，作用于害虫个体，使其躯体结构、生理机能受到严重干扰破坏而引起死亡的杀虫方法。这种方法一直被广泛地采用，具有良好的防虫、杀虫效果。蒸汽处理2～4min。烟熏是控制果蔬干制品中昆虫和虫卵的常用方法。常用烟熏剂有氧化乙烯、氧化丙烯、甲基溴等，甲基溴是最为有效的熏蒸剂，甲基溴相对密度较空气大，因此，使用时应从熏蒸室的顶部送入，一般用量为每立方米16～24g，处理时间24h以上。要求甲基溴的残留量在葡萄干、无花果干中为150mg/kg，苹果干、杏干、桃干、梨干中为30mg/kg，李干中为20mg/kg。

（2）低温杀虫　低温杀虫是利用冷空气对害虫的生理代谢、体内组织产生干扰破坏作用，促进害虫迅速死亡。

对一般食品害虫8～15℃时是生命活动的最低限。干制品最有效的杀虫温度为－15℃，但费用昂贵，生产中一般用－8℃冷冻7～8h，可杀死60%的害虫。

（3）气调防虫　是人为改变干制贮藏环境的气体成分含量，造成不良的生态环境来防治害虫的方法。降低环境的氧气含量，提高二氧化碳含量可直接影响害虫的生理代谢和生命。一般氧气含量为5%～7%，1～2周内可杀死害虫。2%以下的氧气浓度，杀虫效果最为理想。二氧化碳杀虫所需的浓度一般比较高，多为60%～80%。氧浓度越低，杀虫时间就越短；二氧化碳浓度越高，杀虫效果也越好，因此，延长低氧和高二氧化碳的处理时间，将能提高杀虫效果。

干制品包装中，常采用密封容器进行抽真空或充惰性气体，从而改变了贮藏环境的气体组成，使害虫不能存活或处于假死状态。

（4）电离辐射防虫　电离辐射可以引起生物有机体组织及生理过程发生各种变化，使新陈代谢和生命活动受到严重影响，从而导致生物死亡或停止生长发育。食品的辐射处理常采用X射线，γ射线和阴极射线。目前应用较多的是γ射线。

二、干制品的包装

1. 包装容器

包装对干制品的贮存效果影响很大，因此，要求包装材料应达到以下几点要求：①防潮防湿，以免干燥制品吸湿回潮引起发霉、结块。要求包装材料在90%的相对湿度中，每袋干制品水分增加量不超过2%；②不透光；③能密封，防止外界虫、鼠、微生物及灰尘等侵入；④符合食品卫生管理要求；⑤费用合理。生产中常用的包装材料有：纸筒、纸盒、金属罐、木箱、纸箱及软包装复合材料。近年来，聚乙烯、聚丙烯等薄膜袋已广泛用于果蔬干制品的包装，这些物质的密闭性能好，透氧性差，又轻便美观，但降解性差，易造成环境污染。

2. 包装方法

干制品的包装方法主要有普通包装、充气包装和真空包装。

（1）普通包装法　普通包装法是指在普通大气压下，将经过处理和分级的干制品按一定量装入容器中。对密封性能差的容器，如纸盒和木箱，装前应先在里面垫一层或两层蜡纸。

蜡纸必须足够大，能将所装的干制品全部包被，勿留缝隙。有条件的可在容器内壁涂防水材料。

(2) 真空包装和充气包装　真空包装和充气（氮、二氧化碳）包装是将产品先进行抽真空或充惰性气体（氮、二氧化碳），然后进行包装的方法。这种方法降低了贮藏环境的氧气含量（一般降至2%），有利于防止维生素的氧化破坏，增强制品的保藏性。抽真空包装和充气包装可分别在真空包装机或充气包装机上完成。

国外还有采用葡萄糖氧化酶除氧小袋进行包装的。即将酶和葡萄糖以及缓冲剂装在隔湿透氧的小袋中，将这种小袋与干燥产品一起密封在容器中，小袋中的内容物很快吸收容器内的氧，从而防止对氧化作用敏感的制品的败坏。应用这种方法贮藏核桃仁，于35℃条件下1个月不发生变质。

三、干制品的贮藏

合理包装的干制品受环境因素影响小，未经密封包装的干制品在不良环境条件下容易发生变质现象，因此，良好的贮藏环境是保证干制品耐藏性的重要保证。

1. 影响干制品贮藏的因素

(1) 干制原料的选择和处理　干制原料的选择、预处理与干制品的耐藏性有很大关系。原料新鲜完整、成熟充分、无机械损害和虫害，洗涤干净，就能保证干制品的质量，提高干制品的耐藏性。反之，耐藏性则差。例如，未成熟的杏子，干制后色泽发暗；未成熟的枣子，干制后色泽发黄，且不耐贮藏。此外，原料经过热处理和硫处理的，能较好保持制品颜色，并能避免微生物及害虫的侵害。

(2) 干制品的含水量　含水量对干制品的耐藏性影响很大。在不损害成品质量的情况下，含水量愈低，保藏效果愈好。不同的干制品，含水量要求不同。果品类，可溶性固形物含量较高，干制后含水量亦高，通常为15%～20%，但有的如红枣干制后含水量可达25%。蔬菜类，可溶性固形物含量低，组织柔软易败坏，干燥后的含水量应控制在4%以下，方能减少贮藏期间的变色和维生素的损失。

(3) 贮藏条件　影响干制品贮藏的环境条件主要有温度、湿度、光线和空气。温度对干制品贮藏影响很大。低温有利于干制品的贮藏。因为干制品的氧化随温度的升高而加强。氧化作用不但促使制品品质变化和维生素破坏，而且使亚硫酸氧化而降低制品的保藏效果。所以干制品贮藏时应尽量保持较低的温度。空气湿度对未经防潮包装的干制品影响很大。若空气湿度高，就会使干制品的平衡水分增加，提高制品的含水量，降低干制品的耐藏性。此外，较高的含水量，降低了制品二氧化硫浓度，使酶的活性恢复，致使制品保藏性变差。光线和空气的存在，也会降低制品的耐藏性。光线能促进色素分解；空气中的氧气能引起制品变色和维生素的破坏。因此，干制品最好贮藏在避光、缺氧的环境中。

2. 贮藏技术要点

贮藏干制品的库房要求干燥、避光、低温，温度以0～2℃为宜，不宜超过15℃；通风及密闭性好，具有防鼠设备，清洁卫生。注意在贮藏干制品时，不要同时存放潮湿物品。

库内箱装干制品的堆码，应留有行间距和走道，箱与墙之间也要保持0.3m的距离，箱与天花板应为0.8m的距离，便于空气流动。

库内要维持一定的湿度。通常空气的相对湿度保持在65%以下，如贮藏果干的相对湿度不超过70%；马铃薯干55%～60%；块根、甘蓝、洋葱为60%～63%；绿叶菜73%～75%。一般采用通风换气来维持。必要时，可采用设备制冷或铺生石灰降温降湿。此外，还要定期检查，确保贮藏期产品的质量。

四、复水

许多果蔬干制品在复水后才能食用。干制品的复水性是指新鲜食品干制后能够重新吸收水分的程度，一般用干制品吸水增重的程度来衡量。干制品的复原性是指干制品重新吸收水分后在质量、大小、形状、质地、颜色、风味、成分、结构以及其他可见因素各方面恢复原来新鲜状态的程度。干制品的复水往往很困难，或者复水不理想。干制品的复水过程绝不是干燥机理的简单逆转过程。干制品复原性越高，说明干制品的质量越好，否则相反，因此，干制品的复水性和复原性是衡量干制品质量的重要指标，两者之间有着密切的关系。实际上，干制品复水后其质量很难百分之百地达到新鲜原料的品质。这不但与干制品的种类、品种、成熟度、干燥方法有关，还与复水方法有关。各种蔬菜的复水率或复水倍数如表5-11所示。

表5-11　脱水蔬菜复水率（或复水倍数）

蔬菜种类	复水率	蔬菜种类	复水率
甜菜	(1∶6.5)～(1∶7.0)	青豌豆	(1∶3.5)～(1∶4.0)
胡萝卜	(1∶5.0)～(1∶6.0)	菜豆	(1∶5.5)～(1∶6.0)
萝卜	1∶7.0	刀豆	1∶12.5
马铃薯	(1∶4.0)～(1∶5.0)	扁豆	1∶12.5
甘薯	(1∶3.0)～(1∶4.0)	菠菜	(1∶6.5)～(1∶7.5)
洋葱	(1∶6.0)～(1∶7.0)	甘蓝	(1∶8.5)～(1∶10.5)
番茄	1∶7.0	茭白	(1∶8.0)～(1∶8.5)

脱水蔬菜的复水方法是把脱水菜浸泡在12～16倍质量的冷水中，经30min，再迅速煮沸并保持沸腾5～7min。复水时，水的用量和质量关系很大。如用水过多，可使水溶性色素（如青花素和花黄素）和水溶性维生素溶解损失，一般用水量为菜重的12～16倍。水的酸碱度不同，也能使色素的颜色发生变化。水中若含有金属离子，会促进色素和维生素的氧化破坏；若含有亚硫酸钠或亚硫酸氢钠，会使干制品复水后组织软烂；用硬水复水，会使豆类质地变粗硬、影响品质，因此，复水用水一定经过严格处理，才能提高复水干制品的质量。

【课后思考题】

（1）水分活度与干制品保藏的关系是什么？

（2）食品的干制速度及其控制的基本原理是什么？

（3）果蔬干制过程中的物理、化学变化对干制品质量的影响有哪些？

【知识拓展】

水果干制品质量检验项目如表5-12所示。

表5-12　水果干制品质量检验项目

序号	检验项目	发证	监督	出厂	备注
1	感官	√	√	√	
2	净含量	√	√	√	
3	等级	√	√		标准中有此规定的
4	水分(或果肉含水率)	√	√	√	
5	粒度	√	√	*	标准中有此规定的
6	总酸	√	√	*	标准中有此规定的

续表

序号	检验项目	发证	监督	出厂	备注
7	酸价	√	√	*	标准中有此规定的
8	过氧化值	√	√	*	标准中有此规定的
9	脂肪	√	√	*	标准中有此规定的
10	蛋白质	√	√	*	标准中有此规定的
11	铅(以 Pb 计)	√	√	*	标准中有此规定的
12	砷(以 As 计)	√	√	*	标准中有此规定的
13	铜(以 Cu 计)	√	√	*	标准中有此规定的
14	汞(以 Hg 计)	√	√	*	标准中有此规定的
15	镉(以 Cd 计)	√	√	*	标准中有此规定的
16	二氧化硫残留量	√	√	√	
17	苯甲酸	√	√	*	
18	山梨酸	√	√	*	
19	糖精钠	√	√	*	
20	环己基氨基磺酸钠(甜蜜素)	√	√	*	
21	着色剂(柠檬黄、日落黄、胭脂红、苋菜红、亮蓝)	√	√	*	检测时应根据产品的颜色确定
22	展青霉素	√	√	*	苹果、山楂制品
23	六六六	√	√	*	标准中有此规定的
24	滴滴涕	√	√	*	标准中有此规定的
25	抗氧化剂(BHA＋BHT)	√	√	*	标准中有此规定的
26	三唑酮	√	√	*	标准中有此规定的
27	菌落总数	√	√	√	标准中有此规定的
28	大肠菌群	√	√	√	标准中有此规定的
29	致病菌(沙门菌、志贺菌、金黄色葡萄球菌、溶血性链球菌)	√	√	*	标准中有此规定的
30	霉菌	√	√	*	标准中有此规定的
31	标签	√	√		

项目六　果蔬糖制和腌制技术

【知识目标】

（1）熟悉糖制和腌制加工原料的要求及处理。

（2）掌握糖制和腌制食品的基本原理及技术要点。

【技能目标】

（1）掌握糖制的基本原理及蜜饯的加工操作要点。

（2）能解决果蔬糖制和腌制加工中常见质量问题。

【必备知识】

（1）糖制品的保藏原理。

（2）蔬菜腌制的原理。

任务一　学习糖制原理

蜜饯是我国特产食品之一，原称“蜜煎”，后改为现名蜜饯。果品或蔬菜在糖液中徐徐熬煮，使糖分渗入组织中而形成高浓度的糖分，至接近无水状态，并基本保持果品或蔬菜的原形，即蜜饯。蜜饯可直接食用，耐久贮，此类制品因原料处理方法不同，有附糖浆的、包糖衣的、附糖结晶的及干燥状的。

一、糖制品的保藏原理

糖制品是以高浓度食糖的保藏作用为基础的一种可保藏的食品。高浓度的糖液会形成较高的渗透压，微生物由于在高渗透环境中会发生生理干燥直至质壁分离，因而生命活动受到了抑制。高浓度的糖溶液使水分活度大大降低，可被微生物利用的水分大为减少，此外，由于氧在糖液中的溶解度降低，也使微生物的活动受阻。

二、蜜饯生产中常用糖的种类

1. 白砂糖

白砂糖中蔗糖含量在99%上，为粒状晶体，根据晶粒大小可分为粗砂、中砂和细砂三种。

2. 饴糖

饴糖又称麦芽糖浆，用谷物作原料，经淀粉酶或大麦芽的作用，淀粉水解为糊精、麦芽糖及少量葡萄糖得到的产品。饴糖色泽淡黄而透明，能代替部分白砂糖使用，可起到防止晶析的作用。饴糖的甜度为蔗糖的50%左右。

3. 淀粉糖浆

淀粉糖浆又称葡萄糖浆。它是由淀粉加酸或酶水解制成的，主要成分为葡萄糖、麦芽糖、果糖和糊精，甜度是蔗糖的50%～80%，也可起到防止晶析的作用。

4. 果葡糖浆

果葡糖浆是将淀粉经酶法水解制成葡萄糖，用异构酶将葡萄糖异构化制成含果糖和葡萄糖的糖浆，甜度是蔗糖的80%～100%。

5. 蜂蜜

蜂蜜主要成分是果糖和葡萄糖，两者约占总量的66%～77%，甜度与蔗糖相近，由于其价格昂贵，只在特种制品中使用。

三、糖的特性与应用

果蔬糖制加工中所用的糖主要是砂糖，其特性与加工条件控制和制品品质密切相关。

1. 糖的溶解度与晶析

当糖制品中液态部分的糖在某一温度下浓度达到饱和时，即可呈现结晶现象，称为晶析，也称返砂。一般地讲，返砂降低了糖的保藏作用，有损于制品的品质和外观。但果脯蜜饯加工也有利用这一性质，适当地控制过饱和率，给有些干态蜜饯上糖衣，如冬瓜条、糖核桃仁等。

糖制加工中，为防止返砂，常加入部分饴糖、蜂蜜或淀粉糖浆。也可在糖制过程中促使蔗糖转化，防止制品结晶。

2. 蔗糖的转化

蔗糖适当的转化可以提高砂糖溶液的饱和度，增加制品含糖数量，防止返砂。溶液中转化糖含量达30%～40%时即不会返砂。蔗糖的转化还可增加渗透压，减少水分活度，提高制品的保藏性，增加风味与甜度。但一定要防止过度转化而增加制品的吸湿性，致回潮变软，甚至返砂。糖液中有机酸含量0.3%～0.5%时，足以使糖部分转化。

3. 糖吸湿性

糖制品吸湿以后，降低了糖浓度和渗透压，因而削弱了糖的保藏作用，引起制品的败坏变质。

糖的吸湿性各不相同，以果糖的吸湿性最强，其次是葡萄糖和蔗糖。各种结晶糖吸水达15%以后，便开始失去结晶状而成为液态。纯结晶蔗糖的吸湿性很弱，商品砂糖因含有少量灰分等非糖杂质，因而吸湿性增强。当砂糖中灰分含量低于0.02%、空气相对湿度低于60%，砂糖呈不潮解的结晶状。

利用果糖、葡萄糖吸湿性强的特点，糖制品中含有适量的转化糖有利于防止制品返砂；但量过高又会使制品吸湿回软，造成霉烂变质。

4. 糖的甜度

糖的甜度影响着糖制品的甜味和风味，糖的甜度随糖液浓度和温度的不同而变化。糖浓度增加，甜味增加，增加的程度因糖的种类而异。糖液浓度为10%时，蔗糖和转化糖等甜；浓度小于10%时，蔗糖甜于转化糖；浓度大于10%时，则相反。

温度对甜度也有一定的影响，50℃条件下，糖液浓度为5%或10%时，果糖与蔗糖等甜；等于50℃时，果糖甜于蔗糖；高于50℃时，结果相反。

5. 糖液的沸点温度

糖液的沸点温度随糖液浓度的增加而升高，随海拔高度的增加而降低。此外，浓度相同、种类不同的糖液，沸点也不相同。通常在糖制果蔬过程中，需利用糖液沸点温度的高低，掌握糖制品所含的可溶性固形物的含量，判断煮制浓缩的终点，以控制时间的长短。

由于果蔬在糖制过程中，蔗糖部分被转化，加之果蔬所含的可溶性固形物也较复杂，其溶液的沸点并不能完全代表制品中的含糖量，只大致表示可溶性固形物的多少。因此，在生产之前要做必要的实验。

任务二　学习腌制原理

一、蔬菜腌制中的生物化学变化

蔬菜腌制主要利用了食盐的高渗透压作用、微生物发酵作用、蛋白质分解作用以及其他一系列的生物化学作用，变化复杂而且缓慢。

1. 食盐的渗透作用

蔬菜由极小的细胞所组成。植物体细胞最外侧是细胞膜，有通透性；次层是原生质膜，为半通透性的，水分可以通过，而糖及盐则不能通过。因而当细胞外环境浓度变化时，会有压差出现，进而水由细胞内向胞外渗透甚至脱水，于是蔬菜活细胞失去活性，此时，调味料才渗入细胞内至整体各部，得到制成品。

食盐水的渗透压较高。1%食盐水的渗透压为砂糖的10倍、葡萄糖的5倍。10%以上盐水的渗透压约为1%时的8倍。腌菜时食盐浓度在2%以上，则易形成如上所述的脱水作用，使蔬菜组织变软，达到腌制的目的。细胞在活动期间，呼吸作用继续消耗蔬菜中含有的成分。细胞死亡后，那些未被利用的成分便形成腌菜的特有风味。此时，细胞自身所含的一些酶的活动反而加剧，也会发生自消化现象，形成特有的风味。但与此同时腐败菌也会繁殖，直至使制品变质。如果以长期贮存为目的，则盐浓度应在10%以上，以抑制自消化；同时因高渗透压的关系，亦可防止腐败菌繁殖而耐久存。但霉菌和酵母菌对食盐的耐受力比细菌大得多，达20%～25%。随着pH的降低，微生物对食盐的耐受力也会降低。

2. 微生物与酶的作用

蔬菜腌制品很多是经过发酵而成的产品，泡菜是最有代表性的一种。腌菜中主要的微生物有乳酸片球菌、植物乳杆菌等8大种，还有酵母、假丝酵母等。

（1）乳酸发酵作用　乳酸菌在泡菜中的发酵是主要的、优良的，而在榨菜或酱菜中则是次要的，过分产酸会影响产品的质量。乳酸发酵时乳酸菌将原料中的糖分分解成乳酸、乙醇及CO_2等产物，甚至还会有乙酸产生。

（2）乙醇发酵作用　在蔬菜腌制过程中，同时也伴有微弱的乙醇发酵作用。乙醇发酵时酵母菌将蔬菜中的糖分分解而生成乙醇和CO_2。

（3）醋酸发酵作用　在蔬菜腌制过程中也有微量的醋酸形成，极少量的醋酸不但无损，反而有益于制品的品质。只有在醋酸形成量过多时才会影响成品的品质。醋酸的主要来源是醋酸菌氧化乙醇而生成，这一作用称为醋酸发酵。醋酸菌仅在有氧条件下才能将乙醇氧化成醋酸，因此腌制时要及时将制品装入坛中封口，隔绝空气，以防过多醋酸产生。但像大肠杆菌等细菌在无氧条件下也会分解糖而生成醋酸，需引起注意。

在蔬菜腌制制过程中微生物发酵主要是乳酸发酵，其次是乙醇发酵，醋酸发酵极轻微。

制造泡菜和酸菜时需利用乳酸发酵，但是制造咸菜及酱菜时则必须控制乳酸发酵，勿使超过一定的限度，否则咸菜制品变酸就是产品已败坏的象征。所以要掌握好用盐量。

3. 有害的发酵及腐败作用

在腌制过程中，若出现下述有害的发酵和腐败作用，会降低制品品质，甚至不能食用。

（1）丁酸发酵　由专性厌氧细菌丁酸菌引起，可将糖和乳酸发酵成丁酸和CO_2及氢气。丁酸有不良气味，无保藏作用。

（2）不良的乳酸发酵　由乳酸杆菌分解糖成有臭味的甲烷气体。

（3）细菌的腐败作用　腐败菌分解蛋白质及其他含氮物质，产生吲哚、甲基吲哚、硫化氢和胺等恶臭甚至有毒物质成分。

（4）有害的酵母的作用　这些由好气性酵母引起的分解作用会使制品表面长膜生花。pH 升高，导致其他微生物生长。另一些酵母菌会分解氨基酸成醇，同时放出臭气。

（5）好氧的旋生霉菌腐败　旋生霉菌多好氧且耐盐，不易除去，使制品品质下降。同时这类微生物还能分泌果胶酶类，产品会失去脆性，甚至变软腐烂。

4. 蛋白质分解作用

腌制过程中的蛋白质分解作用及其产物氨基酸的变化，是腌制过程中生化作用，也是制品色香味的主要来源，在咸菜腌制过程中起主要作用。

5. 脆度的变化

腌制品脆度的变化主要是由两方面形成的，一是细胞的膨压；二是细胞中的果胶成分。一般腌制后制品脆度有所降低，但也可以采取保脆措施。

二、影响腌制过程中生物化学变化的因素

（1）食盐和 pH　食盐和 pH 在腌制过程中主要起保藏作用，高盐和低 pH 都会抑制微生物生长。

（2）原料之组成　原料组成主要决定制品的特征，如脆性和色香味等。

（3）空气或氧气　空气或氧气主要决定微生物作用的类型及有益与否，同时对组织中的还原类物质如维生素 C 保持不利。

（4）温度　最适温度 20～32℃，为抑制腐败微生物生长，通常在 12～22℃下发酵。

任务三　学习果脯蜜饯加工

一、果脯蜜饯加工中的品质控制

在蜜饯加工中，由于原料的种类和品质不同或加工操作不当，产品可能规格不一或达不到质量标准。常见且显著影响产品质量的问题是返砂、流汤、煮烂、皱缩及颜色褐变等。

1. 返砂和流汤

一般达到质量标准的果脯蜜饯质地柔软、光亮透明。但在实际生产中，如果条件掌握不当，成品内部或表面易返砂，失去光泽，容易破损，从而造成商品价值降低。返砂的原因主要是制品中蔗糖含量过高而转化糖不足。相反，如制品中转化糖含量过高，在高潮湿和高温季节就容易吸潮而形成流汤现象。

一般成品中含水量在17%～19%、总糖量在68%～72%、转化糖量在30%时，都将出现不同程度的返砂现象，转化糖越少，返砂越重。当转化糖含量达40%～50%，在低温、低湿条件下保藏时，一般不会返砂。因此，在煮制过程中，如能控制成品中蔗糖与转化糖适宜的比例，返砂或流汤现象就可以避免。

实践证明，成品中蔗糖与转化糖含量之间的比例，决定于煮制时糖液的性质。煮制时，糖液中转化糖含量高，则成品中转化糖含量也高。因此，控制煮制条件是决定成品中转化糖含量的有效措施。煮制时所加的砂糖必须在适当的条件下经过转化，使其生成部分转化糖，转化的影响因素是糖液的pH及温度。一般pH在2.0～2.5之间，在加热时就可以促使蔗糖转化。

众所周知，杏脯很少出现返砂现象，原因是杏原料中含有较多的有机酸，溶解在糖液中，降低了pH，利于蔗糖转化。对于含酸量较少的苹果、梨等，为防制品返砂，煮制时常加入一些煮过杏脯的糖液（杏汤），可以避免返砂。目前生产上多采用加柠檬酸来调节糖液pH。

调整好糖液的pH（2.0～2.5）对于初次煮制是适合的。但工厂连续生产、糖液循环使用，糖液的pH以及蔗糖与转化糖的配合比例时有改变，如不加调整，就难以保证产品质量。通过试验研究，初步制订出检查及化验分析方法，以苹果脯为例简述如下。

若原料中含酸量很低，又是从砂糖开始煮制，应按糖液质量加浓盐酸（36%）0.12%或柠檬酸0.25%，维持糖液的pH在2.5左右。

若糖液是循环使用的，应在煮制过程中的绝大部分砂糖加毕并溶解后，检验糖液中的总糖和转化糖含量。按正规操作方法，这时糖液中总糖量大约54%～60%，若转化糖量已达25%以上（占总糖量的43%～45%），即可认为符合要求，烘干后成品不致返砂。

2. 煮烂与皱缩

煮烂与皱缩是蜜饯生产中常出现的问题。例如煮制蜜枣时，由于划皮太深、划纹相互交错、成熟度太高等，煮制后易开裂破损。苹果脯的软烂除与果实品种有关外，成熟度也是重要影响因素，过生过熟都比较容易煮烂。因此，采用成熟度适当的果实为原料是保证质量的前提。此外，将经过预处理的果实，不立即用浓糖液煮制，先放入煮沸的清水或1%的食盐溶液中热烫数分钟，再按工艺煮制；或在煮制前用氯化钙溶液浸泡果实，也有一定效果。

果脯蜜饯之皱缩主要是“吃糖”不足所致，干燥后易出现皱缩和干瘪。克服的方法是在糖制过程中分次加糖，使糖液浓度逐渐提高，延长浸渍时间。真空渗透糖液是最重要的措施之一。

3. 成品褐变

目前生产的各种果脯蜜饯的颜色大体为金黄至橙黄色，或是浅褐色。

除前述熏硫等办法外，热烫处理也是防止变色的一个重要措施。但如果热烫的温度达不到要求，酶的活性没有被破坏，甚至还能起促进变色的作用。在用多次浸煮法加工时，第一次热烫，必须注意要使果实中心温度达到热糖液的温度，否则也会引起变色。

煮制果脯蜜饯时颜色变深的另一原因是糖与果实中氨基酸作用，产生黑褐色素（美拉德反应）。糖煮的时间越长，温度越高，转化糖越多，越能加速这种褐变。因此，在达到热烫和糖煮目的的前提下，应尽可能缩短煮糖时间。

非酶褐变不仅在糖煮时产生，在干燥过程中也能继续变化，特别是烘房内温度高、通风不良，干燥时间长时，成品的颜色较暗。这时需要改进烘房设备才行。

二、果脯蜜饯加工工艺流程

1. 工艺流程

果脯蜜饯加工工艺流程：

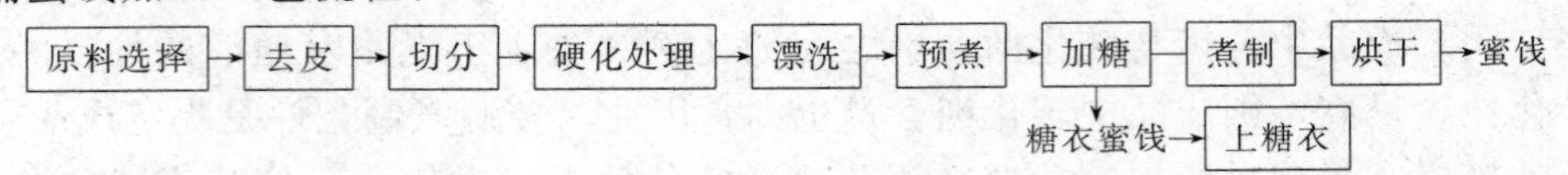

2. 原料预处理

不同的蜜饯制品对原料的要求和处理不尽相同，目的是便于糖煮和提高产品品质。

（1）原料的选择、清洗、去皮和切分　选择大小和成熟度一致的新鲜原料，剔除霉烂变质、生虫的次果，按不同制品的要求进行去皮、去核、切分等处理，以利糖煮时糖的渗入。

（2）硬化处理　原料的硬化处理是为了提高果肉的硬度，增加耐煮性，防止软烂。常用的硬化剂有消石灰、氯化钙、明矾、亚硫酸氢钙、葡萄糖酸钙等稀溶液。其原理是上述物质中的金属离子能与果蔬中的果胶物质生成不溶性的果胶酸盐类，使果肉组织致密坚实，耐煮制。

硬化剂使用时要防止过量以免引起部分纤维素的钙化，导致制品质地粗糙。根据需要，在糖煮前应加以漂洗，除去剩余的硬化剂。

（3）硫化处理　为了使糖制品色泽明亮，常在糖煮之前进行硫处理，既可防止制品氧化变色，又能促进原料对糖液的渗透。方法是用0.1%～0.2%的硫黄熏蒸处理或用0.1%～0.15%的亚硫酸溶液浸泡处理数分钟。

经硫处理的原料在糖煮前应充分漂洗，以除去剩余的亚硫酸溶液，防止过量腐蚀金属。

（4）染色　某些蜜饯类和作为配色用的制品（如青红丝、红云片等），常需人工染色，以增进制品的感官品质。染色的方法是将原料浸于色素液中着色，或将色素溶于稀糖液中，在糖煮的同时完成染色。为增加染色效果，常用明矾作为媒染剂。

（5）果坯腌制　为避免新鲜原料腐烂变质，常将其腌渍为果坯保存，以延长其加工时间。腌渍程度以果实呈半透明为度，取出晒制成干坯或仍作水坯保存。原料经腌制后，所含成分会发生很大变化，所以只适用于少数蜜饯，如凉果等。

果坯的腌制过程为腌渍、曝晒、回软和复晒。

3. 加糖煮制

加糖煮制是蜜饯加工的主要工序，作用是使糖分更好地渗透到果实里。煮制时间的长短、加糖的浓度和次数应以果实的种类、品种而异。煮制技术的好坏直接影响产品的品质和产量。

煮制分常压煮制和真空煮制两种方法，常压煮制又有一次和多次煮成之分。

（1）一次煮成法　将处理过的原料入锅后经一次煮成成品。苹果脯、蜜枣等均采用一次煮成法。煮制时，先配好40%～50%的糖液于锅中，将处理好的果实倒入，加大火使糖液沸腾，果实水分逐渐排出，糖液浓度稀释，然后逐渐分次加入砂糖，使糖液浓度缓慢增高至65%以上为止。分次加糖的目的是保持果实内外糖液浓度差异不至于过大，使糖分逐渐均匀渗透到果肉中，这样煮成之制品才透明饱满。

一次煮成法虽然快速省工，但加热持续时间较长，若处理不当，果实易软烂，色香味及维生素损失较多，糖分渗入不易均衡，影响产品品质。

（2）多次煮成法　将预处理过的原料经过多次糖煮和浸渍后才成为产品。此法适用于果蔬组织柔软或含水量多、易煮烂的原料，如桃、杏、梨等。将处理过的原料投入

30%～40%的沸糖液中，热烫2～5min，然后连同糖液倒入缸中浸渍10余小时，使糖液缓慢渗入果肉中。再将糖液浓度提高到50%～60%，沸煮几分钟至十几分钟，连同糖液进行第二次浸渍。如需要可将果实捞出烘烤除去部分水分后进行第三次煮制，直到果实透明。

这种方法的缺点是加工周期过长。为改变此缺点，又产生了速煮法和连续扩散法，不过此二者仍属于多次煮成法。

(3) 速煮法　此法是将果实在糖液中交替加热和冷却，使果实内部水蒸气产生的压力迅速消除，加速糖液渗透。操作时将原料放在稀糖液中热煮数分钟，随即捞出放入15℃左右的糖液中，然后提高糖液浓度。重复此操作4～5次，即可完成煮制过程。

(4) 连续扩散法　用由淡到浓的几种糖液，对一组扩散器内的果实连续进行多次浸渍以逐渐提高糖浓度的方法。操作时先将果实密封在真空扩散器内，排除果肉组织内的空气，而后加入95℃的热糖液。待糖分扩散渗透后，将糖液顺序转入另一扩散器内，再在原来的扩散器内加入较高浓度的热糖液。如此连续进行几次，果实即可达到所要求的糖液浓度。由于此法采用真空处理，煮制效果较好，又因采用一组扩散器，操作能连续化。

(5) 真空煮制法　其原理是利用在真空条件下，降低果实内部的压力，然后减压，借放入空气时果实内外压力之差，促进糖液渗入果肉。这种煮制和渗糖方法所需温度低、渗糖快，能较好地保持果实的色香味和维生素C等。一般真空煮制时真空度控制在83.5kPa或更高些，温度为55～70℃。

真空煮制果脯蜜饯的工艺流程是：

原料处理→25%糖液抽空→浸渍→40%糖液抽空→浸渍→60%～70%糖液抽空→浸渍→烘干→成品

4. 烘烤与上糖衣

蜜饯制品需要在糖煮以后烘烤。将果实从浸渍的糖液中捞出，沥干糖液，铺散在竹算或烘盘中，送入50～60℃的烘房内烘干。烘房内温度不宜过高，以防糖分结块或焦化。烘干后的果脯蜜饯应保持完整和饱满状态，不皱缩、不结晶、质地致密柔软，水分含量18%～20%。

如制糖衣果脯蜜饯，可在干燥后上一层糖衣。方法是用过饱和的糖液在蜜饯表面粘上一层透明糖膜。糖衣蜜饯保藏性强，可减少保存期间的吸湿、黏结等不良现象。上糖衣用的过饱和溶液常以三份砂糖、一份淀粉糖浆和两份水配合而成。将混合浆液加热至113～114.5℃，离火冷却到93℃即可使用。将欲上糖衣之蜜饯浸入以上糖液中约1min，立即取出散置在筛面上，于50℃温度下晾干，即能形成一层透明的糖质薄膜。如将干燥蜜饯浸于1.5%的果胶溶液中，取出后在50℃温度下干燥2h，则会形成一层透明的胶质薄膜。

5. 整理与包装

蜜饯在干燥过程中往往由于收缩而变形，甚至破裂，干燥后需加以整理（形）。例如，蜜枣、柿饼等形体扁平的制品，在干燥后期需压扁，使外观整齐一致，也便于包装。

蜜饯包装以防潮防霉为主。液态果脯以罐头食品包装为宜，经20～25min 90℃杀菌即可，成品可溶性固形物含量应达68%，糖分不低于60%，亚硫酸残留量低于0.1%。

对于不杀菌的蜜饯制品，其可溶性固形物含量应达70%～75%，糖分不低于65%，使用纸板箱包装也可。真空或充气包装更有利于制品保存和品质保持。

任务四　学习苹果脯的制作

一、工艺流程

苹果脯制作工艺流程：

原料预处理→去皮、切分、去籽巢→硫处理和硬化→糖煮→糖渍→烘干→整理包装

二、操作要点

（1）原料选择　选用果形圆整、果心小、肉质疏松和成熟度适宜的原料，如红玉、国光及槟子、沙果等。

（2）硫化与硬化　将果块放入0.1%的氯化钙和0.2%～0.3%的亚硫酸氢钠混合液中浸泡4～8h，固液比为（1.2～1.3）∶1。

（3）糖煮　40%的糖液25kg，加热煮沸，倒入果块30kg，旺火煮沸后添加上次浸渍后剩余糖液5kg，煮沸。如此重复三次，30～40min，以后每隔5min加糖一次。前两次分别加砂糖5kg，第三、第四次加入5.5kg，第五次6kg，第六次7kg，各煮20min。果块透明即可出锅。

（4）糖渍　趁热起锅，将果块连同糖液倒入缸中提渍24～28h。

（5）烘干　于60～66℃下烘烤24h。

（6）整理包装　烘干后用手捏成扁圆形，剔除黑点、斑疤等再包装。

（7）成品规格　含水量18%～20%，含糖量65%～70%。

任务五　学习泡菜的制作

世界上喜食泡菜的人群非常庞大，且所喜风味差异很大，因此泡菜种类也非常之多，名称上很复杂。根据其风味特征大体上可分为三种：保持原有风味的一般泡菜；酸度较高者，通常称酸泡菜；具有甜味或淡甜味之甜泡菜。

可以用来腌制泡菜的蔬菜甚多，如萝卜、白菜、莴苣、竹笋、黄瓜、茄子、甜椒及嫩姜等，可以不受时间季节限制。

一、工艺流程

泡菜制作工艺流程：

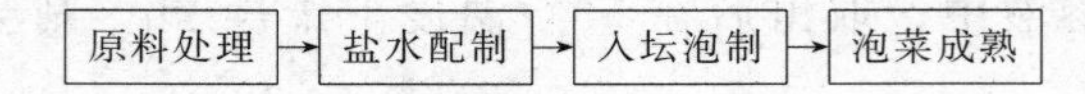

二、操作要点

（1）原料处理　如原料体积过大，要进行切分。

（2）盐水配制　取硬度较高之水使用可更好地保持脆度。也可适度加入保脆剂。盐水含盐6%～8%，另可加入2.5%白酒、2.5%黄酒、1%甜醪糟、2%红糖及3%干红辣椒。亦可加入其他香料，以使制品具备更诱人的风味。

（3）入坛泡制　原料入坛泡制后，应注意坛口的密封性。

（4）泡菜成熟　20～25℃下2～3d即可完成，冬天需较长的时间。

泡菜盐水可继续使用，且时间越长久、使用次数越多，泡菜品质越好。故传说民间使用泡菜水有达数十年之久的，并用作女儿出嫁的嫁妆。

泡菜可直接食用，也可作配菜，也可经杀菌处理后长期保存。

我国传统泡菜多为家庭泡制，使用坛子居多。国外多用木桶，现多改用钢制容器。

任务六　学习咸菜和酱菜的制作

一、咸菜加工工艺流程

我国咸菜种类繁多，加工方式更是各有千秋。国内外知名的咸菜有榨菜、冬菜、芽菜、大头菜等。

1. 四川榨菜生产工艺

（1）工艺流程

原料剥制→晾晒、盐腌→淘洗→压榨→去筋→加香料→装坛（或罐）

（2）操作要点

① 剥制。去除外层硬粗皮，切块。

② 晾晒。放在通风处阴干以防褐变，需 1～2 周时间，得率 24%～27%。

③ 盐腌。下架后的干菜块立即进行腌制。加盐应采用隔层加盐法并注入少量酒或酒精，腌制一定时间后再进行第二次腌制。

④ 淘洗。洗去泥沙尘埃等杂质。

⑤ 压榨。淘洗后放入木榨中或竹包中施压，约经一夜，水分降低约 50%。如未经淘洗水分含量少者，可不经压榨。

⑥ 去筋。菜头压榨适度后，除去表皮残留之粗皮、叶柄等物。

⑦ 加盐及香料。加盐和香料进行第三次腌制（在坛内），加盐 3.5%、香料 1.26%。香料配方各有不同，除花椒外，大部分调料研成细粉过筛后加入。

⑧ 装坛。一般榨菜坛为陶制上釉者。装坛前先用温水洗净，再用酒精少许消毒。装坛后封口。

2. 冬菜生产工艺

（1）工艺流程

① 第一种方法：

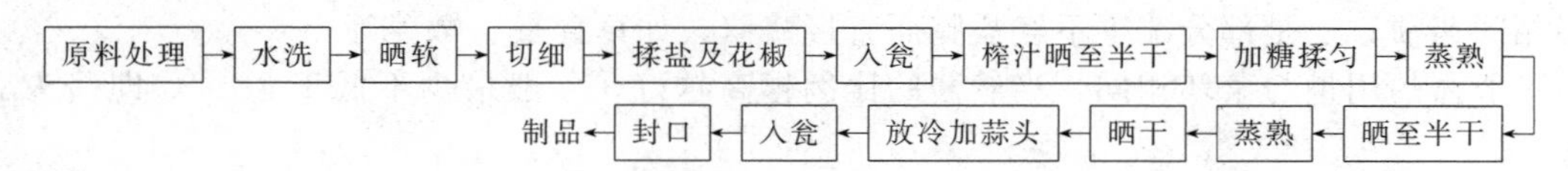

② 第二种方法：

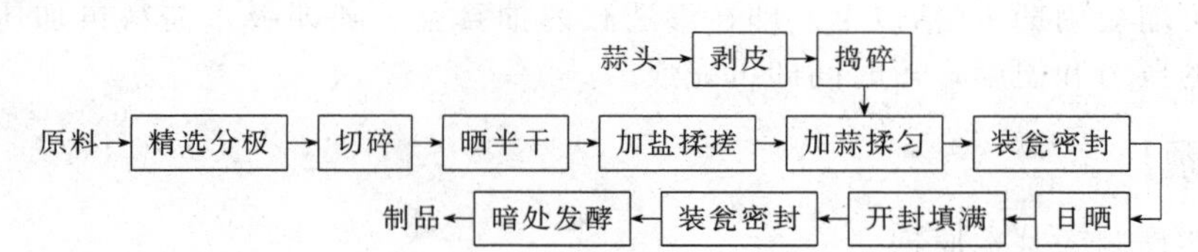

（2）操作要点

① 原料处理。如用山东白菜，以小形、质嫩者为佳。须除去不良部分，根部须切除，将叶剥开。

② 水洗及晒软。将处理好的菜用清水洗净，放于日光下晒软，水分约减少一半，以手用力搓之，至无水分出来为度，如水分含量过高，则发酵不良，且易腐败。

③ 细切。晒软的原料菜，用刀切成细丝状。

④ 加盐及花椒。将切细的菜加 4%食盐揉搓并加入少许花椒粉（普通 15kg 加 200g 左右）。

⑤ 入瓮及榨汁。将揉过盐的菜等放入瓮中。经 1～2d 发酵，取出榨汁。

⑥ 晒干及加糖、蒸熟。榨汁后，置日光下晒至半干状态，然后加揉红糖，15kg 原料加糖 250g。加过糖之后，放置蒸笼内蒸 30min。

⑦ 晒干及蒸熟。将蒸熟的菜放置日光下晒至半干，再置于蒸笼中蒸熟一次，时间不可过久，10～20min。

⑧ 晒和冷却。将蒸过的菜晒半干，放阴凉处冷却。

⑨ 加蒜头。在冷却菜中加准备好的蒜泥。

⑩ 入瓮及封口。将调制好的菜装入洗净消毒的瓮中，用木棒捣紧，封盖，3～4 个月后即可食用；用第二法时，揉蒜后即入瓮，压紧，放置露天处，日晒 30d，促进发酵，然后开封，补填压紧，再密封，转入暗处发酵，3 个月后即可食用，如不开封，可贮存 7～10 个月。

二、酱菜加工工艺流程

酱菜是腌菜进一步加工的产品，包括用酱和酱油加工两种。用酱腌制者在腌制期间可耐久存，而用酱油者则快速易调味。我国各地方之名产酱菜多用甜酱腌制，近年来罐装酱菜及一般酱菜多用酱油腌制。北方酱菜多用甜酱，成品略带甜味；南方酱菜多用豆酱，咸味略重。酱菜的生产工艺分盐腌及酱渍两大工序。

1. 盐腌

原料经预处理之后进行盐腌处理。含水量较多的蔬菜直接用 14%～16%干盐混合后腌制，称为干腌。含水量低的原料则用 25%的盐水进行腌制，称为湿腌。盐腌时间 17～20d 不等，视原料而定。

2. 酱渍

用于酱渍之盐腌菜坯需先进行脱盐处理，达 2%～2.5%为宜。一般用清水浸泡脱盐，沥干水后进行酱渍。酱渍方法有三种，一是将菜坯直接浸没在酱缸内；二是一层酱一层菜，层层相间酱渍；三是部分蔬菜不经盐腌而直接酱渍，如草食蚕、嫩姜等。

一般酱的用量与菜坯相同，当然酱的比例越高越好，一般最少不低于 3∶7，即酱为 3，菜为 7。

通常酱渍需在常压下不断搅拌完成，但时间长，酱油耗量最大。如采用真空压缩速制酱菜新工艺，可缩短周期 10 倍以上。即在渗透缸内抽真空，随即吸入酱料再加压注入净化空气维持一定的压力和温度，短时间即可完成。

【课后思考题】

（1）简述糖制的基本原理。

（2）糖制品的品质控制应从哪几方面进行？

(3) 选择你熟悉的一种果蔬原料，设计制作糖制品（写出工艺流程、操作要点）。

(4) 简述果蔬腌制的基本原理。

【知识拓展】

泡菜古称葅，是指为了利于长时间存放而经过发酵的蔬菜。一般来说，只要是纤维丰富的蔬菜或水果，都可以被制成泡菜，如卷心菜、大白菜、胡萝卜、白萝卜、大蒜、青葱、小黄瓜等。蔬菜在经过腌渍及调味之后，有种特殊的风味。泡菜是一种独特而具有悠久历史的大众化乳酸发酵制品，它具有清淡爽口、开胃理气的特点。

蔬菜从古代至今是人类赖以生存的食物资源，许多蔬菜在原始社会时期已被劳动人民所利用（食用）。为了满足人们最基本的食物需要，在收获旺季就必须把部分蔬菜贮藏起来，以便在淡季时食用，于是人们在实践中，利用盐将蔬菜通过渍或腌的方式把生鲜蔬菜保藏起来，这就是蔬菜的盐渍，是泡菜制作的第一步。经过食盐泡渍的蔬菜称为盐渍菜，所以盐渍菜是泡菜的雏形，盐渍菜是我国的最传统的生物发酵制品，是我国珍贵的民族遗产而延续至今。

我国是世界上蔬菜资源最丰富的国家，早在3500多年前就有蔬菜栽培的记载。据不完全统计，到目前为止已知的常见蔬菜达130多种，在漫长的实践过程之中，我们勤劳的祖先已经掌握了食盐、曲霉、瓷器等生产和应用技术，如《禹贡》中的“青州盐”，《乐府》中的“黄帝盐”，这些都为泡菜的发展提供了极为有利的物质基础和先决条件。

在我国，蔬菜发酵微生物学起始于20世纪40年代，泡菜在发酵过程中有酵母、霉菌、细菌多种微生物参与，其中主要的产酸菌是乳酸菌。通过乳酸菌的发酵作用，不仅对蔬菜的营养物质破坏较小，而且乳酸菌利用原料中可溶性物质代谢产生了大量的乳酸、乙酸和多种氨基酸、维生素、酶等，提高了发酵蔬菜的营养价值；同时，泡菜中乳酸菌含量很高。随着对发酵蔬菜微生物学的研究，泡菜发酵工艺也取得了较大的成就，主要集中在接种发酵生产、盐浓度、温度和pH值对泡菜生产的影响。

项目七　罐头加工技术

【知识目标】

（1）了解罐头产品的分类与杀菌方法。

（2）掌握影响罐头加工的因素。

【技能目标】

（1）会制作糖水罐头。

（2）能够使用杀菌锅对罐头进行杀菌。

（3）会配置罐头加工所需要的不同浓度的糖水。

【必备知识】

（1）罐头的分类和特点。

（2）罐头杀菌的方法。

（3）罐头加工的工艺。

任务一　学习罐头的分类及原料特点

一、罐头的分类

1. 水果类

（1）糖水类水果罐头　把经分级去皮（或核）、分选好的水果原料装罐，加入不同浓度的糖水而制成的罐头产品称为糖水类水果罐头。

（2）糖浆类水果罐头　又称为液态蜜饯罐头。将处理好的原料经糖浆熬煮至可溶性固形物达60%～70%后，装罐加入高浓度糖浆而制成的罐头产品称为糖浆类水果罐头。

2. 蔬菜类

（1）清渍类蔬菜罐头　选用新鲜或冷藏良好的蔬菜原料，经加工处理、预煮漂洗（或不预煮），分选装罐后加入稀盐水或糖盐混合液（或沸水、蔬菜汁）而制成的罐头产品称为清渍类蔬菜罐头。

（2）醋渍类蔬菜罐头　选用鲜嫩或盐腌蔬菜原料，经加工修整、切块装罐，再加入香辛配料及乙酸、食盐混合液而制成的罐头称为醋渍类蔬菜罐头。

（3）调味类蔬菜罐头　选用新鲜蔬菜及其他小料，经切片（块）、加工烹调（油炸或不油炸）后装罐而制成的罐头产品称为调味类蔬菜罐头。

（4）盐渍（酱渍）类蔬菜罐头　选用新鲜蔬菜，经切块（片）（或腌制）后装罐，再加入砂糖、食盐、味精等汤汁（或酱）而制成的罐头产品称为盐渍类蔬菜罐头。

二、果蔬原料的特点

1. 果蔬原料的特点

（1）季节性　水果和蔬菜的生长、采收等都严格受到季节的制约，不适时的原料不仅价格高而且质量也会受到影响，最终既影响价格成本又难保证产品质量。

（2）地区性　水果和蔬菜的生长受自然条件和生产环境的制约，同一种水果或蔬菜，由于生态环境不同，其生产时期、收获期、收获量乃至品质和价格等也都不同。

（3）易腐性　水果和蔬菜大都富含水分，容易腐烂变质，受到机械损失的果蔬更易腐烂。

（4）复杂性　水果和蔬菜的种类很多，种类和品种不同，其构造、形状、大小、化学组成及加工适应性等也不同，因此在工艺、设备等方面都较难规范化，必须根据原料特点确定贮藏方法，变更加工工艺。

2. 罐藏对果蔬原料的基本要求

用于生产果蔬罐头的原料应该是品种优秀的原料。除了要求原料具有良好的营养价值、良好的感官品质，新鲜、无病虫害、完整无伤外，还要求其收获期长，收获量稳定，可食部分比例高，加工适应性强，并具有一定的耐藏性。

我国近年来产量最大的几种果蔬罐头对原料的要求，如表 7-1 所示。

表 7-1　几种果蔬的原料要求

种类	规　格	质量要求
洋梨	横径 60mm 以上，纵径不宜超过 110mm	果实新鲜饱满，成熟适度。种子呈褐色，肉质细，无明显的石细胞，呈黄绿色、黄白色、青白色，无霉烂、桑皮、铁头、病虫害、畸形果及机械伤等
桃	横径 55mm 以上，个别品种可在 50mm 以上	果实新鲜饱满，成熟适度（按品种性质分应达 7～8.5 成），风味正常，白桃为白色至青白色，黄桃为黄色至青黄色，果尖，核窝及合缝线处允许稍有微红色。无畸形、霉烂、病虫害和机械伤
菠萝	横径 80mm 以上	果实新鲜良好，成熟适度（8 成左右），风味正常，无畸形、过熟味，无病虫害、灼伤及机械伤所引起的腐烂现象
橘子	横径 45～60mm	果实新鲜、良好，大小、成熟适度，风味正常，无严重畸形、干瘪现象，无病虫害及机械伤所引起的腐烂现象
蘑菇	横径 18～40mm（整菇），不超过 60mm（片菇和碎菇）	1. 整菇：采用菇色正常、无严重机械伤和病虫害的蘑菇。菌柄切削良好，不带泥土，无空心，柄长不超过 15mm；菌盖直径在 30mm 以下的菌柄长度不超过菌盖直径的 1/2（菌柄从基部计算） 2. 片姑和碎菇：采用菇色正常、无严重机械伤和病虫害的蘑菇。菌盖直径不超过 60mm，菌褶不得发黑
竹笋	冬笋 125～1000mm 春笋 2000mm 左右	1. 冬笋：采用新鲜质嫩，肉质呈乳白色或淡黄色，无霉烂病虫害和机械伤的冬笋（毛竹笋）。允许根茎粗老部分受轻微损伤，但不能伤及笋肉 2. 春笋：采用新鲜质嫩，无霉烂、病虫害和机械伤的竹笋（毛竹笋）。笋身无明显空洞 3. 笋（用于油焖笋罐头）：采用新鲜质嫩、肉厚节间短、肉质呈白色稍带淡黄色至淡绿色的竹笋，如浙江的龙须笋、淡竹笋。应无霉烂，病虫害，枯萎和严重机械伤
芦笋	120～160mm（长），横径 10～36mm（茎部长短径平均），横径 12～38mm（加工去皮芦笋）	一级品：为鲜嫩的整条，形态完整良好，呈白色，尖端紧密。少量笋尖允许有不超过 5mm 的淡青色或紫色，不带泥沙，无空心、开裂、畸形、病虫害、锈斑和其他损伤 二级品：有下列情况之一者为二级品，其他同一级品 笋茎较老或笋尖疏松者 头部淡青色或紫色部位超过 5mm，但小于 40mm 者 整条带头，长度不到 120mm，但在 50mm 以上者 有轻微弯曲、裂纹、浅色锈斑及小空心者 尖端 40mm 以下部位有轻度机械伤者

续表

种类	规格	质量要求
番茄	横径30～50mm	采用新鲜或冷藏良好,未受农业病虫害的鲜红番茄,不得使用霉烂番茄 用于原汁整番茄原料,要采用新鲜或冷藏良好,呈红色,未受农业病虫害,肉厚籽少,果实无裂缝的小番茄

三、果蔬原料的预处理

果蔬原料装罐前的处理包括原料的分选、洗涤、去皮、修整、热烫与漂洗等，其中分选、洗涤均是所有的原料必需的，其他处理则视原料品种及成品的种类等具体情况而定。

1. 原料的分选与洗涤

原料的分选包括选择和分级。原料在投产前须先进行选择，剔除不合格的和虫害、腐烂、霉变的原料，再按原料的大小、色泽和成熟度进行分级。这样既便于后续工序去皮、热烫等加工操作，又能提高劳动生产率，降低原料消耗，更重要的是可以保证和提高产品的质量。

原料的大小分级多采用分级机，常用的有振动式和滚筒式两种。振动式分级机适合于体积较小、质量较小的果蔬的分级。滚筒式分级机有单级式和多级式的两种，所谓单级式就是只分大小两级，而多级式的则可分若干等级。滚筒式分级机适合于体积较小的圆形果蔬的分级，如蘑菇、青豆等。色泽和成熟度的分级国内目前主要用人工来进行。

果蔬原料在加工前必须经过洗涤，以除去其表面附着的尘土、泥沙、部分微生物及可能残留的农药等。洗涤果蔬可采用漂洗法，一般在水槽或水池中用流动水漂洗或喷洗，也可用滚筒式洗涤机清洗，具体的方法视原料的种类、性质等而定。对于杨梅、草莓等浆果类原料应小批淘洗或在水槽中通入压缩空气翻洗，防止机械损伤及在水中浸泡过久而影响色泽和风味。采收前喷洒过农药的果蔬，应先用0.5%～1.0%的稀盐酸泡后再用流动水洗涤。

2. 原料的去皮与修整

果蔬种类、品种繁多，其表皮状况也各不相同，有的表皮粗厚、坚硬，不能食用；有的具有不良风味或在加工中容易引起不良后果，这样的果蔬加工时必须去除表皮。去皮的基本要求是去净表皮而不伤及果肉，同时要求去皮速度快，效率高，费用少。去皮的方法主要有机械去皮、化学去皮、热力去皮和手工去皮。

(1) 机械去皮　机械去皮一般用去皮机。去皮机的种类很多，但方式不外两种：一种是利用机械作用使原料在刀下转动削去表皮的旋皮机。这种旋皮机适用于形状规则并具有一定硬度的外表的果蔬如苹果、梨等；另一种是利用涂有金刚砂、表面粗糙的转筒或滚轴，借摩擦的作用擦除表皮的擦皮机，这种擦皮机适用于大小不匀、形状不规则的原料，如马铃薯、荸荠等。

机械去皮具有效率高、节省劳力等优点。但也存在着如下一些缺点：①需要一定的机械设备，投资大；②表皮不能完全除净，还需要人工修整；③去除的果皮中还带有一些果肉，因而原料消耗较高；④皮薄、肉质软的果蔬不适合使用。由于存在上述缺陷，因而机械去皮的使用范围不广。

(2) 化学去皮　通常用NaOH、KOH或两者的混合物，或用HCl处理果蔬，利用酸、碱的腐蚀能力将果蔬表皮或表皮与果肉间的果胶物质腐蚀溶解而去掉表皮。碱液去皮使用方便、效率高、成本低、适应性广，故应用广泛。使用此法时，要控制好碱液的浓度、温度和作用时间这三要素。以原料的表面不留皮的痕迹，皮层下肉质不腐蚀，用水冲洗稍加搅拌或搓擦即可脱皮为原则。几种果蔬原料的碱液去皮条件如表7-2所示。

表 7-2　几种果蔬的碱液去皮条件

果蔬种类	NaOH 溶液浓度/%	溶液温度/℃	处理时间/s
桃	2.0～6.0	90 以上	36～60
李	2.0～8.0	90 以上	60～120
橘囊	0.8	60～75	15～30
杏	2.0～6.0	90 以上	30～60
胡萝卜	4.0	90 以上	60～120
马铃薯	10.0～11.0	90 以上	约 120

碱处理后的果蔬应立即投入流动水中彻底漂洗，漂净果蔬表面的余碱，必要时可用 0.1%～0.3%的盐酸中和，以防果蔬变色。目前碱液去皮的设备很多，除了简单的夹层锅外，还有形式多样的全自动、半自动碱液去皮机。

除了用酸、碱去皮外，配合使用表面活性剂成分可以增加去皮的效率。还有一些专用的果蔬去皮剂（液），用于各种果蔬的去皮。

(3) 热力去皮　一般用高压蒸汽或沸水将原料作短时加热后迅速冷却，果蔬表皮因突然受热软化膨胀与果肉组组织分离而去除。此法适用于成熟度高的桃、杏、番茄等。沸水去皮可用夹层锅，也可用连续式去皮机。蒸汽去皮机多为连续式去皮机。

(4) 手工去皮　手工去皮是一种最原始的去皮方法，但目前仍被不少工厂使用，这是因为手工去皮除了去皮速度慢、效率低、消耗大这些缺点外，还具有设备费用低、适合于各种果蔬的优点，尤其适合于大小、形状等差异较大的原料的去皮。此外，手工去皮还是机械去皮后补充修整的主要方法。

除上述四种去皮方法外，还有红外线去皮、火焰去皮、冷冻去皮、酶法去皮及微生物去皮等方法。无论采用哪一种去皮方法，都以去皮干净而又不伤及果肉为好。否则去皮过厚，伤及果肉，增加了原料的消耗，又影响制成品的品质。

去皮后的果蔬要注意护色，否则一些去皮果蔬直接暴露在空气中会迅速褐变或红变。一般采用稀盐水护色。

四、原料的热烫与漂洗

热烫也叫预煮，就是将果蔬原料用热水或蒸汽进行短时间加热处理。其目的主要有：

(1) 破坏原料组织中所含酶的活性，稳定色泽，改善风味和组织。

(2) 软化组织，便于以后的加工和装罐。

(3) 脱除部分水分，以保证开罐时固形物的含量。

(4) 排除原料组织内部的部分空气以减少氧化作用，减轻对金属罐内壁的腐蚀作用。

(5) 杀灭部分附着于原料的微生物，提高罐头的杀菌效果。

(6) 可改进原料的品质。某些原料带有特殊气味，经过热烫后可除掉这些不良气味。

原料热烫的方法有热水处理和蒸汽处理两种。热水热烫具有设备简单、操作方便而且物料受热均匀的特点，可在夹层锅或热水池中进行，也可采用专用的预煮机在常压下操作。但热水热烫存在着原料的可溶性物质流失量大的缺点。蒸汽热烫通常是在密闭的情况下，借蒸汽喷射来进行的，必须有专门的设备。采用蒸汽热烫，原料的可溶性物质的流失量较热水热烫要小，但也不可避免。

热烫的温度、时间视果蔬的种类、块形大小及工艺要求等而定。热烫的终点通常以果蔬中的过氧化物酶完全失活为准。

果蔬中的过氧化物酶的活性可用 1.5%的愈创木酚酒精溶液和 3%的 H_2O_2 等量混合液检查。方法是将试样切片浸入混合液中，或将混合液滴于样片上，在几分钟内如不变色，即表明过氧化物酶的活性已被破坏。其反应机理是：愈创木酚（邻甲氧基苯酚）可在过氧化物酶的催化下被氧化成褐色的四愈创木醌。也可用愈创木脂酸做检测剂，生成的则是蓝色的愈创木脂酸过氧化物。

果蔬热烫后必须急速冷却，以停止热作用，保持果蔬的脆嫩度。一般采用流动水漂洗冷却。热烫、漂洗用水必须符合罐头生产用水要求，尤其是水的硬度更要严格控制，否则会使果蔬组织坚硬、粗糙。某些果蔬如青豆、笋等热烫后需要进行漂洗，以漂除一些对制成品质量有影响的成分，如淀粉、酪氨酸等。漂洗要注意卫生，防止变质。

对于一般果蔬来说，用热水热烫和流动水漂洗冷却，可溶性营养物质流失多，其制成品的品质有所下降。可以考虑采用热风热烫、冷风冷却，且在热风中喷入少量蒸汽、冷风中喷入少量水雾效的方法。

五、原料的抽空处理

果蔬组织内部含有一定的空气，这些空气的存在不利于罐头加工，影响制成品的质量，如使制成品变色，组织疏松，装罐困难而造成开罐后固形物不足，加速罐内壁的腐蚀速度，降低罐头真空度等等。采用热烫的方法驱除空气比较困难，因此含气量高的果蔬装罐前用抽空代替热烫处理有比较好的效果。

所谓抽空处理就是利用真空泵等机械造成真空状态，使水果中的空气释放出来，代之以抽空液。抽空液可以是糖水、盐水或护色液，根据被抽果实确定抽空液的种类及浓度。

抽空的方法有干抽和湿抽两种。干抽就是将处理好的果块装入容器中，置于具有一定真空度（一般为 90kPa 以上）的抽空锅内抽空，抽去果块组织内部的空气，然后吸入抽空液，使抽空液淹没表层果肉 5cm 以上，并保持一定时间，此时要防止抽空锅内的真空度下降。湿抽是将处理好的果块淹没于抽空液中进行抽空，在抽去果块组织中的空气的同时渗入抽空液。抽空温度一般控制在 50℃ 以下，真空度在 90kPa 以上，抽空液与果块之比一般为 1∶1.2，抽空的时间视抽空液的种类、浓度、受抽果块的面积以及抽空设备的性能等而异，一般 5～50min，以抽至果块透明度达 1/2～3/4 为宜。对于以糖水为抽空液的，抽空后可以浸泡几分钟，以便使糖水更好地渗入果肉。抽空液浓度应及时调节，使用几次后应彻底更换，以保持果肉色泽鲜艳和确保抽空效果。

经抽空后，果肉中的空气被抽出而代之以抽空液，使肉质紧密，减少热膨胀，防止加热时煮融，减轻果肉的变色，使制成品的感官质量明显提高，同时有利于保证罐头的真空度和固形物含量，减轻罐内壁的腐蚀。

任务二　学习罐头加工原理

杀菌是罐头生产过程中的重要环节，是决定罐藏食品保存期限的关键。罐藏食品的原料大都来自农副产品，不可避免会污染许多微生物，这些微生物有的能使食品成分分解变质，有的能使人体中毒，故在原料经过预处理装罐排气密封后必须进行杀菌。

一、罐头杀菌的目的和要求

罐头的杀菌是杀灭罐藏食品中能引起疾病的致病菌和能在罐内环境中生长引起食品变败的腐败菌，这种杀菌称为“商业灭菌”。罐头在杀菌的同时也破坏了食品中酶的活性，从而保证罐内食品在保存期内不发生腐败变质。此外，罐头的加热杀菌还具有一定的烹调作用，能增进风味、软化组织。

二、罐头食品中的微生物

罐头食品中的微生物种类很多，但杀灭的对象主要是致病菌和腐败菌。在致病菌中危害最大的是肉毒梭状芽孢杆菌，其耐热性很强，其芽孢要在100℃、6h或120℃、4min的加热条件下才能被杀死，而且这种菌在食品中出现的概率较高，所以常以肉毒梭状芽孢杆菌的芽孢作为pH大于4.6的低酸性食品杀菌的对象菌。

腐败菌是能引起食品腐败变质的各种微生物的总称，种类也很多。各种腐败菌都有其不同的生活习性，导致不同食品的各种类型的腐败变质。例如，嗜热脂肪芽孢杆菌常出现在蘑菇、青豆等pH高于4.6的食品中；凝结芽孢杆菌常出现在番茄及番茄制品等pH低于4.6的食品中，若不予杀灭就会引起这些食品酸败。各类罐头食品中常见的腐败菌及其习性见表7-3。

表7-3 按pH分类的罐头食品中常见的腐败菌

食品pH范围	腐败菌温度习性	腐败菌类型	罐头食品腐败类型	腐败特征	抗热性能	常见腐败对象
低酸性和中酸性食品pH4.5以上	嗜热菌	嗜热脂肪芽孢杆菌	平盖酸坏	产酸(乳酸、甲酸、醋酸)不产气或产微量气体,不胀罐,食品有酸味	$D_{121.1^{\circ}C}=4.0\sim50min$	青豆、青刀豆、芦笋、蘑菇
		嗜热解糖梭状芽孢杆菌	高温缺氧发酵	产气(CO_2+H_2)、不产H_2S,胀罐,产酸(酪酸),食品有酪酸味	$D_{121.1^{\circ}C}=30\sim40min$(偶尔达50min)	芦笋、蘑菇
		致黑梭状芽孢杆菌	致黑(或硫臭)腐败	产H_2S,平盖或轻胖,有硫臭味,食品和罐壁有黑色沉积物	$D_{121.1^{\circ}C}=20\sim30min$	青豆、玉米
	嗜温菌	肉毒杆菌A型和B型	缺氧腐败	产毒素、产酸(酪酸)、产气(H_2S),胀罐,食品有酪酸味	$D_{121.1^{\circ}C}=6\sim12s$(0.1～0.2min)	青刀豆、芦笋青豆、蘑菇
酸性食品pH3.5～4.5	嗜温菌	耐酸热芽孢杆菌(或凝结芽孢杆菌)	平盖酸坏	产酸(乳酸)、不产气、不胀罐、变味	$D_{121.1^{\circ}C}=1\sim40s$(0.01～0.07min)	番茄及番茄制品(番茄汁)
		巴氏固氮梭状芽孢杆菌	缺氧发酵	产酸(酪酸),产气(CO_2+H_2),胀罐、有酪酸味	$D_{121.1^{\circ}C}=6\sim30s$(0.1～0.5min)	菠萝、番茄
		酪酸梭状芽孢杆菌				整番茄
		多黏芽孢杆菌 软化芽孢杆菌	发酵变质	产酸、产气也产丙酮和酒精。胀罐	$D_{100^{\circ}C}=6\sim30s$(0.1～0.5min)	水果及制品(桃、番茄)
高酸性食品pH3.7以下	非芽孢嗜温菌	乳酸菌 明串珠菌		产酸(乳酸)、产气(CO_2)、胀罐	$D_{65.6^{\circ}C}$约0.5～1.0min	水果梨果汁
		酵母		产酒精、产气(CO_2)、有的食品表面形成膜状物		果汁、酸渍食品
		霉菌(一般)		食品表面上长霉菌		果酱、糖浆水果
		纯黄丝衣霉、雪白丝衣霉	发酵变质	分解果腔至果实瓦解。发酵产生CO_2、胀罐	$D_{90^{\circ}C}=1\sim2min$	水果

三、影响罐头热杀菌的因素

罐头杀菌的方法很多，有加热杀菌、火焰杀菌、辐射杀菌等，但目前应用最多的仍然是加热杀菌。影响罐头加热杀菌的因素可以从两大方面考虑：一是影响微生物耐热性的因素；二是影响罐头传热的因素。

1. 影响微生物耐热性的因素

微生物的耐热性随其种类、菌株、数量、所处环境及热处理条件等的不同而异。就罐头的热杀菌而言，微生物的耐热性主要受下列因素影响。

(1) 食品杀菌前的污染情况　①污染微生物的种类；②污染微生物的数量。

(2) 食品的酸度 (pH)　食品的酸度对微生物耐热性的影响很大。对于绝大多数微生物来说，在 pH 中性范围内耐热性最强，pH 升高或降低都可以减弱微生物的耐热性。特别是在偏向酸性时，促使微生物耐热性减弱作用更明显。食品的酸度越高，pH 越低，微生物及其芽孢的耐热性越弱。

使微生物耐热性减弱的程度随酸的种类而异，一般认为乳酸对微生物的抑制作用最强，苹果酸次之，柠檬酸稍弱。

由于食品的酸度对微生物及其芽孢的耐热性的影响十分显著，所以食品酸度与微生物耐热性这一关系在罐头杀菌的实际应用中具有相当重要的意义。酸度高、pH 低的食品杀菌温度可低一些，时间可短一些；而酸度低、pH 高的食品杀菌温度要高一些，时间长一些。所以在罐头生产中常根据食品的 pH 将其分为酸性食品和低酸性食品两大类，一般以 pH4.6 为分界线，pH<4.6 的为酸性食品，pH>6 的为低酸性食品。低酸性食品一般应采用高温高压杀菌，即杀菌温度高于 100℃；酸性食品则可采用常压杀菌，即杀菌温度不超过 100℃。部分罐头食品的 pH 见表 7-4。

表 7-4　部分罐头食品的 pH

食品名称	pH	食品名称	pH	食品名称	pH
柠檬汁	2.4	巴梨(洋梨)	4.1	橙汁	3.7
甜酸渍品	2.7	番茄	4.3	桃	3.8
葡萄汁	3.2	番茄汁	4.3	李	3.8
葡萄柚汁	3.2	番茄酱	4.4	杏	3.9
苹果	3.4	无花果	5.0	紫褐樱桃	4.0
蓝莓	3.4	南瓜	5.1	菠菜	5.4
黑莓	3.5	甘薯	5.2	芦笋(绿)	5.6
红酸樱桃	3.5	胡萝卜	5.2	芦笋(白)	5.5
菠萝汁	3.5	青刀豆	5.4	马铃薯	5.6
苹果沙司	3.6	甜菜	5.4	蘑菇	5.8

(3) 食品的化学成分　食品中含有的糖、酸、脂肪、蛋白质、盐等成分对微生物的耐热性也有不同程度的影响。

① 糖。糖有增强微生物耐热性的作用。糖的浓度越高，杀灭微生物芽孢所需的时间越长。浓度很低时，对芽孢耐热性的影响也很小。

② 脂肪。脂肪能增强微生物的耐热性。

③ 盐类。一般认为低浓度的食盐对微生物的耐热性有保护作用，高浓度的食盐对微生物的耐热性有削弱的作用。

④ 蛋白质。食品中的蛋白质在一定的低含量范围内对微生物的耐热性有保护作用，高浓度的蛋白质对微生物的耐热性影响极小。

⑤ 食品中的植物杀菌素。某些植物的汁液和它所分泌出的挥发性物质对微生物具有抑制和杀灭的作用，这种具有抑制和杀菌作用的物质称为植物杀菌素。含有植物杀菌素的蔬菜和调味料很多，如番茄、辣椒、胡萝卜、芹菜、洋葱、大葱、萝卜、大黄、胡椒、丁香、茴香、芥籽和花椒等。如果在罐头食品杀菌前加入适量的具有杀菌素的蔬菜或调料，可以降低罐头食品中微生物的污染率，就可以使杀菌条件适当降低。

(4) 罐头的杀菌温度　罐头的杀菌温度与微生物的致死时间有着密切的关系，因为对于某一浓度的微生物来说，它们的致死条件是由温度和时间决定的。试验证明，微生物的热致死时间随杀菌温度的提高而呈指数关系缩短。

2. 影响罐头传热的因素

(1) 罐内食品的物理性质　与传热有关的食品物理特性主要是形状、大小、浓度、黏度、密度等，食品的这些性质不同，传热的方式就不同，传热速度自然也不同。

热的传递有传导、对流和辐射三种，罐头加热时的传热方式主要是传导和对流两种方式。传热的方式不同，罐内热交换速度最慢一点的位置（常称其为冷点）就不同，传导传热的罐头的冷点在罐头的几何中心，对流传热的罐头的冷点在罐头中心轴上，距罐底20～40mm处。对流传热的速度比传导传热快，冷点温度的变化也较快，因此加热杀菌需要的时间较短，传导传热速度较慢，冷点温度的变化也慢，故需要较长的热杀菌时间。

(2) 罐藏容器的物理性质

① 容器材料的物理性质和厚度。罐头加热杀菌时，热量从罐外向罐内食品传递，罐藏容器的热阻自然要影响传热速度。容器的热阻σ取决于罐壁的厚度δ和热导率λ，它们的关系为$\sigma=\delta/\lambda$，可见罐壁厚度的增加和热导率的减小都将使热阻增大。

② 容器的几何尺寸和容积大小。容器的大小对传热速度和加热时间也有影响，其影响取决于罐头单位容积所占有的罐外表面积（S/V值）及罐壁至罐中心的距离。罐型大，其单位容积所占有的罐外表面积小，即S/V值小，单位容积的受热面积小，单位时间单位容积所接受的热量就少，升温就慢；同时，大型罐的罐表面至罐中心的距离大，热由罐壁传递至罐中心所需的时间就要长。小罐型则相反。

(3) 罐内食品的初温　罐内食品的初温是指杀菌开始时，也即杀菌釜开始加热升温时罐内食品的温度。一般来说，初温越高，初温与杀菌温度之间的温差越小，罐中心加热到杀菌温度所需要的时间越短，这对于传导传热型的罐头来说更为显著，而对流传热型的影响小。

(4) 杀菌釜的形式和罐头在杀菌釜中的位置　目前，我国罐头工厂多采用静止式杀菌釜，即罐头在杀菌时静止置于釜内。静止式杀菌釜又分为立式和卧式两类。传热介质在釜内的流动情况不同，立式杀菌釜传热介质流动较卧式杀菌釜相对均匀。杀菌釜内各部位的罐头由于传热介质的流动情况不同而传热效果相差较大。尤其是远离蒸汽进口的罐头，传热较慢。

罐头工厂除使用静止式杀菌釜外，还使用回转式或旋转式杀菌釜。这类杀菌釜由于罐头在杀菌过程中处于不断的转动状态，罐内食品易形成搅拌和对流，故传热效果较静止式杀菌要好得多。回转杀菌时，杀菌釜回转的速度也将影响传热的效果。转速过慢或过快都起不到促进传热的作用。选用回转转速时，不仅要考虑传热速度，还应注意食品的特性，以保证食品品质。对娇嫩食品，转速不宜太快，否则容易破坏食品原有的形态。

(5) 罐头的杀菌温度　杀菌温度是指杀菌时规定杀菌釜应达到并保持的温度。杀菌温度越高，杀菌温度与罐内食品温度之差越小，热的穿透作用越强，食品温度上升越快。

四、罐头热杀菌的工艺条件

1. 罐头杀菌条件的表达方法

罐头热杀菌过程中杀菌的工艺条件主要是温度、时间和反压力三项因素，在罐头厂通常用“杀菌公式”的形式来表示，即把杀菌的温度、时间及所采用的反压力排列成公式的形式。一般的杀菌公式为：

$$\frac{t_1-t_2-t_3}{t}\times\frac{(t_1-t_2)p}{t}$$

式中的 t_1 为升温时间，表示杀菌釜内的介质由初温升高到规定的杀菌温度时所需要的时间（min），蒸汽杀菌时就是指从进蒸汽开始至达到规定的杀菌温度时的时间，热水浴杀菌就是指通入蒸汽开始加热热水至水温达到规定的杀菌温度时的时间。t_2 为恒温杀菌时间，即杀菌釜内的热介质达到规定的杀菌温度后在该温度下所持续的杀菌时间（min）。t_3 为降温时间，表示恒温杀菌结束后，杀菌釜内的热介质由杀菌温度下降到开釜出罐时的温度所需要的时间（min）。t 为规定的杀菌温度，即杀菌过程中杀菌釜达到的最高温度，一般用℃表示。p 为反压冷却时杀菌釜内应采用的反压力（Pa）。

热杀菌工艺条件的确定，也就是确定其必要的杀菌温度、时间。工艺条件制定的原则是在保证罐藏食品安全性的基础上，尽可能地缩短加热杀菌的时间，以减少热力对食品品质的影响。换句话说，正确合理的杀菌条件应该是既能杀灭罐内的致病菌和能在罐内环境中生长繁殖引起食品变质的腐败菌，使酶失活，又能最大限度地保持食品原有的品质。

2. 罐头（热）杀菌技术

罐头加热杀菌的方法很多，根据其原料品种、包装容器的不同等采用不同的杀菌方法。罐头的杀菌可以在装罐前进行，也可以在装罐密封后进行。装罐前进行杀菌，即所谓的无菌装罐，需先将待装罐的食品和容器均进行杀菌处理，然后在无菌的环境下装罐，密封。

（1）静止间歇式杀菌　静止间歇式杀菌因杀菌压力的不同而分为静止高压杀菌和静止常压杀菌两种。

① 静止高压杀菌。静止高压杀菌是部分蔬菜等低酸性罐头食品所采用的杀菌方法，根据其热源的不同又分为高压蒸汽杀菌和高压水浴杀菌。

a. 高压蒸汽杀菌。大多数低酸性金属罐头常采用高压蒸汽杀菌。其主要杀菌设备为静止高压杀菌釜，通常是批量式操作，并以不搅动的立式或卧式密闭高压容器进行。这种高压容器一般用厚度为 6.5mm 以上的钢板制成，其耐压程度至少能达到 0.196MPa。

合理的杀菌装置是保证杀菌操作完善的必要条件。对于高压蒸汽杀菌来说，蒸汽供应量应足以使杀菌釜在一定的时间内加热到杀菌温度，并使釜内热分布均匀；空气的排放量应该保证在杀菌釜加热到杀菌温度时能将釜内的空气全部排放干净；在杀菌釜内冷却罐头时，冷却水的供应量应足以使罐头在一定时间内获得均匀而又充分的冷却。杀菌设备见本项目任务五。

b. 高压水浴杀菌。高压水浴杀菌就是将罐头投入水中进行加压杀菌。一般低酸性大直径罐、扁形罐和玻璃罐常采用此法杀菌，因为用此法较易平衡罐内外压力。可防止罐头的变形、跳盖，从而保证产品质量。

高压水浴杀菌的主要设备也是高压杀菌釜，其形式虽相似，但它们的装置、方法和操作却有所不同。

② 静止常压杀菌。静止常压杀菌常用于水果、蔬菜等酸性罐头食品的杀菌。最简单、最常用的是常压沸水浴杀菌。批量式沸水浴杀菌设备一般采用立式敞口杀菌釜或长方形杀菌车（槽），杀菌操作较为简单，但必须注意实际的沸点温度，并保证在恒温杀菌过程中杀菌温度的恒定。

（2）连续杀菌　连续杀菌同样有高压和常压之分，必须配以相应的杀菌设备。常用连续杀菌设备如下。

① 常压连续杀菌器。常压连续杀菌器常以水为加热介质，多采用沸水，在常压下进行

连续杀菌。杀菌时，罐头由输送带送入连续作用的杀菌器内进行杀菌，杀菌时间通过以调节输运带的速度来控制，按杀菌工艺要求达到时间后，罐头由输送带送入冷却水区进行冷却，整个杀菌过程连续进行。我国现有的常压连续沸水杀菌器有单层、三层和五层几种。

② 水封式连续杀菌器。水封式连续杀菌器是一种旋转杀菌和冷却联合进行的装置，可以用于各种罐型如铁罐、玻璃罐以及塑料袋的杀菌。杀菌时，罐头由链式输送带送入，经水封式转动阀门进入杀菌器上部的高压蒸汽杀菌室内，然后在该杀菌室内水平地往复运动，在保持稳定的压力和充满蒸汽的环境中杀菌。杀菌时间可根据要求调整输送带的速度进行控制。杀菌完毕，罐头经分隔板上的转移孔进入杀菌釜底部的冷却水内进行加压冷却，然后再次通过水封式转动阀门送往常压冷却，直至罐温达到40℃左右。

③ 静水压杀菌器。静水压杀菌器是利用水在不同的压力下有不同沸点而设计的连续高压杀菌器。杀菌时，罐头由传送带携带经过预热水柱进入蒸汽加热室进行加热杀菌，经冷却水柱离开蒸汽室，再接受喷淋冷水进一步冷却。蒸汽加热室内的蒸汽压力和杀菌温度通过预热水柱和冷却水柱的高度来调节。如果水柱高度为15m，蒸汽加热室内的压力可高达0.147MPa，温度相当于126.7℃。杀菌时间根据工艺要求可通过调整传送带的传送速度来调节。

静水压杀菌器具有加热温度调节简单、省汽、省水且时间均匀等优点，但存在外形尺寸大、设备投资费用高等不足，故对大量生产热处理条件相同的产品的工厂最为适用。

（3）其他杀菌技术

① 回转式杀菌器。回转式杀菌器是运动型杀菌设备，在杀菌过程中罐头不断地转动，转动的方式有两种，一种是作上下翻动旋转，另一种是作滚动式转动。罐内食品的转动加速了热的传递，缩短了杀菌时间，也改善了食品的品质，特别是以对流为主的罐头食品效果更显著。回转式杀菌器根据放入罐头的连续程度不同可分为批量式和连续式两种。批量式回转杀菌器的热源是处于高压下的蒸汽或水。连续式回转式杀菌器能连续地传递罐头，同时使罐头旋转，适合于多种食品的杀菌。

② 火焰杀菌器。火焰杀菌是使罐头在常压下直接通过煤气或丙烷火焰而杀菌。适用于以对流为主的罐头，如青豆、玉米、胡萝卜、蘑菇等。火焰杀菌器由三部分组成，即蒸汽预热区、火焰加热区和保温区。罐头在蒸汽预热区加热至100℃后滚动进入火焰加热区，罐头滚动，传热很快，在直接火焰加热下罐头的温度每3s约可升高1.5℃，一般2min左右就能升至规定的杀菌温度，进入保温区保温一定时间后进行冷却。

③ 无菌装罐设备。无菌装罐是食品在装罐前先进行高温短时杀菌随即冷却，在无菌条件下装入无菌容器后密封的过程。整个操作必须是在一个密闭的蒸汽加热室中于无菌条件下完成。它适用于对热较敏感，加热时间不宜过长的食品。

④“闪光18”杀菌法。“闪光18”杀菌法需用“闪光18”设备来完成，它也属于无菌灌装设备。这种设备有个圆柱形的加压室供装罐和封口用，两端有加压和减压气阀，食品和空罐的入口都有气闸装置。操作时将食品高温短时杀菌后直接送入加压室，加压室内的压力控制在液体不致沸腾的水平下，在此气压下装罐和密封，然后在装罐温度下维持4～15min，使食品在冷却前充分杀菌煮熟。加压室内可采用常规的装罐、密封和其他设备。此外，由于此法密封是在高温下完成的，因此空罐不必预先杀菌。装罐、密封也无须采用无菌条件。

任务三　学习糖水罐头的加工及品控

糖水水果罐头是水果经处理后注入糖液制成的，制品较好地保持了原料的形状和风味。糖水水果罐头的种类很多，但其生产过程和基本方法大同小异。

一、糖水水果罐头的工艺综述

糖水水果罐头制作工艺流程：

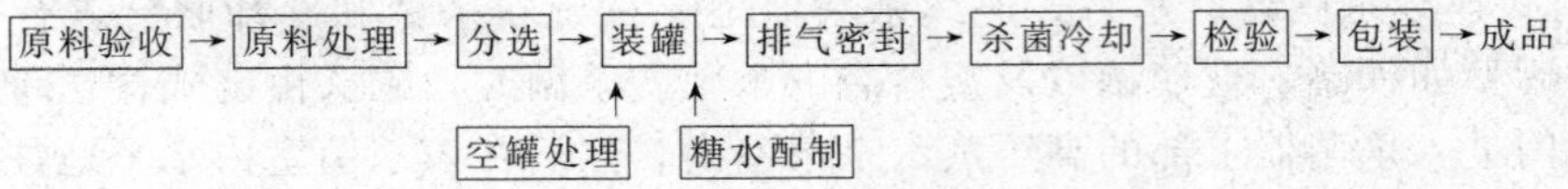

原料验收 → 原料处理 → 分选 → 装罐 → 排气密封 → 杀菌冷却 → 检验 → 包装 → 成品

（空罐处理 → 装罐；糖水配制 → 排气密封）

二、操作要点

1. 糖水的配制

糖水水果罐头所用的糖液主要是蔗糖溶液。蔗糖应该是碳酸法生产的符合 GB/T 317 标准的优质白砂糖。

(1) 糖液的浓度　装罐用糖水的浓度一般根据装罐前果肉的可溶性固性物含量、产品开罐后要求达到的糖液浓度、每罐果肉装入量和糖液注入量通过计算获得，计算公式为：

$$w_2=(m_3w_3-m_1w_1)/m_2$$

式中　m_1——每罐装入果肉的质量，g；

m_2——每罐装入糖液的质量，g；

m_3——每罐果肉净含量，g；

w_1——装罐前果肉的可溶性固性物含量，%；

w_2——装罐用糖水的浓度，%；

w_3——要求产品开罐后达到的糖液浓度，%。

(2) 糖液的配制方法　糖液的配制有直接法和稀释法两种。直接法就是根据装罐所需的糖液浓度，直接按比例称取砂糖和水，置于溶糖锅中加热搅拌溶解并煮沸 5～10min，以驱除砂糖中残留的 SO_2 并杀灭部分微生物，然后过滤、调整浓度。例如，装罐需用浓度为 30%的糖水，则可按砂糖 30kg、清水 70kg 的比例入锅加热配制。稀释法就是先配制高浓度的糖液，也称为母液，一般浓度在 65%以上；装罐时再根据所需浓度用水或稀糖液稀释。例如，用 65%的母液配制 30%的糖液，则以母液∶水＝1∶1.17 混合，就可得到 30%的糖液。

(3) 糖液浓度的测定　生产现场使用的糖度测定方法有两种，一种是用手持式量糖计测量，另一种是用糖度表测量。测定糖液浓度时，要注意糖液的温度，进行糖度的校正。

(4) 配制糖液时应注意的问题

① 煮沸过滤。使用硫酸法生产的砂糖中或多或少会有 SO_2 残留，糖液配制时若煮沸一定时间（5～15min），就可使糖中残留的 SO_2 挥发掉，以避免 SO_2 对果蔬色泽的影响。煮沸还可以杀灭糖中所含的微生物，减少罐头内的原始菌数。糖液必须趁热过滤，滤材要选择得当。

② 糖液的温度。对于大部分糖水水果而言都要求糖液维持一定的温度（65～85℃），以提高罐头的初温，确保后续工序的效果。而个别生装产品如梨、荔枝等罐头所用的糖液，加热煮沸过滤后应急速冷却到 40℃以下再行装罐，以防止果肉红变。

③ 糖液加酸后不能积压。糖液中需要添加酸时，注意不要过早加，应在装罐前加为好，以防止或减少蔗糖转化而引起果肉色变。

④ 配制糖液用水的水质控制。配制糖液用水必须符合罐头生产装罐用水要求，特别要注意控制水的硬度和水中硝酸根和亚硝酸根离子的含量。硬度高会使果蔬组织硬化，硝酸根和亚硝酸根离子的含量高会加速金属罐内壁的腐蚀速度。

2. 水果罐头的变色及其防止措施

变色是糖水水果罐头的一个常见的质量问题，各类水果罐头会在加工过程中或在贮藏运销过程中发生各种色变，如糖水白桃的褐变或变为紫罗兰色、橄榄褐色及灰暗色；糖水梨、糖水香蕉的褐变或红变；糖水荔枝的变红或变黄暗；糖水枇杷的褐变斑块；糖水苹果的褐变和变黑色或深绿色；糖水杨梅、草莓、樱桃、红葡萄等的褪色与变紫蓝色等等。引起这些变化的原因也各不相同，变色原因及防止变色的措施可以归纳为以下几方面。

(1) 变色原因

① 水果中固有化学成分引起的变色

A. 水果中鞣质物质引起的变色

a. 鞣质在酸性条件下，在有氧存在时氧化缩合成“红粉”而使水果变红，如梨的变红、荔枝的变红等。

b. 鞣质物质遇三价铁离子变黑色，如糖水莲藕的变色。

c. 鞣质在碱性条件下变黑，如碱液去皮后桃子的黑变，所以碱处理后的果蔬一定要即时冲净余碱。

d. 由酶和鞣质引起的酶褐变则是果蔬加工中经常出现的，如苹果、香蕉、梨等在加工中的褐变。

B. 水果中色素物质引起的变色

a. 水果中含有的无色花色素在酸性条件下由于热作用而产生红色物质，它呈现出玫瑰红或红褐色，如白桃的变红、梨的变红。

b. 水果中含有的花色素在酸性条件下呈红色，不同的花色素在不同的酸性条件下呈不同的红色，如白桃中存在的矢车菊色素在酸性条件下（pH3.8以下）呈紫红色，在pH4～4.6为无色。

c. 花色素遇铁变成灰紫色，遇锡会变成紫色，如杨梅的变色。

d. 花色素在光、热作用下会变色，在SO_2花色素酶作用下会褪色。

e. 花黄素遇铁会变色（铁离子在3′，4′，5′位螯合生成焦没食子酸型蓝黑色，在3′，4′，5′位螯合生成儿茶酚型蓝绿色）。

f. 花黄素遇铝使色泽变暗，如芦笋、洋葱用铝锅加工时会变色。

g. 花黄素在碱性下黄变，如荸荠、芦笋在碱性条件下的变黄。

h. 叶绿素在酸性条件下黄变。

i. 胡萝卜素、叶绿素等色素在光作用下会氧化褪色等等。

C. 水果中含氮物质引起的变色。水果中含有的氨基酸与糖类发生美拉德反应（羰氨反应）而导致果实变色，如桃子的变色；水果中含有的鞣质与氨基酸、仲胺类物质结合生成红褐色到深紫红色物质，如荔枝的变色。

② 抗坏血酸氧化引起的变色。罐头中适量的抗坏血酸或D-异抗坏血酸钠对一些糖水罐头如苹果、李子、桃等有防止变色的效果，但若在加工、贮藏中不注意，使抗坏血酸或D-异抗坏血酸发生氧化，将引起非酶褐变。

③ 加工操作不当引起的变色

a. 采用碱液去皮时果肉在碱液中停留时间过长或冲碱不及时、冲碱不彻底都会引起变色，如桃子在碱液中停留过久会使花青素和鞣质氧化变色加剧。

b. 果肉在加工过程中的过度受热将加深果肉变色，如桃肉在预煮、排气或杀菌过程中温度过高或时间延长，变色程度增加。

④ 罐头成品贮藏温度不当引起的变色。某些罐头在贮藏过程中逐渐变色。这是因为这

些罐头长时间在高温下贮藏，加速了罐内一些成分的变化如糖水桃子罐头若长时间在高温下贮藏会加速无色花色素变为有色花色素、加速鞣质物质的氧化缩合等，从而使果肉变色。

（2）防止变色的措施

① 控制原料的品种和成熟度，选用花色素、鞣质等变色成分含量少的原料品种，并严格掌握原料的成熟度。

② 严格各工序的操作。应注意做到：

a. 在整个加工过程中，去皮后的果肉不能直接暴露在空气中，要浸入盐水或其他护色液中护色。

b. 用碱液去皮时，要及时冲净余碱，必要时可用柠檬酸中和。

c. 缩短加工流程，减少加工过程中的热处理时间，杀菌后及时、急速、彻底冷却。

d. 根据原料的性质采用预煮、抽空等方法抑制酶和氧的作用。

e. 在加工过程中避免与铁、铜等金属离子接触，并注意加工用水的重金属含量。

f. 配制糖水时应煮沸，随用随配，避免蔗糖转化。

g. 在糖水中添加适量的酸，但要严格控制添加量。

h. 控制罐头仓库的贮藏温度。

③ 在罐内加入某些保护剂或酶类

a. 糖液中添加适量的抗坏血酸作为抗氧化剂来防止变色，过多反而会引起非酶褐变。

b. 糖液中添加适量的磷酸盐或 EDTA 以螯合金属离子。

c. 罐内加入葡萄糖氧化酶和 2/10000～3/10000 的抗坏血酸，以消耗罐内残存的氧，使红色花色素脱色还原。

d. 用花色素酶分解花色素，以减少果肉中花色素的含量。可将红色果肉置于 40℃、pH 6的花色素酶液中浸 2h，可达到分解花色素的目的。

三、糖水水果罐头的加工实例

1. 工艺流程

糖水水果罐头加工工艺流程：

原料验收 → 分选 → 摘把、去皮 → 切半去籽巢 → 修整 → 洗涤 → 抽空处理 → 热烫 → 冷却 → 分选装罐 → 排气 → 密封 → 杀菌冷却 → 检验 → 包装 → 成品

2. 操作要点

（1）原料　原料的好坏直接影响罐头的质量。作为罐头加工用的梨必须果形正、果芯小、石细胞少、香味浓郁、鞣质含量低且耐贮藏。

（2）去皮　梨的去皮以机械去皮为多，目前也有用水果去皮剂去皮的。去皮后的梨切半，挖去籽巢和蒂把，要使巢窝光滑而又去尽籽巢。去皮后的梨块不能直接暴露在空气中，应浸入护色液（1%～2%盐水）中。巴梨不经抽空和热烫，直接装罐。

（3）抽空　梨一般采用湿抽法。根据原料梨的性质和加工要求确定选用哪一种抽空液。莱阳梨等鞣质含量低，加工过程中小易变色的梨可以用盐水抽空，操作简单，抽空速度快；加工过程中容易变色的梨，如长把梨则以药液作抽空液为好，药液的配比为：盐 2%，柠檬酸 0.2%，焦亚硫酸钠 0.02%～0.06%。药液的温度以 20～30℃为宜，若温度过高会加速酶的生化作用，促使水果变色，同时也会使药液分解产生 SO_2 而腐蚀抽空设备。

（4）热烫　凡用盐水或药液抽空的果肉，抽空后必须经清水热烫。热烫时应沸水下锅，迅速升温。热烫时视果肉块的大小及果的成熟度而定。含酸量低的如莱阳梨可在热烫水中添

加适量的柠檬酸（0.15%）。热烫后急速冷却。

（5）调酸　糖水梨罐头的酸度一般要求在0.1%以上，如果低于这个标准会引起罐头的败坏和风味的不足。例如，莱阳梨含酸量低，若加工过程中不添加一定量的酸调整酸度，十几天后成品就会出现细菌性的混浊，汤汁呈乳白色的胶状液，继续恶化的结果是使果肉变色和萎缩。因此，生产梨罐头时先要测定原料的含酸量再根据原料的酸含量及成品的酸度要求确定添加酸的量。

添加的酸也不能过量，过量不仅会造成果肉变软、风味过酸，而且会由于pH降低，促使果肉中的鞣质在酸性条件下氧化缩合成"红粉"而使果肉变红。一般当原料梨酸度在0.3%～0.4%范围内时，不必再外加酸，但要调节糖酸比，以增进成品风味。

（6）装罐与注液糖水　梨罐头若选用金属罐，则应采用素铁罐，可以利用锡离子的还原作用使成品具有鲜明的色泽；若采用涂料罐，成品梨色暗、发红，味也差。但使用素铁罐时一定要控制好水质、原料成熟度、罐头顶隙、成品酸度及素铁的质量，否则会加速罐内壁的腐蚀。

装罐时，按成品标准要求再次剔除变色、过于软烂、有斑点和病虫害等不合格的果块，并按大小、成熟度分开装罐，使每一罐中的果块大小、色泽、形态大致均匀，块数符合要求。每罐装入的水果块质量根据开罐固形物要求，结合原料品种、成熟度等实际情况通过试装确定。一般要求果块质量不低于净重的55%（生装梨为53%，碎块梨为65%）。每罐加入糖水量一般控制在比规定净重稍高，防止果块露出液面而色泽变差。采用素铁罐时，为防止氧化圈的形成应尽量加满。

（7）排气及密封　加热排气，排气温度95℃以上，罐中心温度75～80℃。真空密封排气，真空度53～67.1kPa。巴梨用真空排气，真空度46.6～53.3kPa。

（8）杀菌和冷却　热杀菌的参考条件见表7-5。

表7-5　梨罐头的杀菌条件

罐型	净质量/g	杀菌条件	冷却
781	300	5～15min/100℃	立即冷却
7110	425	5～20min/100℃	立即冷却
8113	567	5～22min/100℃	立即冷却
9116	822	5～25min/100℃	立即冷却
玻璃罐	510	升温(25min/100℃)	分段冷却

杀菌完毕必须立即冷却至38～40℃。杀菌时间过长和不迅速彻底冷却，会使果肉软烂，汁液混浊，色泽、风味恶化。据试验，425g装糖水巴梨杀菌时间超过30min，产品梨呈粉红色，时间越长，色泽越深。所以杀菌时要求沸水入篮，迅速升温，杀菌后及时冷却。有条件的最好采用回转式杀菌器，以提高杀菌效果和产品质量。

任务四　学习蔬菜罐头加工工艺及品质控制

一、蔬菜罐头的工艺综述

1. 蔬菜原料的处理

许多蔬菜原料较大部分水果更为娇嫩，原料的处理就须更为精心。首先要严格控制投料时间。不少蔬菜采收后的呼吸作用很旺盛，如不及时加工，蔬菜组织就会老化，风味变劣，如芦笋；有的则急速转入腐熟期，使色、香、味、质地及营养价值等迅速下降，甚至完全失去食用价值，如番茄有的则会变形、变色，蘑菇开伞，芦笋尖变绿等，不再适合罐头加工等，这样不仅会大大降低原料的利用率，而且还会影响产品的品质。因而在生产中必须根据蔬菜原料的性质及产品的要求掌握好原料的投料时间，及时加工。

蔬菜原料的清洗较水果要困难得多，尤其是根菜类及块茎类蔬菜，如马铃薯、胡萝卜、马蹄、莲藕等，由于携带泥沙多、表面凹凸不平，清洗时，应先浸泡再刷洗、喷洗。对于叶菜类蔬菜，清洗时要避免组织损伤。

2. 蔬菜罐头用汤汁的配制与要求

大部分蔬菜罐头在装罐时都要注入一定量的汤汁，所用汤汁主要有清渍液和调味液两大类。

（1）配制汤汁用水和盐　蔬菜罐头用盐要求纯度高，不允许含有微量的重金属和杂质。盐中所含微量的铜、铁可使蔬菜中的鞣质、花色素、叶绿素等变色；铁的存在还将使部分蔬菜罐头中形成硫化铁。因此，要求所用盐的氯化钠含量不低于99%，钙、镁含量以钙计不得超过0.1g/kg，铁不得超过0.0015g/kg，铜不得超过0.001g/kg。

配制汤汁用的水除需符合国家饮用水标准外，还必须是符合果蔬装罐用水特殊要求的不含铁和硫化物的软质水。尤其是水硬度，水中和盐中的钙、镁盐类都将造成汤汁（如盐水）硬度过高而使一些罐藏蔬菜变硬，如豌豆、玉米等。几种蔬菜装罐用盐水的硬度见表7-6。

表7-6　几种蔬菜装罐用盐水的硬度　　单位：mg/kg

名称	适当范围(以钙计)	名称	适当范围(以钙计)	名称	适当范围(以钙计)
芦笋	45～80	玉米	50～100	番茄	250～500
青豆	45～80	豌豆	20～65	马铃薯 (相对密度小于0.75)	30～65
胡萝卜	100～200	菠菜	25～50		

（2）汤汁的制备

① 清渍液的制备。所谓清渍液是指用于清渍类蔬菜罐头的汤汁，包括稀盐水、盐和糖的混合液及沸水或蔬菜汁，其中又以使用盐水的为多，大多数清渍蔬菜罐装用盐水的浓度为1%～2%。

② 调味液的制备。调味液的种类很多，但配制的方法主要有两种：一种是将香辛料先经一定时间的熬煮制成香料水，然后香料水再与其他调味料按一定比例配制成调味液；另一种是将各种调味料、香辛料（可用布袋包裹，配成后连袋去除）一起一次配成调味液。

3. 蔬菜类罐头常见的质量问题

（1）胀罐　在贮藏、运输、销售过程中常出现罐头两端或一端底盖凸起的现象，称为胀罐。引起胀罐的原因有三种：一是排气不足或装填过多、密封温度低等物理因素引起，也有的是由于外界气温气压的变化而引起的物理性胀罐，要防止这种胀罐必须严格按工艺要求进行装填、排气和密封操作，同时在制定产品真空度及相关工艺条件时要考虑销售季节、地区的气温与气压。二是由于腐蚀造成的氢胀，应从消除内容物中腐蚀因素和提高容器的耐腐蚀性能着手来防止和减轻氢胀。三是微生物作用引起的。由于杀菌不足或密封不严而二次污染使腐败菌在罐内生长繁殖造成胀罐。要防止微生物作用引起的胀罐，必须采用新鲜的原料，加速加工过程，保证加工过程的卫生条件，严格密封、杀菌操作。

（2）平盖酸败　蔬菜罐头的平盖酸败是罐内平酸菌作用所致，如嗜热脂肪芽孢杆菌引起蘑菇、青豆等罐头的酸败。解决这一问题的措施是注意原料的新鲜卫生，充分清洗，加快流程，严格各环节的卫生制度，严格密封、杀菌等操作。

二、蔬菜罐头的加工实例

1. 番茄酱

番茄酱是番茄的浓缩制品，根据制品浓缩程度的不同，所含可溶性固形物（按折光计）分别为12%、20%、22%及28%等几种规格，其中又以22%～24%和28%～30%为多，国外还有可溶性固形物量大于35%的高浓度番茄酱。

（1）工艺流程

原料验收→洗果→挑选→破碎→预热→打浆→浓缩→加热→装罐→密封→杀菌冷却→成品

（2）技术要点

① 原料。生产番茄酱应选用皮薄、肉厚、籽少、番茄红素含量高、色泽大红、固形物含量高、风味好、无霉烂的新鲜番茄。番茄红素含量高，可以保证番茄酱的良好色泽。番茄酱的色泽是评定产品等级与衡量产品质量的重要指标。可溶性固形物含量高，可以提高产品的得率，降低原料的消耗；可以缩短浓缩时间，既节约燃料，又能提高生产率和设备利用率。

② 洗果、选果。原料番茄必须充分洗净，多采用浮洗机。先将番茄均匀倒入进料槽进行预洗，去除杂质；再由输送带送入浮洗机经鼓风洗涤将番茄表面彻底洗净。

洗净后的番茄升运至滚筒选果台上，由专人进行检验，剔除霉烂、病虫害以及未熟的青绿色的番茄，修除成熟度稍低的番茄蒂把部位的绿色部分，这些绿色部分和蒂把的存在会使制品产生棕褐色“杂质”。

③ 破碎与预热。将洗净并经挑选的番茄均匀地送入破碎机进行破碎去籽，破碎去籽后的果肉浆汁立即进行预热处理，以破坏果胶酶的活性，更多地保存果胶，保证产品的黏稠度，防止制成品产生汁液分离现象；预热处理还可以使破碎的果肉软化，原料中的原果胶受热分解成果胶，不仅使果肉易与果皮分离，有利于打浆，而且增加了果胶含量；果肉浆汁经预热处理，排除果实组织间及浆汁中的空气，有利于维生素的保存，并可避免在加热浓缩时产生气泡。

果肉浆汁一般须在90～95℃下加热8～10min，加热后的浆温控制在80～85℃。果肉浆汁的预热处理一定要及时，升温要迅速。预热设备最好是管式或螺旋式预热器，也可以用夹层锅，只是效果差一些。

④ 打浆。将预热后的果肉浆汁迅速送入打浆机中，打成均匀的番茄浆。目前普遍使用的打浆机为三道连续打浆机，其筛板的孔径为：第一道1mm，第二道0.8mm，第三道0.4～0.6mm。通过三道打浆，果肉浆汁被打成均匀的浆体，通过管道送入贮浆桶以备浓缩。果皮、籽及粗纤维等杂质在筛筒的另一端排出。排出残渣的干湿度以在手掌中捏紧无汁水下滴，放松后手掌上有汁水为宜。若渣过湿，影响出浆率；过干影响制品的风味和形态。一般残渣量为3%～4%。

⑤ 浓缩。打浆机打得的浆体一般含水量很高，可溶性固形物含量较低，还必须进行浓缩，以蒸发一部分水分，使制成品达到规定的浓度。制成品的风味也随着其浓度的提高而增加。番茄酱浓缩采用真空浓缩。

⑥ 加热与装罐。真空浓缩好的酱送入加热器中加热至92～95℃后立即装罐密封。密封时酱体的温度不能低于85℃，以保证产品的真空度。密封后的罐头立即进行杀菌、冷却。几种罐型的参考装罐量及杀菌条件见表7-7。

表 7-7 番茄酱的装罐量及杀菌条件

罐型	酱体质量/g	杀菌条件	罐型	酱体质量/g	杀菌条件
539	70	5～15min/100℃(水)	15173	3000	5～30min/100℃(水)
668 或 5104	198	5～20min/100℃(水)	15267	5000	5～35min/100℃(水)
10114	1000	5～25min/100℃(水)	玻璃瓶	510	5～25min/100℃(逐渐冷却)

1000g 以上的大包装杀菌时只能起到表面杀菌的作用，因此应十分注意装罐前的预热、及时密封和立即杀菌。

2. 整番茄罐头

(1) 工艺流程

原料验收→清洗→去皮→硬化处理→分选装罐→排气密封→杀菌冷却→成品

(2) 技术要点

① 原料。番茄应新鲜饱满、色红、果形正、风味好、组织较硬，果实最大直径小于50mm。适用的品种有穗圆、罗城一号、奇果、扬州红等。

② 去皮。清水洗净，挖除蒂柄后去皮。番茄去皮的方法有：

a. 热烫去皮。用沸水热烫（95～100℃，10～30s）或用热烫去皮机（蒸汽压力 29.4～58.8kPa）热烫，然后立即用冷水浸冷或喷淋冷却使之去皮。

b. 真空去皮。番茄先在 96℃热水中加热 20～40s，使果皮与靠近果面的皮下层分离。再将番茄送入真空度为 80～93.3kPa 的真空室进行适度处理使果皮破裂，最后经温和的机械操作而去除表皮。这一方法具有去皮效率高（可达 98%）、压力利用率高、产品质量好，能量消耗低的特点。

c. 红外线去皮。将番茄暴露于 150～180℃高温下受热 4～20s，再用冷水喷淋或摩擦去除外皮，番茄在高温下表皮细胞受热，细胞内所含水分汽化，果皮开裂而脱离果肉。

③ 硬化处理。用 0.5%氯化钙溶液浸泡 10min，使组织适度硬化，再以流动水洗果。也可采用在汤汁中加入适量氯化钙来达到使果实硬化的目的。

④ 配汤装罐。配汤如表 7-8 所示。装罐量如表 7-9 所示。

表 7-8 整番茄汤汁配比

品种	精盐量/kg	砂糖量/kg	番茄原浆(5%～7%)/kg	氧化钙/g	清水量/kg
原汁整番茄	1.4	2.0	96.5	100	5.6(用于溶盐)
清水整番茄	5	4	—	100	220

表 7-9 整番茄的装罐量　　单位：g

品种	罐型	净质量	番茄	汤汁
原汁整番茄	7114	425	250～255	170～175
	9124	850	500	350
清水整番茄	玻璃罐	510	300	210

⑤ 排气密封。热排气，罐中心温度 75℃以上；抽气密封，真空度 40.0～46.7kPa。

⑥ 杀菌冷却。杀菌条件见表 7-10。

表 7-10 整番茄罐头的杀菌条件

罐型	净质量/g	杀菌式	冷却
7114	425	10～30min/100℃	15～20min
9124	850	10～35min/100℃	15～20min
玻璃罐	510	10～30min/100℃	分段冷却

任务五　学习罐头加工的主要设备

一、分级设备

1. 滚筒式分级机

物料在滚筒内滚转和移动，并在这过程中分级。滚筒上有很多小孔。滚筒分为几组，组数为需分级数减1。每组小孔孔径不同，而同一组中的孔径一样。从物料进口至出口，后组比前组的孔径大，小于第一组孔径的物料从第一组掉出用漏斗收集为一个级别，以下依此类推。这种分级机分级效率较高，目前广泛用于蘑菇和青豆等的分级。如图7-1所示，滚筒2用厚度为1.5～2.0mm的不锈钢板冲孔后卷成圆柱形筒状筛，为了制造方便，整体滚筒分成几节筒筛，筒筛之间周角钢连接作为加强圈，如用摩擦轮传动，则又作为传动的滚圈。滚筒用托轮支承在机架上，机架7用角钢或槽钢焊接而成。收集料斗6设在滚筒下面，料斗的数目与分级的数目相同。但不一定与筛筒节数相同，因为有时可以由两节筛筒组成同一个级别，这时两节筛筒共用一个料斗。

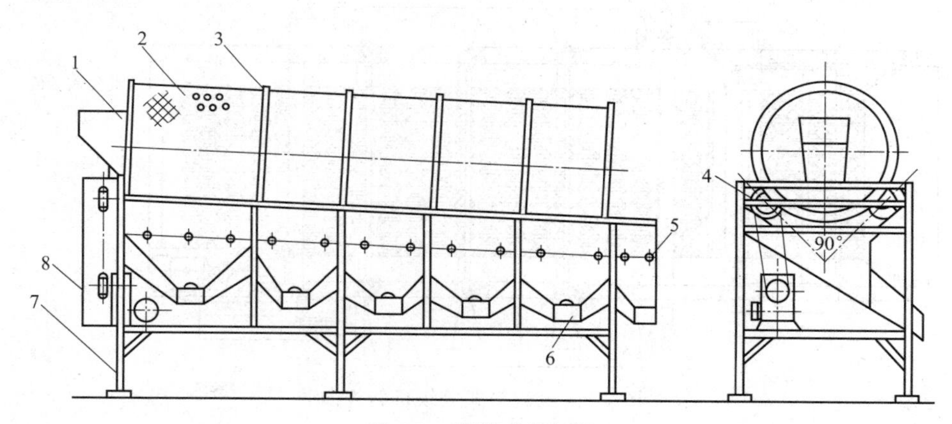

图7-1　滚筒式分级机

1—进料斗；2—滚筒；3—滚圈；4—摩擦轮；5—铰链；6—收集料斗；7—机架；8—传动系统

2. 三辊筒式分级机

本设备用于球形体或近似球形体的果蔬原料，如苹果、柑橘、番茄和桃子等按直径大小不同进行分级。全机主要由升降导轨、出料输送带、理料辊、辊筒输送链及机架等组成，如图7-2～图7-4所示。

分级部分的结构是一条由其轴向剖面带梯形槽的分级辊筒组合成的输送带，每两根辊筒之间设有一个升降辊筒（亦带有同样的梯形槽），此三根辊筒形成两组分级筛孔，物料就处于此分级筛孔之间。物料进入输送带后，最小的则从相邻两辊筒间的棱形开孔中落入集料斗里，其余物料通过理料辊理料排列整齐成单层进入分级段。在分级段中各分级机构的升降辊筒（又称中间辊筒）在特定的导轨上逐渐上升，从而使与辊筒之间的棱形开孔随着逐渐增大（辊筒不能作升降运动）。每个开孔内只有一只物料，当此物料的外径与开孔大小相适合时落下，而大于开孔的物料则停留在辊筒中随辊筒继续向前运动，直至中间辊筒上升到使开孔大于此物料时才能落下。落下的物料由输送带送出机外。若中间辊筒上升到最高位置时，（即开孔最大时）仍不能从开孔中落下的物料，则落入后端的集料斗中作为等外特大物料处理。中间辊筒上升到最高位置时，分级段到此结束，此后就逐渐下降至最低位置，回转至进料斗再重复以上的工作过程。

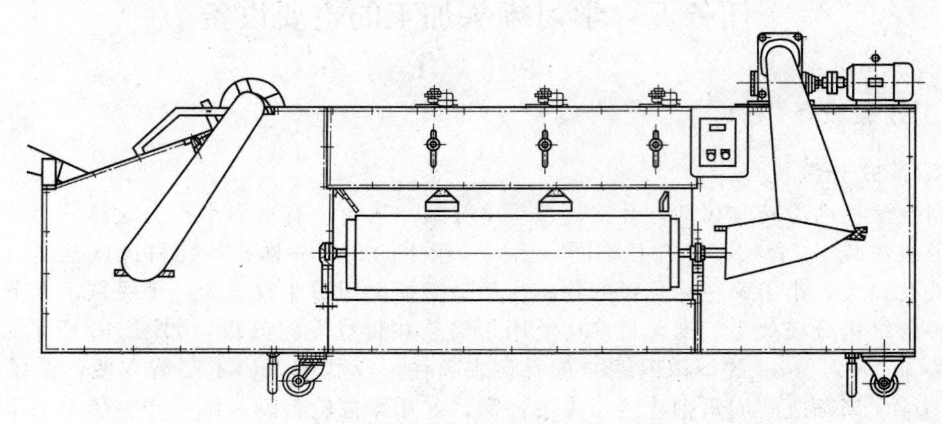

图 7-2 三辊筒式分级机正视图

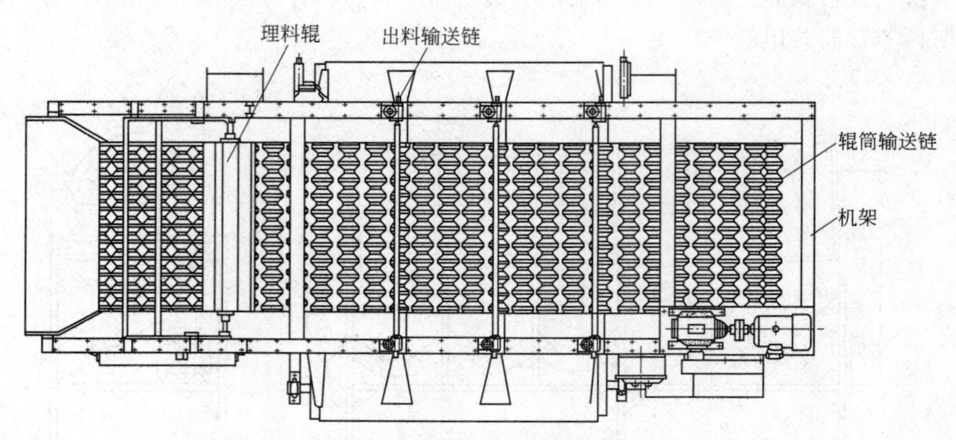

图 7-3 三辊筒式分级机俯视图

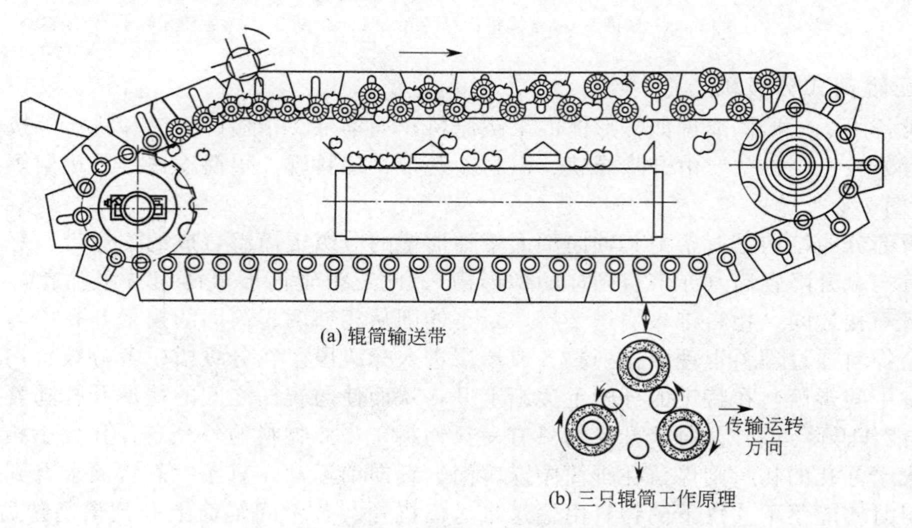

图 7-4 辊筒式输送带及辊筒工作原理

二、杀菌设备

1. 立式杀菌锅

立式杀菌锅可用作常压或加压杀菌，在品种多、批量小时很实用，目前中小型罐头厂还比较普遍使用。但其操作是间歇性的，在连续化生产线中不适用。因此，它和卧式杀菌锅一样，从机械化、自动化来看，不是发展方向。与立式杀菌锅配套的设备有杀菌篮、电动葫芦、空气压缩机及检测仪表等。

图 7-5 为有两个杀菌篮的立式杀菌锅。圆筒状的锅体 1 用厚 6～7mm 的钢板成形后焊接而成，锅底 8 和锅盖 4 呈圆球形，盖子铰接于锅体后部边缘，在盖的周边均匀地分布着 6～8 个槽孔，锅体的上周边铰接有与该槽相对称的蝶形螺栓 6，以密封盖和锅体。锅体口的边缘凹槽内嵌有密封垫片 7，保证盖和锅体密封良好。为了减少热量损失，最好在锅体的外表面包上 80mm 厚的石棉层。

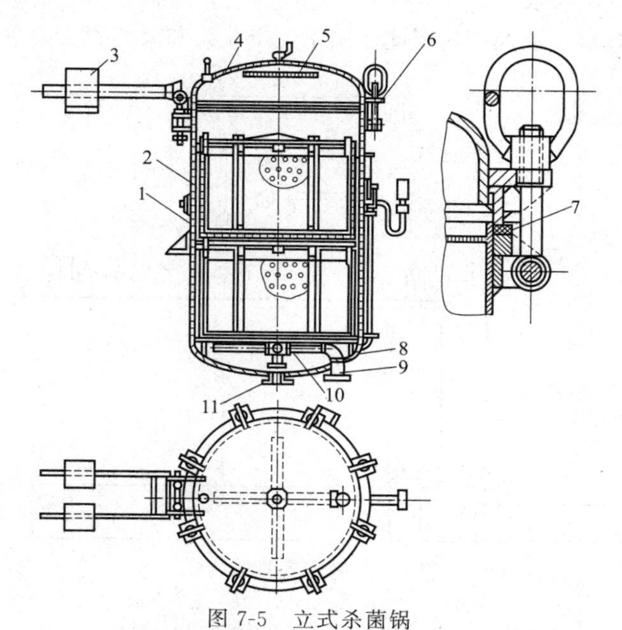

图 7-5 立式杀菌锅

1—锅体；2—杀菌篮；3—平衡锤；4—锅盖；5—盘管；6—螺栓；7—密封垫片；
8—锅底；9—蒸汽入口；10—蒸汽分布管；11—排水管

除用以上方法锁紧盖与锅体外，还广泛采用一种叫自锁斜楔锁紧装置，这种装置密封性能好，操作省力省时，如图 7-6 所示。

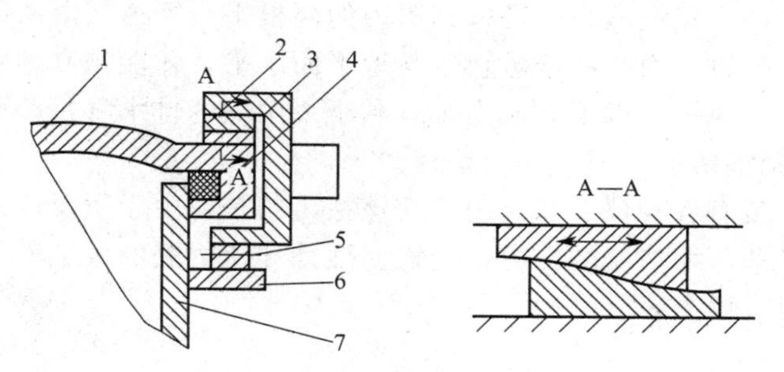

图 7-6 自锁斜楔锁紧装置

1—锅盖；2—自锁斜楔块；3—转环；4—垫圈；5—滚轮；6—托板；7—锅体

这种装置用十组自锁斜楔块 2 均匀分布在锅盖边缘与转环 3 上，转环配有几组活动式及固定的滚轮 5 和托板 6，使转环可沿锅体 7 转动自如。锅体上部周围凹槽内有耐热橡胶垫圈 4。锅盖关闭后，转动转环，楔合块就能互相咬紧而压紧橡胶圈，达到锁紧和密封的目的。将转环反向转动时，楔合块分开，即可开盖。

锅盖可用平衡锤 3 揭开（图 7-5），在锅的底部，装有十字形的蒸汽分布管 10，吹泡小孔开在两侧和底部，不要朝上开小孔吹出蒸汽直接冲向罐头。锅内放有盛罐头用的杀菌篮 2，杀菌篮和罐头一起是用电动葫芦吊进和吊出的。蒸汽从管道进入吹泡管中，冷却时水从锅盖内壁装上的盘管 5 中的小孔喷淋在锅中。此处小孔也不能直接对着罐头，以免冷却时冲击罐头，降低损耗率。

锅盖上装有吹气阀、安全阀、压力表及温度计等，锅体最底部安装有排水管 11。

2. 卧式杀菌锅

卧式杀菌锅如图 7-7 所示，其容量一般比立式的大，同时可不必用电动葫芦。但一般不适用于常压杀菌，只能作高压杀菌用，因此多用于生产蔬菜和肉类罐头为主的大中型罐头厂。

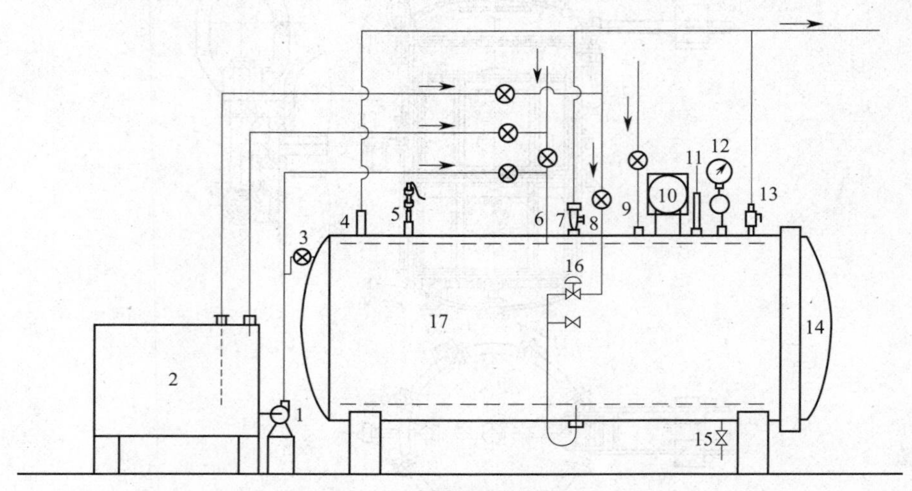

图 7-7 卧式杀菌锅装置

1—水泵；2—水箱；3—溢流管；4，7，13—放空气管；5—安全阀；6—进水管；8—进汽管；9—进压缩空气管；10—温度记录仪；11—温度计；12—压力表；14—锅门；15—排水管；16—薄膜阀门；17—锅体

它是一个平卧的圆柱形筒体，筒体的前部有一个绞接着的锅盖，末端焊接了椭圆封头，锅盖与锅体的闭合方式与立式杀菌锅相同。锅体内的底部装有两根平行的轨道，供盛罐头用的杀菌车推进推出之用。蒸汽从底部进入到锅内的两根平行管道（上有吹泡小孔）对锅进行加热。蒸汽管在平行导轨下面。由于导轨应与地平面水平，才能顺利地将小车推进推出，故锅体有一部分处于车间地平面以下。又为了有利于杀菌锅的排水（每杀菌一次都需要大量排水），因此在安装杀菌锅的地方都有一个地槽。

在锅体上同样安装有各种仪表和阀门。应该指出的是，由于用反压杀菌，压力表所指示的压力包括锅内蒸汽和压缩空气的压力，造成温度计和压力表的读数其温度是不对应的。这是既要有温度计又要有压力表的原因。

3. 回转式杀菌设备

如图 7-8 所示，上锅 1 是贮水锅，为圆筒形的密闭容器，在其上部适当位置装有液位控制器，上锅用于制备下锅用的过热水。下锅 6 是杀菌锅，也装有液位控制器，锅内有一转体，当杀菌篮进入锅体后，设有压紧装置使杀菌篮和转体之间不能相对运动。杀菌锅后端装置传动系统，由电动机、可分锥轮式无级变速器和齿轮等组成。通过大齿轮轴（即转体回转轴）驱动固定在轴上的转体回转，而转体带着杀菌篮回转其转速可在 5～45r/min 内无级变速，同时可朝一个方向一直回转或正反交替回转。交替回转时，回转、停止和反转动作可由时间继电器设定，一般是在回转 6min、停止 1min 的范围内设定的。

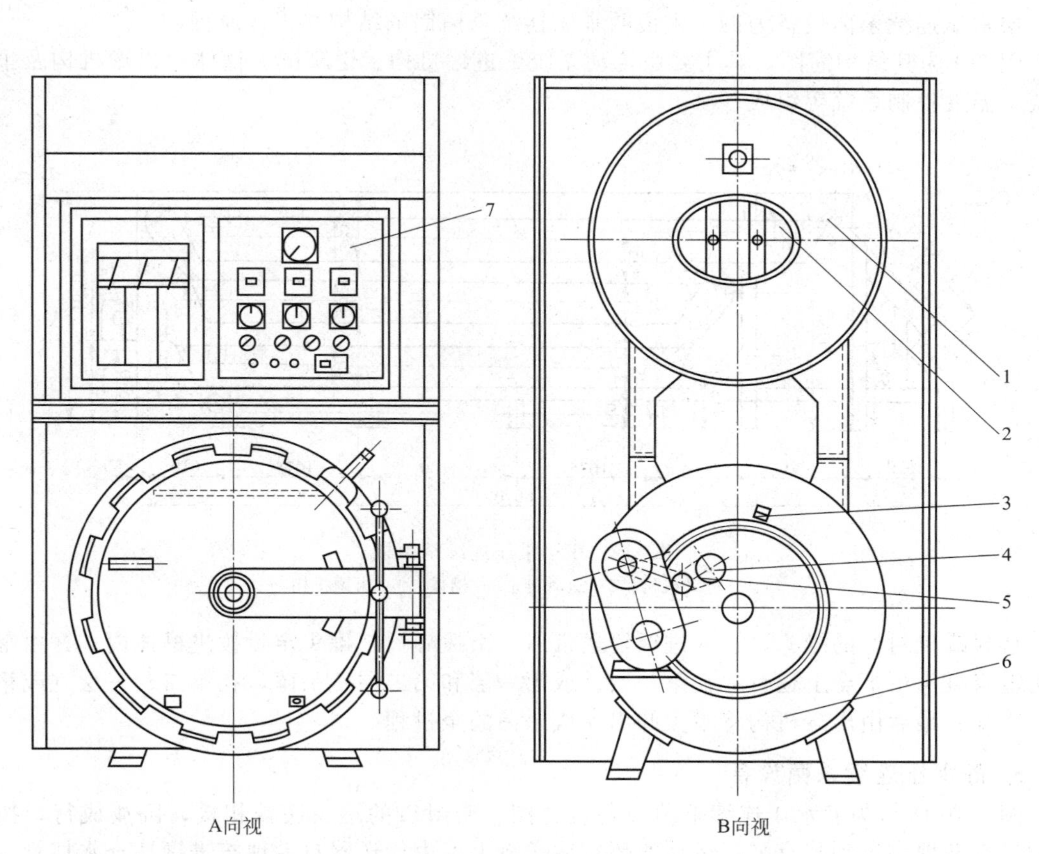

图 7-8 回转式杀菌设备

1—上锅；2—人孔；3—定位器；4—磁铁开关；5—自动调速装置；6—下锅；7—控制柜

在传动装置的旋转部件上设置了一个定位器，借以保证同转体停止转动时停留在某一特定位置，便于从杀菌锅取出杀菌篮。回转轴是空心轴，测量罐头中心温度的导线即由此通过。

自动装篮机把罐头装入篮内，每层罐头之间用带孔的软性垫板隔开。用杀菌小车将杀菌篮送入杀菌锅内的带有滚轮的轨道上。杀菌锅装满杀菌篮时，用压紧机构将罐头压紧固定，再挂上保险杆，以防杀菌完毕启锅时杀菌篮自动溜出。

贮水锅与杀菌锅之间用连接阀的管道连通，蒸汽管、进水管、排水管和空压管等分别连接在两锅的适当位置，在这些管道上按不同使用目的安装了不同规格的气动、手动、电动阀门。循环泵使杀菌锅中的水强烈循环，以提高杀菌效率并使杀菌锅里的水温度均匀一致。冷水泵的作用是向贮水锅注入冷水和向杀菌锅注入冷却水。

回转式杀菌锅已自动控制，目前的自控系统大致可分为两种形式：一种是将各项控制参数表示在塑料冲孔卡上，操作时只要将冲孔卡插入控制装置内，即可进行整个杀菌过程的自动程序操作；第二种是由操作者将各项参数在控制盘上设定后，按上启动电钮，整个杀菌过程也就按设定的条件进行自动程序操作。

4. 常压连续杀菌设备

本设备主要用于水果类和一些蔬菜类圆形罐头的常压连续杀菌。

常压连续杀菌设备有单层、三层和五层三种。其中以三层的用得较多。层数虽有不同但原理一样，层数的多少主要取决于生产能力的大小、杀菌时间的长短和车间面积情况等。现以三层常压连续杀菌设备为例，来说明常压连续杀菌锅的结构和工作原理。

图 7-9 为其结构简图，其主要由传动系统、进罐机构、送罐链、槽体、出罐机构及报警系统、温度控制系统等组成。

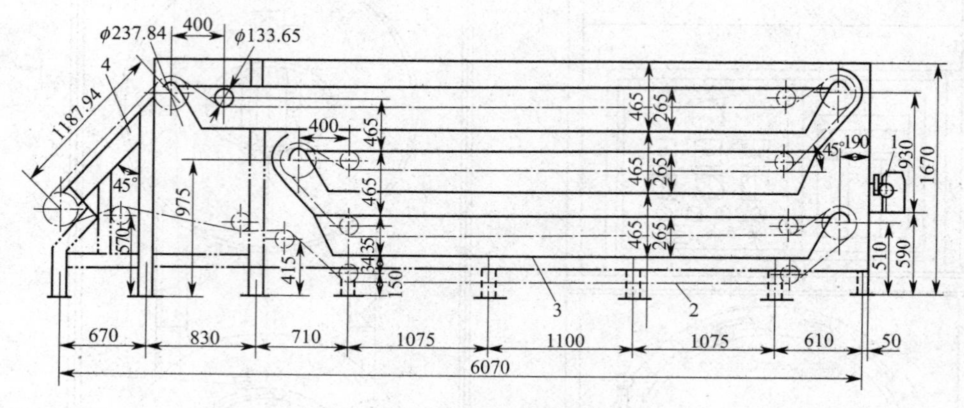

图 7-9 三层常压连续杀菌机

1—进罐机构；2—送罐链；3—槽体；4—出罐机构

从封罐机封好的罐头，进入进罐输送带后，由拨罐器把罐头定量拨进槽体内，并由翻板输送链将罐头由下至上运行，在第一层（或第一层和第二层）杀菌，在第二、三层（或第三层）冷却，最后由出罐机构将罐头卸出完成杀菌的全过程。

5. 静水压连续杀菌设备

图 7-10 所示为静水压连续杀菌设备装置图。密封后的罐头底盖相接，卧放成行，按一定数量自动地供给到装有平行运动的环式输送链上，由传送器自动地按进罐柱→水柱管（升温柱）→蒸汽室（杀菌柱）→水柱管→（出罐柱、加压冷却）→喷淋冷却柱（常压冷却）→出罐这个次序运行。加压杀菌所需饱和蒸汽与蒸汽室相连呈丁字形（或称 U 字管），水柱管的水压头保持平衡，水柱的高度决定了饱和水蒸气压的大小。

罐头从升温柱入口处进去后，沿着升温柱下降，并进入蒸汽室。水柱顶部的温度近似罐头的初温，水柱底部的温度则近似于蒸汽室的温度。因此，在进入蒸汽室前有一个平稳的温度梯度，而进入杀菌室后，因蒸汽均匀地遍及蒸汽室，在这里可进行恒温杀菌。从杀菌室出来的罐头向上升送，这时的温度变化与升温柱时恰好相反，罐头所受的压力从大变小，形成一个稳定的、从大到小的温度和压力的梯度，这种减压冷却过程是十分理想的。

6. 水封式连续高压杀菌设备

图 7-11 为水封式连续杀菌设备结构示意图。

罐头从自动供罐装置进入输送链上，然后进入鼓形阀，鼓形阀浸没在水中，因此称为水封式，鼓形阀如图 7-12 所示。

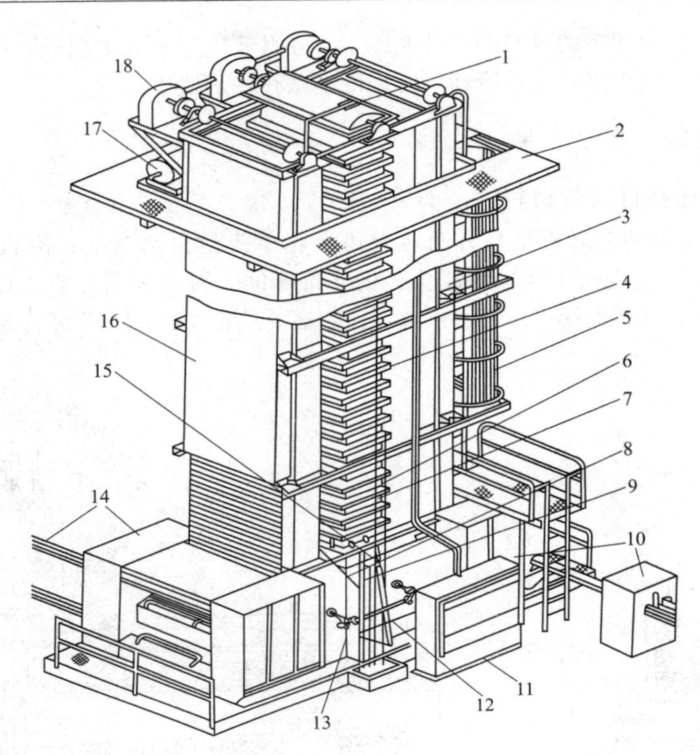

图 7-10　静水压连续杀菌设备装置

1—顶部真空阀；2—顶部平台；3—出罐柱；4—蒸汽室；5—铁爬梯；6—加水水平面控制管道；7—溢流管道；8—放空气管道；9—出气管道；10—出罐箱；11—控制仪表；12—冷凝水管道；13—蒸汽管道；14—进罐箱；15—喷淋器管道；16—升温柱；17—无级变速器；18—变速器

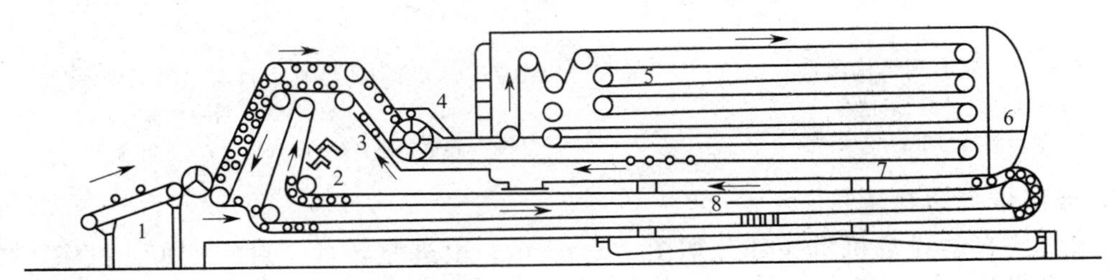

图 7-11　水封式连续杀菌设备原理

1—自动供罐装置；2—自动排罐装置；3—罐头由鼓形阀中排出；4—鼓形阀中进罐；5—罐头在杀菌室中杀菌；6—杀菌室与冷却槽之间的隔板；7—冷却槽；8—传送器中罐头边回转边冷却

鼓形阀又称水封阀，从这里进入杀菌室中的罐头，由环式输送链的传送器带动，在杀菌室内折返数次进行杀菌，因此无升温过程。在传送器的下部设计了一条平板链（或导轨），罐头就搁在其上，平板链运动方向与传送器相反，由于传送器与平板链之间的相对运动产生摩擦力使罐头回转，回转的速度因产品不同而不同，一般为 10～30r/min。若不需回转时，则可去掉传送器下面的导轨或使平板链运动方向与传送器一致和线速相同即可。另外，改变罐头的回转数就可调节罐头的加热量。根据这个原理，在调换品种时，杀菌时间可以不变，而改变罐头回转数即可。

罐头从杀菌室杀菌后进入加压冷却槽，杀菌室与加压冷却槽之间用钢隔板隔开，并包上绝缘性能好的绝缘材料。从外表看去好像为一个整体的锅，而实际上锅分两层，上层为杀菌室，下层为加压冷却室。冷却室的水要经常补充冷水，并且使冷却水强制循环。加压冷却后的罐头从鼓形阀中出来到大气中进行常压冷却。常压冷却是在传送器中进行。

三、封罐设备

1. GT4B2 型真空自动封罐机

GT4B2 型真空自动封罐机是具有两对卷边滚轮单头全自动真空封罐机，是国家罐头机械定型产品，目前大量应用于我国各罐头厂的实罐车间，对各种圆形罐进行真空封罐。该机主要由自动送罐 1、自动配罐 2、卷边机头 4、卸罐 6、电气控制 5 等部分组成（图 7-13）。

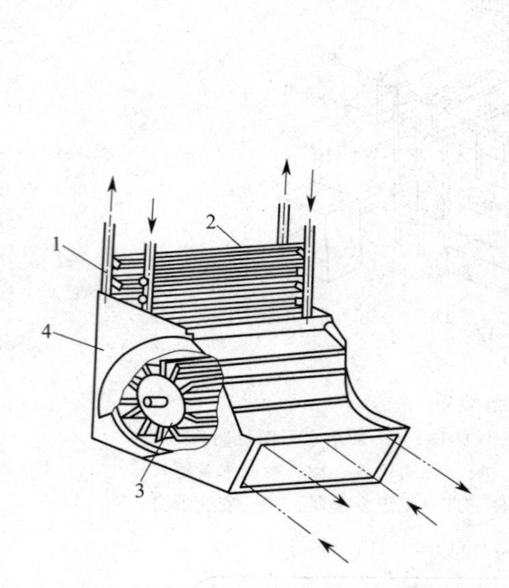

图 7-12　鼓形阀结构示意
1—输送链；2—运送器；
3—鼓形阀密封部；4—外壳

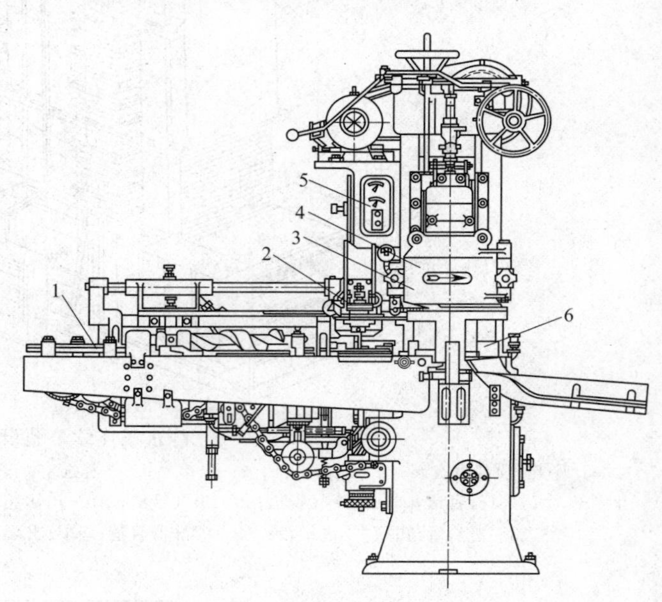

图 7-13　GT4B2 型真空自动封罐机外形
1—送罐；2—配罐；3—封罐机头；
4—卷边机头；5—电气控制；6—卸罐

2. 玻璃罐自动封罐机

瓶罐真空自动封罐机机头部分如图 7-14 所示，由进瓶转盘、封罐机头、机座、传动、电气等部分所组成，电动机通过三角皮带由摩擦离合器经蜗轮减速及齿轮、凸轮等传动各部分机械工作。工作凸轮 8 驱动弹簧臂 7，推动滚轮 23 进行封口。真空室采取瓶肩泡沫橡胶圈 15 密闭，抽空与排气由凸轮牵动控制阀。

当有瓶盖的玻璃瓶，由分瓶螺旋及进罐输送链送入星形拨盘 20 内，拨盘由槽轮控制，间歇地送入封口机头处，在托罐及压盖动作后，瓶罐固定不动，即由机头封口滚轮进行真空封口、复位后，仍由星形拨盘拨至出口处送出。

机头由顶部的齿轮传动，产生差动式转动。在外轴安装有工作凸轮 8，内套轴装有机头及滚轮把持器。卷边滚轮是通过曲臂 13、弹簧臂 7、压轮 2、偏心滚轮轴 10 等所构成的把持器，压轮 2 紧压于工作凸轮 8。滚轮装在偏心滚轮轴中与上压头配合。偏心滚轮轴 10 外侧有四圆孔，方便于进行调节。滚轮把持器通过其外侧的复位弹簧 3 及螺栓等压紧弹簧臂 7，使之在工作凸轮 8 作用后复位。考虑到玻璃瓶口尺寸误差大及脆性，所以下托盘 21 采用橡胶材料制成的。还有由压橡胶钢盘 14、泡沫橡胶圈 15 及螺栓 16 等所构成的缓冲材料。安装后密封盘 19 中央，在机头盘 11 下平面安装四个导正爪 9，这样使带有盖的瓶子，在下托盘作用下升起时，瓶盖相对稳定在瓶口上，同时，瓶罐不易碰破，在下托盘升起时，还牵动真空控制阀，抽空托盘凸轮旋转35°后，工作凸轮开始工作，使卷边滚轮进行径向进给，对瓶罐进行封口。调整封口强度时，通过松动锁紧螺栓24，拨动偏心滚轮轴10的侧孔，然后再锁紧螺栓24即可。工作凸轮的工作曲线是采用阿基米德螺旋线，工作角度45°，卷边滚轮工作圈数为9圈，工作压强671.3N，下托盘的弹力是392N。

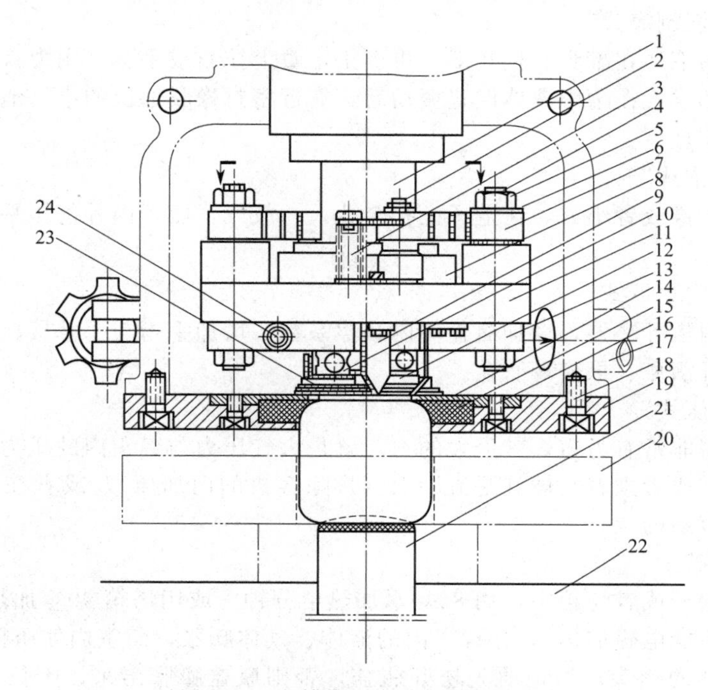

图7-14　瓶罐真空自动封罐机机头

1—凸轮套；2—压轮；3—复位弹簧；4—杠杆轴；5—杠杆轴螺母；6—轴垫；7—弹簧臂；8—工作凸轮；9—导正爪；10—偏心滚轮轴；11—机头盘；12—卡口；13—曲臂；14—压橡胶钢盘；15—泡沫橡胶圈；16—螺栓；17—真空管道（由托盘凸轮牵动错气阀控制）；18—密闭螺栓；19—密封盘；20—星形拨盘；21—橡胶下托盘；22—机座平台；23—滚轮；24—锁紧螺栓

【课后思考题】

（1）简述果蔬原料的预处理过程。
（2）详细叙述罐头的加工原理。
（3）果蔬罐头的杀菌技术有哪些？简述之。
（4）对果蔬罐头加工中常见的质量问题有哪些防治措施？
（5）罐头的杀菌设备有哪些？

【知识拓展】

罐头打不开怎么办

第1招："准备"

首先得准备保质期内的食品罐头。比如，内地的，就需要符合QB/T 4594—2013罐头瓶封装标准。

第 2 招："破掌式"

开罐头，靠的是指掌上下的功夫。总之，单手握力超过 60lb（1lb=0.45kg，下同）的，可以轻松对付市面上九成以上罐头。

第 3 招："破刀式"

小刀、剪刀之类，沿着瓶盖的马口铁边缘撬开，让罐头内外大气压保持平衡。

第 4 招："翻江倒海式"

倒过来灌口向下，在罐头底拍几下，再倒正，戴上抹布或手套，用力就能拧开盖子。利用的是，罐头顶部空气在罐中液体倒置振动后，靠近密封橡胶部位的小气泡破裂导致短时间内局部密度增大原理。

第 5 招："改锥式"

找个尖尖的改锥或者小刀，在盖子上扎个孔，一放气，瓶子内外气压平衡了，就容易打开了。

第 6 招："独门兵器式"

同软塑胶的内齿开罐器，增加瓶盖侧内摩擦系数，增加手指与手掌接触面积，减轻压迫的疼痛，轻松旋开酒瓶、果酱等瓶盖。

第 7 招："破压式"

罐头"吸"得非常有力道，其最大的力，就是大气压力与罐头内的压力差。在珠穆朗玛峰高度上开罐头，或者坐着气球到平流层上（排除客机的内加压），或者在真空实验室用机械手帮忙，都很容易的。

第 8 招："热破式"

把罐头放在锅子或者烤箱中，用 80℃水加热半分钟，或用烤箱 90℃加热 2min（发热管辐射加热，千万不能电磁加热），让罐子内的液体、气体膨胀，与室内气压接近就可以打开。如果你喜欢吃煮熟的罐头，切记要先松开瓶盖，否则瓶盖膨胀出来，不仅烫，照样还是打不开。

项目八　果蔬汁和果蔬粉加工技术

【知识目标】

（1）掌握果蔬汁的各种分类方法。

（2）掌握果蔬汁加工的原料要求及合适品种。

（3）掌握澄清果汁、混浊果汁和浓缩果汁的基本概念。

（4）掌握果蔬汁的加工工艺、操作要点及常见问题的解决方法。

【技能目标】

（1）会讲解果蔬汁加工的分类方法及其加工原料的技术要求。

（2）能够分析果蔬汁加工工艺、操作要点及常见问题的解决方法。

【必备知识】

（1）果蔬汁工业的加工现状及发展趋势。

（2）果蔬汁榨汁的理论基础。

（3）常见的食品加工机械设备的结构、工作原理、技术要点等。

近年来，我国果蔬汁加工业有了较大发展，果蔬汁已成为果蔬的重要加工方法，随着果蔬汁加工技术的不断进步，果蔬汁产品也越来越多样化。很多企业引进了先进的加工生产线，采用了一些先进的加工技术，如无菌包装技术、膜分离技术等大大提高了果蔬汁的质量和口味。目前受市场欢迎的主要果蔬汁加工新品种有：浓缩果汁、NFC 果蔬汁、复合果蔬汁、果肉饮料等。

将果蔬加工成固体果蔬粉的加工方式越来越受到重视。果蔬粉就是将新鲜果蔬用热风干燥或真空冷冻干燥后，粉碎成粉末状，其水分含量低于 6%，不仅能最大限度地利用原料，而且这种产品易贮藏、运输。果蔬粉还能应用到食品加工的各个领域，用于提高产品的营养成分、改善产品的色泽和风味，以及丰富产品的品种等。主要可用于面食、膨化食品、肉制品、固体饮料、乳制品、婴幼儿食品、调味品、糖果制品、焙烤制品和方便面等，如现有的南瓜粉、番茄粉、蒜粉、葱粉、猕猴桃粉等等，这些粉颗粒很大，使用时还不太方便，而且制粉时温度较高，破坏了果蔬的营养成分、色泽及风味。目前果蔬粉加工正朝着超微粉碎的方向发展。果蔬汁低温干制再经过超微粉碎后，颗粒可以达到微米级，食用时更方便，口感更好，其营养更容易消化，膳食纤维可以得到更好利用，减少了废渣，符合当今食品行业的“高效、优质、环保”的发展方向。

任务一　学习果蔬汁种类

果蔬汁一般指天然汁，天然的果蔬汁与人工配制的果蔬汁饮料在成分和营养上截然不同，前者为营养丰富的保健食品，而后者纯属嗜好性饮料。果蔬汁通常是新鲜果实中取出的汁液，营养成分除一部分损失外，非常接近于新鲜果实。

一、果蔬汁分类

1. 按形状和浓度分

果汁依其形状和浓度大致可分为天然果蔬汁、浓缩果蔬汁、果饴和果蔬汁粉四大类。

（1）天然果蔬汁　又称原果蔬汁，是由新鲜水果蔬菜直接制取的汁液（或原汁）。按其透明与否可分为澄清果蔬汁和混浊果蔬汁两种。

① 澄清果蔬汁。澄清果蔬汁也称为透明果蔬汁，透明果蔬汁体态澄清、无悬浮颗粒。原料经过提取后所得的汁液经过滤、静置或加澄清剂后，即可得到澄清透明果蔬汁。这种果蔬汁由于组织微粒、果胶质等部分被除去，虽然制品的稳定性高，但营养损失较大。常见的产品有苹果汁、梨汁、葡萄汁和一些浆果等。

② 混浊果蔬汁。混浊果蔬汁的外观呈混浊均匀的液态，是果蔬汁内含有果肉微粒，同时又保留了一定数量的植物胶质所致。其制作工艺与清汁有所不同，不经澄清处理，但需经过高压均质等处理。故风味、色泽和营养价值都较清汁好。常见的有橙汁、番茄汁、胡萝卜汁等。

（2）浓缩果蔬汁　原果蔬汁经蒸发或冷冻，或其他适当的方法，使其浓度提高到20°Bx以上的浓厚果汁不得加糖、色素、防腐剂、香料、乳化剂及人工甜味剂等添加剂。浓缩1～6倍不等，可溶性固形物有的可高达60%～75%。

（3）果饴（加糖果蔬汁、果蔬汁糖浆）果饴是在原果蔬汁中加入大量食糖或在糖浆中加入一定比例的果蔬汁而配制成的产品，一般含糖高，也有含酸高者。通常可溶性固形物为45%和60%两种。我国市场上的鲜橘原汁为35%以上，总酸度为0.3%～0.6%。

（4）果蔬汁粉　果蔬汁粉是浓缩果蔬汁或果蔬汁糖浆通过喷雾干燥法制成的脱水干燥产品，含水量1%～3%。常见产品有橙汁粉番茄粉等。

2. 按产品中果蔬汁的比例分

按产品中果蔬汁加入的比例，习惯上分成果汁、菜汁两大类。

（1）果汁　我国果汁及其饮料有9类，分别是果汁、果浆、浓缩果汁、浓缩果浆、果肉饮料（果浆含量不低于20%～30%）、果汁饮料［果汁含量不低于10%（质量体积比）］、果粒果汁饮料［果汁含量不低于10%（质量体积比），果粒不低于5%（质量体积比）］、水果饮料浓浆（以稀释复原后果汁含量不低于5%）、水果饮料（果汁含量不低于5%）。

（2）菜汁　蔬菜汁及蔬菜汁饮料（品）类，包括蔬菜汁、蔬菜汁饮料、复合果蔬汁、发酵蔬菜汁饮料、食用菌饮料、藻类饮料、蕨类饮料。

二、果蔬汁工业发展趋势

果蔬汁工业发展极其迅速，新产品不断开发，今后的发展趋势主要有：

1. 鲜果汁

鲜果汁产品不经浓缩，直接由水果榨汁后配制，果汁从果实中获得后立即进行巴氏杀菌，热处理时间短，温度低，较好地保留了果汁的原有风味和营养成分。

2. 浓缩果汁

浓缩果汁糖度高，体积小，贮运方便，可以节省大量的贮运包装成本，在国际贸易中仍然是最受欢迎的产品。主要有苹果汁、橙汁、葡萄汁、番茄（汁）浆、凤梨汁等。

3. 特色果蔬汁

特色果蔬汁包括如杨梅、猕猴桃、刺梨等特产果汁。另外，混合果汁（复合果汁）、强化果汁、带肉果汁等亦会有强劲的势头。

任务二　学习果蔬汁和果蔬粉加工技术

一、果蔬汁对原料的要求

优质果蔬汁必须选择优质的制汁原料，采用合理的加工技术才能得到。在一定的技术条件下，只有采用合适的原料种类品种，才能得到优良制品。加工果蔬汁的原料要求美好的风味（酸甜适口）和香味、无异味、色泽美好而稳定、糖酸比合适，并且在加工贮藏中能保持这些优良的品质。要求出汁率高，取汁容易。果蔬汁加工对原料的果形大小和形状虽无严格要求，但对成熟强度要求较严，严格说，未成熟或过熟的果品、蔬菜均不合适。此外，果蔬汁原料特别要强调新鲜、无霉变和腐烂。

常见果汁原料有柑橘类、苹果、凤梨、葡萄、桃、热带水果（番石榴、芒果）、其他水果（猕猴桃、山楂）。橙汁是世界产量最大的果汁，尤以冷冻浓缩橙汁为多。橙汁对原料总的要求是：果实大小均匀一致，以便于机械榨汁；果皮厚度适当，有足够的韧度；果实出汁率高；糖、酸含量适当；果肉色泽浓、维生素 C 含量高；无过多苦味，要求自然成熟。世界范围内常用的品种有伏令夏橙、凤梨橙、吉发橙、化州橙、地中海甜橙、米切尔橙等。我国的先锋橙、锦橙和细皮广柑等也是适宜品种。

常见蔬菜汁原料有番茄、菠菜、胡萝卜等。番茄汁是蔬菜汁的主要种类，要求原料色泽鲜红、番茄红素含量高，果实红熟一致，无青肩或青斑、黄斑等；胎座红色或粉红色，种子周围胶状物最好为红色，梗洼木质化程度小，果蒂小而浅；果实可溶性固体物含量高，维生素 C 含量高，风味浓，pH 低。我国大多仍是酱、汁兼用种，常采用大量的杂种一代，但总体要符合上述要求。番茄制汁成熟度要求特别严格，过熟的果实常会产生“沙味感”，但未熟果也没有良好的风味。

二、榨汁理论基础

榨汁是果蔬汁生产的关键环节，原料破碎、打浆后，要进行榨汁前处理，然后进入榨汁和浸提工艺。

果蔬榨汁应根据果蔬的结构、果蔬汁的含量、特点及成品品质要求等选择适当的榨汁工艺技术和设备。

果蔬的出汁率取决于原料的种类、品种、质地、新鲜度、成熟度、榨汁方法及榨汁效能等。其既反映果蔬自身的加工性状，又反映加工设备的压榨性能。

出汁率还受挤压压力、果蔬破碎度、挤压层厚度、预排汁、挤压温度及时间、挤压速度等影响。其中挤压层厚度、果蔬破碎度对出汁率有重要影响。榨汁温度高，果蔬汁流动性强，出汁率会增加。挤压压力对出汁率的影响因受其他因素的限制而结论不一。理论上讲，原料破碎程度越大，被破坏的细胞越多，出汁率越大，但破碎度过大，会破坏果蔬汁液外流的毛细管流通道，反而降低出汁率，因此破碎度大小必须合适；对于含汁液多的果蔬，原料破碎后，榨汁机最好能进行预排汁作业，会大大提高出汁率和榨汁效率。事实上，影响果浆出汁率的各种因素是共同起作用的，而其中任何一个因素的变化，都可能使出汁率随之产生很大的变化。

为改善果蔬浆的组织结构，缩短榨汁时间并提高出汁率，常使用一些榨汁助剂如硅藻土、稻糠、珠光岩、人造纤维、木纤维等。榨汁助剂的添加量取决于助剂本身的种类、性质、果蔬浆的组织结构、机械的工作方式等。

在榨汁中，常常用汁液获得量与原果浆总质量的比值表示出汁率。在浸提法中，也有用可溶性固形物获得量与可溶性固形物总含量的比值表示出汁率的。

简单的出汁率计算方法为：$出汁率=\frac{榨出的果蔬汁质量\ (kg)}{原果蔬\ (果浆)\ 质量}\times 100\%$

三、各种果蔬汁加工技术

1. 工艺流程

果蔬汁加工工艺流程：

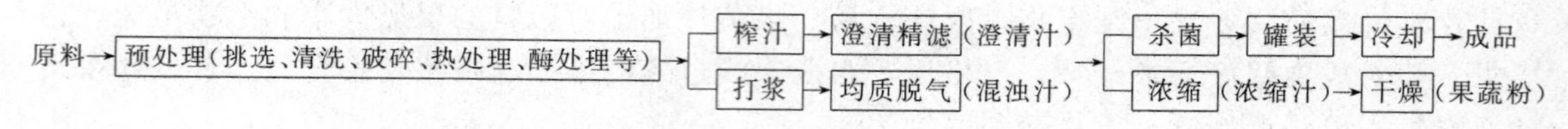

2. 榨汁前预处理

(1) 挑选与清洗　为了保证果汁的质量，也为了保证压榨的顺利进行，原料必须进行挑选，剔除霉变果、腐烂果、未成熟和受伤变质的果实。清洗是减少杂质污染、降低微生物污染和农药残留的重要措施，特别是带皮压榨的原料更应注意洗涤，洗涤一般先浸泡后喷淋或流动水冲洗。对于农药残留较多的果实，洗涤时可加用稀盐酸溶液或脂肪酸系洗涤剂进行处理。

(2) 破碎　许多果蔬如苹果、梨、菠萝、葡萄、胡萝卜等榨汁前常需破碎，特别是皮和果肉致密的果蔬，更需要破碎来提高出汁率，这是因为果实的汁液均含于细胞质内，只有打破细胞壁才可取出汁液。但果实破碎必须适度，过度细小，使肉质变成糊状，造成压榨时外层的果蔬汁很快地被压出，形成一厚饼，使内层的果蔬汁反而不易出来，造成出汁率降低。破碎程度视种类品种不同而异。苹果、梨、菠萝等用辊压机破碎时，碎片以 3～4mm 大小为宜；草莓和葡萄以 2～3mm 为好；樱桃可破碎成 5mm；番茄等浆果则可大些，只需破碎成几块即可。

果蔬破碎采用破碎机、磨碎机，有辊压式、锤磨和打浆机等。不同的果蔬种类采用不同的机械。

(3) 加热处理和酶处理　许多果蔬破碎后、取汁前需进行热处理，其目的在于提高出汁率和品质。因为加热使细胞原生质中的蛋白质凝固，改变细胞的结构，同时使果肉软化，果胶部分水解，降低了果汁黏度。另外，加热抑制多种酶类，如果胶酶、多酚氧化酶、脂肪氧化酶、过氧化氢酶等，从而不使产品发生分层、变色、产生异味等不良变化。再者，对于一些含水溶性色素的果蔬，加热有利于色素的提取，如杨梅、山楂、红色葡萄等。柑橘类果实中的宽皮橘类加热有利于去皮，橙类有利于降低精油含量，胡萝卜等具有不良风味的果蔬，加热有利于除去不良气味，如将对切的胡萝卜置于一定的食用酸溶液中煮即可基本除去特殊臭味。

果胶酶和纤维素、半纤维素酶可使果肉组织分解，提高出汁率。使用时，应注意与破碎后的果蔬组织充分混合，根据原料品种控制其用量，根据酶的性质不同掌握适当的 pH、温度和作用时间。相反，酶制剂的品种和用量不适合，有时同样会降低果蔬汁品质和产量。

(4) 榨汁、打浆　果蔬榨汁有压榨和浸提法两种，制取带肉果汁或混浊果汁有时采用打浆法，大多果蔬含有丰富的汁液，故以压榨法为多用。仅在山楂、李、干果、乌梅等果干采用浸提法。杨梅、草莓等浆果有时也用浸提法来改善色泽和风味。国外已采用低温浸提法，温度为40～60℃，时间为1h左右，效果较好。

榨汁工艺要求时间短，以防止和减轻果蔬汁色香味和营养成分的损失。尽量选用适合原料加工的先进的榨汁设备。

(5) 澄清　果蔬汁为复杂的多分散相系统，它含有细小的果肉粒子，胶态或分子状态及离子状态的溶解物质，这些粒子是果蔬汁混浊的原因。在澄清汁的生产中，它们影响产品的稳定性，须加以去除。

① 澄清方法

a. 酶法。酶法澄清是利用果胶酶等来分解果汁中的果胶物质和淀粉等达到澄清目的。酶法无营养素损失，而且试剂用量少，效果好。常用的商品酶制剂有果胶酶，此外还有一定数量的淀粉酶等。

大多数果蔬汁中含有0.2%～0.5%的果胶物质，它具有强烈的水合能力，阻碍果汁的澄清，而果蔬汁中的悬浮颗粒一旦失去果胶胶体的保护，很容易沉降。因此使用果胶酶，使果汁中的果胶物质降解，生成聚半乳糖醛酸和其他产物，而失去胶凝作用，混浊物颗粒就会相互聚集，形成絮状物沉淀。使用果胶酶应注意反应温度与处理时间，通常控制在55℃以下。反应的最佳pH因果胶酶种类不同而异，一般在弱酸条件下进行，pH为3.5～5.5。酶制剂溶液的制备：将商品酶制剂在装有搅拌器的不锈钢容器中，在40～50℃下溶于水，配成2%～10%的溶液，配制后即可应用。酶制剂的加入最好用计量泵法，在果汁压榨粗滤之后立即加入，此法保证果蔬汁和酶液的良好混合，缩短澄清时间。另外，酶制剂溶液也可预先加于澄清槽内，果汁一加入就起作用，之后搅拌均匀，保温。

酶制剂的用量依果蔬汁的种类及酶的种类而异。表8-1是几种常见果汁的酶制剂用量，准确用量还需做预试验。

表8-1　几种常见果汁澄清中酶制剂用量

单位：聚半乳糖醛酸活性/L果汁

果汁种类	用量	果汁种类	用量
苹果汁	3000～5000	葡萄汁	2000～3000
草莓汁	4000～8000	黑穗醋栗汁	4000～6000
李汁	6000～8000	乌饭树汁	4000～6000
树莓汁	3000～5000	甜、酸樱桃汁	2000～4000

b. 明胶-鞣质法。此法适用于苹果、梨、葡萄、山楂等果汁，它们含有较多的鞣质物质。明胶或鱼胶、干酪素等蛋白物质，可与鞣质酸盐形成络合物，此络合物沉降的同时，果汁中的悬浮颗粒亦被缠绕而随之沉降。另外，试验证明果汁中的果胶、鞣质及多聚戊糖等带负电荷，酸性介质中明胶、蛋白质、纤维素等则带正电荷，这样，正负电荷的相互作用，促使胶体物质不稳定而沉降，果汁得以澄清。

明胶和鞣质必须是食用级的，明胶以酸法制取者为优，使用时用冷水浸胀2～3h，之后加热至50～60℃，配制后放置5h左右，过长和过短均不利于澄清。常用明胶液浓度可配成3%左右。

明胶和鞣质在果汁中的用量取决于果汁种类、品种及成熟度和明胶质量。常用明胶100～300mg/L果汁，鞣质90～120mg/L果汁。如苹果汁一般明胶加入量在80～100mg/L果汁。使用时需预先试验，加入明胶和鞣质后产生大量的片状凝絮，2h内可发生沉降。

影响此法澄清效果的主要因素为温度、果蔬 pH 及明胶的等电点。较酸性和温度较低的条件下易澄清，以 3～10℃为佳。不足之处在于对含花色苷的果汁会发生部分褪色，高温下澄清时间过长，果汁易发酵。

c. 皂土法。亦称膨润土，有 Na-膨润土、Ca-膨润土和酸性膨润土三种，只有通过试验才能确定某一种合适的膨润土。在果汁的 pH 范围内，它呈负电荷，它可以通过吸附作用和离子交换作用去除果汁中多余的蛋白质，防止由于加入过量明胶而引起的混浊。它还可以去除酶类、鞣质、残留农药、生物胺、气味物质和滋味物质等。其缺点为释放金属离子、吸附色素和具有脱酸作用。

果汁中的常用量为 0.25～1g/L 果汁，温度以 40～50℃为宜。使用前应用水将膨润土充分吸胀几小时，形成悬浮液。

d. 硅胶。为胶体状的硅酸水溶液，二氧化硅的含量在 29%～31%，pH9.0～10.0。在果汁中加入一定量的硅胶溶液。加温（40～50℃）有利于加速澄清，此法可吸附和除去过剩的明胶，而这种多余的明胶若不除去常使果汁在贮藏中出现混浊，特别在 20℃以下贮藏时更甚。另外还可以吸附多酚物质和糠醛等。

e. 酶、明胶联合澄清法。对于仁果类果汁，此法应用最多，如苹果汁其方法为：新鲜的压榨汁采用离心或直接用酶制剂处理 30～60min，之后加入必需数量的明胶溶液，静置1～2h 或更长时间，接着用皂土处理和硅藻土过滤。当果汁中鞣质物质含量很高时，为了防止它们对果胶酶的抑制作用，也可先加入明胶。其终点可通过测定黏度的方法来确定。研究表明，此法酶的作用意义还在于破坏了少量的淀粉和纤维素，一般成熟度采收时，仁果类含有 1%～2%的淀粉。若含量很高时，可将淀粉酶和果胶酶一起使用。

澄清注意事项。澄清在酶解完全结束后进行，生产上的澄清需先进行小样试验，为避免明胶溶入果汁，澄清温度应控制在 40℃以下，澄清后果汁应进行后混浊检验。果汁加热至 80℃，然后在－18℃下冻结，大约 1h 后解冻观察，果汁应保持澄清透明；若果汁混浊，则有产生后混浊的危险，需要再查找引起混浊的原因。

f. 物理澄清法

a）加热澄清法。将果汁在 80～90s 内加热至 80～82℃，然后急速冷却至室温，由于温度的剧变，果汁中蛋白质和其他胶质变性凝固析出，从而达到澄清目的。但一般不能完全澄清，加热也会损失一部分芳香物质。

b）冷冻澄清法。将果汁急速冷冻，一部分胶体溶液完全或部分被破坏而变成无定形的沉淀，此沉淀可在解冻后滤去，另一部分保持胶体性质的也可用其他方法过滤除去，但此法要达到完全澄清也属不易。

② 澄清效果的检验

a. 果胶检验。从车间取酶解后的果汁（注意取样代表性）→滤纸过滤→清亮果汁→每份果汁加 1～2 份 96%酸化酒精（用 1% H_2SO_4 或 HCl 酸化）→混匀→沉淀→有果胶→继续果胶酶解→无沉淀→进入下一道工序

b. 淀粉检验

前述样品加热至 80℃上（未进行过加热处理的果汁）→冷却至室温→

变蓝色：有淀粉

↑

取 5mL 果汁→加 2～4 滴 1%碘和 10%碘化钾混合液→变褐色：淀粉降解不完全

↓

变黄色：无淀粉→进入下一道工序

（6）过滤　为了得到澄清透明且稳定的果蔬汁，澄清之后的果蔬汁必须过滤，目的在于除去细小的悬浮物质。设备主要有硅藻土过滤机、纤维过滤器、板框压滤机、真空过滤器、离心分离机及膜分离等。过滤速度受到过滤器孔大小、施加压力、果蔬汁黏度、悬浮颗粒的密度和大小、果蔬汁的温度等的影响。无论采用哪一种类型的过滤器，都必须减少压缩性的组织碎片淤塞滤孔，以提高过滤效果。

① 硅藻土过滤机过滤。它是果汁、果酒及其他澄清饮料生产使用较多的方法。硅藻土具有很大的表面积，既可作过滤介质，又可以把它预涂在带筛孔的空心滤框中，形成厚度约1mm的过滤层，具有阻挡和吸附悬浮颗粒的作用。它来源广泛，价格低廉，过滤效果好，因而在小型果汁生产企业中广泛应用。

硅藻土过滤机由过滤器、计量泵、输液泵以及连接的管路组成。过滤器的滤片平行排列，结构为两边紧附着细金属丝网的板框，滤片被滤罐罩在里面。

② 板框过滤机过滤。它是另一用途广泛的方法，它的过滤部分由带有两个通液环的过滤片组成，过滤片的框架由滤纸板密封相隔形成一连串的过滤腔，过滤依所形成的压力差而达到。过滤量和过滤能力由过滤板数量、压力和流出量控制。该机也是目前常用的分离设备之一，特别是近年来常作为果汁超滤澄清的前处理设备，对减轻超滤设备的压力十分重要。

③ 离心分离。离心分离利用高速离心机强大的离心力达到分离的目的，在高速转动的离心机内悬浮颗粒得以分离，有自动排渣和间隙性排渣两种。亦是澄清果汁生产的最常用方法，有离心过滤、离心沉降和离心分离三种。在果汁澄清中常用离心分离，主要有碟片式离心机、螺旋式离心分离机

④ 真空过滤。真空过滤是加压过滤的相反例子，主要利用压力差来达到过滤目的。过滤前的真空过滤器的滤筛上涂一层厚6.7cm的硅藻土，滤筛部分浸在果汁中，过滤器以一定速度转动，均一地把果汁带入整个过滤筛表面。过滤器内的真空使过滤器顶部和底部果汁有效地渗过助滤剂，损失很少。由一特殊阀门来保持过滤器内的真空和果汁的流出。过滤器内的真空度一般维持在84.6kPa。

⑤ 膜分离技术。这是近几年来发展起来的新兴技术，但已在果汁加工业中显示出了很好的前景。在果汁澄清工艺中所采用的膜主要是超滤膜，膜材料有陶瓷膜、聚砜膜、磺化聚砜膜、聚丙烯腈膜等。用超滤膜澄清的果汁无论从外观上还是从加工特性上都优于其他澄清方法制得的澄清汁。超滤分离由于其材料、断面物理状态的不同，在果汁生产上的应用也不同。平板式超滤膜组件在目前使用的较为广泛。其原理和形式与常规的过滤设备相类似，优点是膜的装填密度高、结构紧凑牢固、能承受高压、工艺成熟、换膜方便、操作费用较低。但浓差极化的控制较困难，特别是在处理悬浮颗粒含量高的液体时，膜常会被堵塞。另一种在果汁分离工艺中广泛应用的是陶瓷处理膜，该膜具有耐高温、耐酸碱、耐化学腐蚀、不需经常更换等优点，因上述优点，该类膜已成为当今果汁超滤大规模生产的主要材料。但该材料一次性投资较大，更换膜材料技术要求较高。

（7）调整和混合　为了改进果蔬汁风味，增加营养、色泽，常需进行调整和混合，它包括加糖、酸、维生素和其他添加剂，或将不同的果蔬汁进行混合调配生产复合果蔬汁等。除了番茄、柑橘、苹果等常以100％原果汁饮用外，大多数果蔬汁均加糖、酸、水等稀释成各种饮料。

① 糖酸调整。先调糖后调酸，一般用蔗糖和柠檬酸。加入比例因不同原汁、不同风味而异。按下式计算出糖浆和酸溶液的用量。

$$X=W(B-C)/(D-B)$$

式中　X——需加入的浓糖液（酸液）的量，kg；

D——浓糖液（酸液）的浓度,%；

W——调整前原果蔬汁的质量，kg；

C——调整前原果蔬汁的含糖（酸）量,%；

B——要求调整后果蔬汁的含糖（酸）量,%。

② 混合。许多果蔬虽然单独制汁有优良的品质，但与其他种类或品种进行混合则更好，可以取长补短。混合的目的是改善风味、营养及色泽。例如，甜橙汁可与苹果、杏、葡萄汁混合；苹果汁常在品种之间进行混合；宽皮橘类虽色泽红，但缺少香味且风味平淡，常与甜橙、菠萝及其他种热带水果混合；以番茄为基料，适合与菠菜、芹菜、胡萝卜等几乎所有蔬菜汁混合。有时果品蔬菜也可混合。目前，将果蔬汁与牛奶混合等，大大提高了营养，改善了风味。混合后的产品需进一步均质，防止分层、褐变等现象。

（8）均质　生产混浊果蔬汁如柑橘汁、番茄汁、胡萝卜汁等或生产带肉果汁时，为了防止产生固液分离，降低产品的品质，常进行均质处理。均质是将果蔬汁通过一定的设备使其中的细小颗粒进一步细微化，使果胶和果蔬汁亲和，保持果蔬汁均一稳定的外观的过程。常用的均质设备有高压均质机、胶体磨等。

（9）脱气　果蔬细胞间隙存在着大量的空气，在原料的破碎、取汁、均质和搅拌、输送等工序中要混入大量的空气，所以得到的果汁中含有大量的氧气、二氧化碳、氮气等。这些气体以溶解形式在细微粒子表面吸附着，也许有一小部分以果汁的化学成分形式存在。这些气体中的氧气可导致果汁营养成分的损失和色泽的变差，因此必须去除，这一工序称脱气或去氧。脱气即采用一定的机械和化学方法除去果蔬汁中气体的工艺过程。脱气的方法有加热法、真空法、化学法、充氮置换法等，且常结合在一起使用，如真空脱气时，常将果汁适当加热。

① 真空脱气。真空脱气原理是气体在液体内的溶解度与该气体在液面上的分压成正比。果汁进行真空脱气时，液面上的压力逐渐降低，溶解在果汁中的气体不断逸出，直至总压降到果汁的蒸气压时，已达平衡状态，此时几乎所有气体都已被排除。

真空脱气将果蔬汁在40～50℃下和0.6MPa左右的真空度下处理，打浆后的果汁中90%的空气可被除去。设备由真空泵、脱气罐（图8-1）和螺杆泵组成。真空脱气机的喷头有喷雾式、离心式和薄膜式三种，无论哪种形式，目的都在于增加要脱气的果蔬汁的表面积，增加脱气效果。

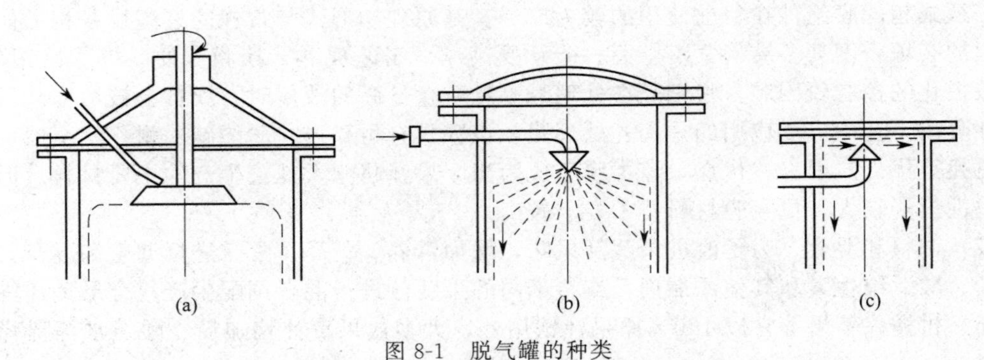

图8-1　脱气罐的种类

（a）离心式喷雾；（b）加压式喷雾；（c）薄膜式喷雾

真空脱气在一定的温度下效果更好，其最佳条件是在某一温度下产品不沸腾时尽量提高真空度，掌握在低于此真空度沸点的3～5℃为原则。

真空脱气的缺点是在脱气的同时有很多的低沸点芳香物质被汽化而除去，同时果蔬汁中的少量水分也被蒸发除去。因此，对于那些芳香的果蔬，特别是一些热带果品，可以安装芳香回收装置，将气体冷凝，再将冷凝液作为香料回加到产品中。

② 置换法。吸附的气体通过 N_2、CO_2 等惰性气体的置换被排除，为了完成这一设想而专门设计的一种装置如图 8-2 所示。通过穿孔喷射（直径 0.36mm），被压缩的氮气以小气泡形式分布在液体流中，液体内的空气被置换除去。液体流在旋流喷射容器中，对着折流板冲去并以阶梯式蒸发形式形成薄层，从容器壁上流下来。每升果汁充入 0.9～0.7L 氮气后，氧气含量可降低到饱和值的 5%～10%。用 CO_2 来排除空气实际上要比氮气困难些。

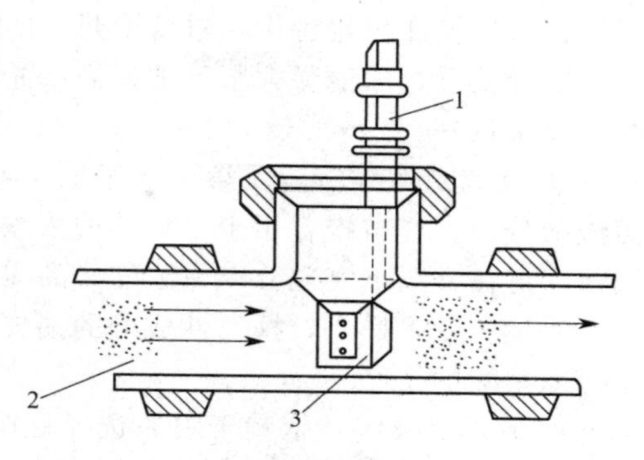

图 8-2　气体分配头

1—氮气进入管；2—果汁导入管；3—穿孔喷雾

③ 化学脱气法。利用一些抗氧化剂或需氧的酶类作为脱气剂，效果甚好。对果汁加入抗坏血酸即可起脱气作用，但应注意此药品不适合在含花色苷丰富的果蔬汁中应用。

在果蔬汁中加入葡萄糖氧化酶也可以起良好的脱气作用，β-D-吡喃型葡萄糖脱氢酶是一种典型的需氧脱气酶，可氧化葡萄糖成葡萄糖酸，同时耗氧达到脱气目的。反应如下：

$$\text{葡萄糖} + O_2 + H_2O \longrightarrow \text{葡萄糖酸} + H_2O_2$$

$$H_2O_2 \longrightarrow H_2O + 1/2O_2$$

（10）浓缩　浓缩果蔬汁是由澄清果蔬汁经脱水浓缩后制得的，饮用时一般要稀释。浓缩果蔬汁较之直接饮用汁具有很多优点。它容量小，可溶性固形物可高达 65%～75%，可节省包装和运输费用，便于贮运；糖、酸含量的提高，增加了产品的保藏性；浓缩汁用途广泛。因此，近年来产量增加很快，橙汁、苹果汁、菠萝汁和番茄汁尤以浓缩形式为多。

理想的浓缩果蔬汁，在稀释和复原后，应和原果蔬汁的风味、色泽、混浊度相似，因而加热的温度、果蔬汁在浓缩机内的停留时间就显得重要，目前所采用的浓缩方法按其所用设备原理，可以分成真空浓缩法（真空低温浓缩法、真空高温瞬时浓缩法、真空闪蒸浓缩法），反渗透和超滤浓缩法及冷冻浓缩法。

① 真空浓缩法。是浓缩汁生产的主要方法，有降膜式浓缩机，对于带肉果汁、番茄酱等则可采用盘管和强制循环式，高浓缩度果蔬汁用搅拌薄膜式浓缩。真空浓缩设备由蒸发器、真空冷凝器和附属设备组成。蒸发器由加热器和果汁气液分离器组成。常用的主要有：

a. 强制循环式浓缩。利用泵和搅拌桨机械地使果蔬汁循环，加热管内的流速为 2～4m/s，在管内呈沸腾状态，液面高度控制到分离注入处，其水垢生成较少，传热系数大。用于因热变化少的番茄汁的浓缩。第一效强制循环，第二效自然循环，对于冷破碎番茄汁，适合于高黏度和浓度 25%～27%的果蔬汁浓缩，它可与降膜式蒸发器连用，放在第一作最终浓缩用。

b. 降膜式浓缩。物料从蒸发器入口流入后，在真空条件下扩散开，分布成薄层，同时分别流入排列整齐的加热管或板内，靠物料自身重力从上往下流动，部分水分便汽化成水蒸气逸出。为了减少蒸汽和冷却水的消耗、降低成本，生产上常选用多效系统。

c. 离心薄膜式浓缩。离心薄膜蒸发器为一回转圆锥体，需浓缩的果蔬汁，经进料口进入回转圆筒内，通过分配器的喷嘴进入圆锥体的加热表面，由于离心力的作用，形成了 0.1mm 以下的薄膜，瞬间蒸发浓缩，浓缩液被收集。

d. 真空闪蒸浓缩。真空闪蒸浓缩最大的特点是果汁浓缩时接触面大，热交换效率高。柑橘果汁经过高效热交换，分别在第一组热交换段预热，在第二组热交换段升温，在第三组热交换段达高温进行瞬时高温杀菌处理（95～120℃，3～20s），然后立即呈雾状喷射进入真空蒸发室中，并迅速释放热量，进行闪蒸浓缩，由于迅速脱水使果汁瞬间冷却，果汁可快速降温。采用该法可避免果汁过度受热，防止出现加热臭，并完全消除褐变现象，但必须配置芳香回收装置，才能最大限度地提高产品的色、香、味，这一技术对热敏性的果蔬汁进行浓缩，效果良好。

② 反渗透浓缩法。反渗透浓缩是一种现代膜分离技术，曾广泛地用于海水淡化和一些溶液的分离，亦被推荐用于果蔬汁的浓缩。与传统的蒸发浓缩相比，它有如下的优点：不需加热，可在常温下实现分离或浓缩，品质变化较少；在密封回路中操作，不受氧气的影响；在不发生相变下操作，挥发性成分的损失相对较少；节能，所需能量约为蒸发浓缩的1/17，是冷冻浓缩的1/2。

a. 原理。反渗透依赖于膜的选择性筛分作用，以压力差为推动力，水分透过，而其他组分不能透过，从而达到浓缩的目的。通用的组件有管式、板框式、中空纤维式等。其优缺点相差很大，管式装置易控制浓差极化，而板框式和中空纤维式有投资低、产量大的优点。

b. 影响反渗透浓缩的主要因素有：

a）浓差极化。所有的分离过程均会产生这一现象，在膜分离中它的影响特别严重。当分子混合物由推动力带到膜表面时，水分子透过，另外一些分子被阻止，这就导致在临近膜表面的边界层中被阻组分的集聚和透过组分的降低，这种现象即为浓差极化。它的产生使透过速度显著衰减，削弱膜的分离特性。工程上主要有加大流速、装设湍流促进器、脉冲法、搅拌法、流化床强化、提高扩散系数等方法。

b）膜的特性及适用性。不同材质的膜有不同的适用性，介质的化学性质对膜的效果有一定的影响，如醋酸纤维素膜在pH4～5之间，水解速度最小，在强酸和强碱中水解加剧。柑橘汁中有报道使用醋酸纤维素膜、聚丙烯腈系列膜。

c）操作条件。一般来说，操作压力越大，一定膜面积上透水速率越大，但这又受到膜的性质和组件特性的影响，而且，同一种膜在低压和高压下的反应不一样。理论上随温度升高，反渗透速度增加，但果蔬汁大多为热敏物质，应控制温度在40～50℃时为宜。

d）果蔬汁的种类性质。果蔬汁的化学成分、果浆含量和可溶性固形物的初始浓度对透汁速度影响很大。果汁中果浆含量提高不利于反渗透的进行，可溶性固形物含量高也同样不宜，这是因为浓度高，渗透压大、黏度大、溶质间作用力大，透过物质的回扩散加强，浓差极化也严重。

③ 冷冻浓缩法。果蔬汁的冷冻浓缩应用了冰晶与水溶液的固、液相平衡原理。当水溶液中所含溶质浓度低于共熔浓度时，溶液被冷却后，水（溶剂）部分成冰晶析出，剩余溶液中的溶质浓度则由于冰晶数量的增加和冷冻次数的增加而提高，溶液的浓度逐渐增加，及至某一温度，被浓缩的溶液以全部冻结而告终，这一温度即为低共熔点或共晶点。实验表明，温州蜜柑果汁的共晶点为－35℃。即理论上冷冻浓缩能达到的最终浓度为40～50°Brix。冷冻浓缩能生产最好质量的产品，但亦有一些问题，如能耗高、设备价格高、产品浓缩度低；酶没有被有效钝化；分离时一部分果蔬汁损失等。

果蔬汁冷冻浓缩包括结晶（冰晶的形成）、重结晶（冰晶的成长）、分离（冰晶与液相分开）及果蔬汁回收四个步骤。结晶过程以两种形式进行，一种为在管式、板式、转鼓式及带式设备中进行所谓的界面渐进冷冻法，另一种为在搅拌的冰晶悬浮液中进行悬浮冻结。果蔬汁中以前者为好，可以形成一个整体的冰结晶，固液界面小，使母液与冰晶的分离较易。在冰晶成长期，要求冰晶尽可能大、大小尽量均匀一致、形状最好为球形。研究表明，冻结速度慢，冰晶形状大；果汁浓度低，形状大。冰晶的分离主要有离心法、压榨法和过滤法几种。果汁的回收则主要有喷水清洗法、反渗透法等。

(11) 干燥　果蔬汁含有85%的水分，制成粉末具有很多优点，大量的柑橘类、桃汁、番茄汁已被制成果蔬粉，果汁粉和菜汁粉是方便的婴幼儿食品。但有一点也须明确，干燥并不能增进制品质量，只能最大限度地保留原有的色香味。应用冷冻干燥有可能更好地达到这一目的，常用的干燥方法有喷雾干燥、滚筒干燥等。

(12) 杀菌和包装　传统的罐藏果蔬汁常以灌装、密封、杀菌的工艺进行加工。现代工艺则先杀菌后灌装，亦大量采用无菌灌装方法进行加工。

① 果蔬汁杀菌。杀菌的目的一是消灭微生物防止发酵；二是钝化各种酶类，避免各种不良的变化。果蔬汁杀菌的微生物对象为酵母和霉菌，酵母在66℃下1min，霉菌在80℃下20min即可被杀灭。杀菌方法有：巴氏杀菌（62～65℃，30min）；高温短时杀菌HTST（80～85℃，15s以上）；超高温瞬时杀菌UHT（120℃以上，3～10s）。一般的巴氏杀菌条件为80℃下30min，故可保证杀灭。但对于混浊果蔬汁，此杀菌温度和时间并不合适，很易产生煮过的怪味，色泽和香味损失也较大。大多数引起品质败坏的酶如果胶酯酶88℃下1min才可被钝化，因此要防止酶的变质须在88℃下保持60～90s。因此采用高温短时或超高温瞬时杀菌。

果汁的杀菌则依赖于热交换器，主要有管式、片式和刮板式几种。

② 果蔬汁的灌装。现代生产上的灌装方式有：

a. 传统灌装法。将果蔬汁加热到85℃以上，趁热装罐（瓶），密封，在适当的温度下进行杀菌，之后冷却。此法产品的加热时间较长，品质下降较明显，但对设备投入不大，要求不高，在高酸性果汁中有时可获得较好的产品。

b. 热灌装。将果蔬汁在高温短时或超高温瞬时杀菌，之后趁热灌入已预先消毒的洁净瓶内或罐内，趁热密封，之后倒瓶处理，冷却。此法较常用于高酸性的果汁及果汁饮料，亦适合于茶饮料。目前较通用的果汁灌装条件为杀菌135℃、3～5s，85℃以上热灌装，倒瓶10～20s，冷却到38℃。

c. 无菌灌装。它包括产品的杀菌和无菌充填密封两部分，为了保证充填和密封时的无菌状态，还须进行机器、充填室等的杀菌和空气的无菌处理。

a）产品的杀菌。果蔬汁用高温短时杀菌，从而保持营养成分和色泽、风味。在pH＜4.5的果汁中，采用85～95℃、10～15s，pH＞4.5的产品，则用135～150℃、2～3s的工艺。

b）无菌包装容器及杀菌。容器依次有复合纸容器、塑料容器（先制成容器后杀菌罐装或同时成形杀菌罐装两种）、复合塑料薄膜袋、金属罐（马口铁、铝和易开盖罐）、玻璃瓶。包装容器的杀菌可采用热杀菌（热空气、过热蒸汽等）、辐射杀菌（紫外线、γ射线等）、化学药物杀菌（H_2O_2、环氧乙烷等），也可以几种方法联合在一起使用。

c）周围环境的无菌。必须保持连接处、阀门、热交换器、均质机、泵等的密封性和保持整个系统的正压。操作结束后用CIP装置，加0.5%～2%的氢氧化钠热溶液循环洗涤，稀盐酸中和，然后用热蒸汽杀菌。无菌室须用高效空气滤菌器处理，达到一定的卫生标准。

③ 果蔬汁的包装。良好的包装不仅能保护果蔬汁的优良品质，更能促进其销售。传统的直接饮用果蔬汁采用金属罐或玻璃瓶，无菌包装则采用纸塑复合材料，近十年来，由于PET（聚酯塑料）瓶特别是耐高温PET瓶的开发，使其在果蔬汁的应用上有了广泛的前景。要求包装容器和材料应具有一定的化学稳定性，不与内容物起化学反应；对人体无害；具有良好的综合性防护功能；加工性能好，资源丰富，成本低廉，能满足工业化生产的需要。另外要求材料新颖、美观、轻便、便于携带。

任务三　学习果蔬汁中常见质量问题及控制措施

一、影响果蔬汁质量的因素

果蔬汁的加工工艺会影响其化学成分。无论是制造澄清型还是制造含果肉（混浊）型果蔬汁，果蔬原料中的可溶性固形物成分几乎全部进入原汁中，如糖、酸、自由氨基酸、抗坏血酸、B族维生素、大部分矿物质和酚类物质等都是如此。不易溶解或根本不溶解的化学成分则或多或少地留在榨汁残渣中，如多糖（可溶性果胶除外）、脂类物质、类胡萝卜素等等。

果蔬汁的化学成分无论在其制造过程中还是贮存过程中都会发生变化。因此在果蔬汁中果蔬原料的典型成分含量有些增加了，有些减少了，有些成分消失了，同时还出现了一些果蔬原料所没有的新的化学成分。

制造工艺和贮存条件实际上对果蔬汁的含糖量、含酸量和水溶性矿物质含量并无影响，也就是说，在制造和贮存后果蔬汁中的这些化学成分的含量变化极小，可以忽略不计。

热处理和贮存能使果蔬汁的颜色、滋味和香味发生变化并使它的营养价值下降，即维生素C的含量下降。

酶主要作用于下列果蔬汁成分：蛋白质、果胶、芳香成分、矿物质、酚类物质和抗坏血酸。在酶的作用下，果蔬汁的果胶含量会大幅度地下降。例如，在酶反应之后，苹果汁含1g/L左右的半乳糖醛酸，红葡萄原汁和白葡萄原汁甚至含有高达3g/L左右的半乳糖醛酸。

糖的发酵和微生物的活动能够使果蔬汁内出现少量的乙醇、丙三醇、乳酸、挥发酸和其他气味物质成分，而这些成分在果蔬原料中并不存在。

1. 物理影响因素

从机械的和微生物的角度衡量，果蔬原料总是不够清洁的。因而首先要将果蔬原料进行彻底的同时又是谨慎小心的清洗和拣选，尽可能地把原料中的污垢（如土、树叶等其他异物等等）、微生物和腐败的果蔬个体的数量降到尽可能低的数值。清洗和拣选后，果蔬原料中活的微生物数量至少必须降低到初始数值的1%～10%。

在生产果蔬原汁、浆时，人们采用机械破碎、压榨、浸提、打浆或其他物理工艺方法来制造果蔬原汁。在破碎前往往还要预煮或预热果蔬原料。破碎后的果蔬原料即果浆泥在组织、稠度和其他方面都会产生一些有利的变化，如组织变软、黏度下降、有效成分溶解、色素溶入原汁中等等。

采用离心分离设备和过滤设备并结合物理-化学净化工艺能够使果蔬原汁获得令人满意的澄清度。它可以完全除去澄清果蔬原汁中的混浊物即不可溶颗粒，可以把含果肉果蔬原汁的混浊物含量降低到允许的范围之内。为了进一步降低混浊物颗粒的尺寸，还可以把经打浆、细碎或湿磨后得到的果蔬浆用胶体磨再进行一次均质。

果浆泥（即破碎后榨汁前的浆状果蔬原料）具有的一个典型性质是非常容易腐败。收获后未受损伤的完整果蔬个体即便贮存了一段较长的时间，还是具有相当的抵抗微生物侵袭的能力的。例如，苹果在放置了1个月之后仍不会受微生物侵害。但是果浆泥则全然不同，即便是刚刚破碎了的新鲜果浆泥或刚刚制得的果蔬原汁，也立即处于迅速腐败的危险之中。腐败微生物来自原料、周围空气和机械设备，而果浆泥或果蔬汁为这些微生物的生长繁殖提供了良好的营养条件。在新鲜果浆泥和果蔬原汁中，活动的微生物的数量可以达到10^4～10^8个/L。

此外，在未受损伤的完整果蔬个体中，酶被细胞壁隔开存在于细胞中。在果浆泥和果蔬汁中，酶从破碎的细胞组织中逸出，可以无阻碍地进行反应，因而酶的活动大大增加。由于大多数酶反应对果蔬汁质量的影响都是不利的，所以尽可能地在破碎原料时或在破碎原料后立即钝化果蔬原料自身含有的酶，以抑制酶反应是非常必要的。常用的钝化酶的方法是迅速地将果浆泥进行短时高温处理，或者用二氧化硫来抑制酶的活性。在现代化的果蔬汁饮料制造企业内，由于工艺先进，酶对产品质量造成的危害是相当小的。

通过各种不同的物理性保藏能够防止果蔬汁饮料产生微生物腐败。例如热处理（巴氏杀菌、高温杀菌）、脱水（浓缩、干燥）、无菌过滤和二氧化碳压力贮存等等均有这种作用。在一定的条件下也可以采用化学防腐剂来防止果蔬汁饮料产生微生物腐败，例如在食品添加剂标准允许的情况下可以采用化学防腐剂。

2. 化学影响因素和酶影响因素

果蔬原汁的制造工艺基本上是根据它的化学影响因素和酶影响因素确定的。如上所述，在未受损伤的完整果蔬个体中，生物化学反应速度相当缓慢；但在原料破碎的一刹那，果蔬体内的各种化学、酶和微生物的过程便突然加速，相互影响，引起一系列连锁反应。其中最主要的是被从果蔬细胞中逸出的酶所催化的各种氧化反应。当然，进行酶催化反应的先决条件是必须有氧气参加。氧气存在于植物的细胞内和周围空气中。在破碎过程中和破碎后，果浆泥会不断摄取空气中的氧气。在榨汁、离心分离、过滤、灌注等后续作业中，果蔬汁仍然不断与空气接触摄入氧气。氧化反应往往是引起果蔬汁质量（颜色、香味、滋味和化学成分）剧烈下降的主要原因。因此，在考虑果蔬汁制造工艺时，必须对产生不利影响的氧化反应例如酶促褐变反应采取有效的阻止或抑制措施。

（1）酶促褐变　在制造果蔬汁的过程中，果蔬组织被破坏，各种酶从细胞中逸出，果蔬汁（浆）内的酶反应迅速。以果蔬汁加工工艺而言，最重要的氧化还原酶是下列三种酶，催化聚酚物质氧化反应的酚氧化酶、催化抗坏血酸分解反应的抗坏血酸氧化酶和破坏由需氧脱水酶催化而成的过氧化氢的过氧化物酶。当植物组织被破坏时，上述几种氧化酶能催化一系列反应，使酚转变为褐色化合物。

在有空气氧存在时，聚酚物质，特别是其中的儿茶素、无色花色素、羟基肉桂酸、黄酮类化合物等的氧化反应会受到多酚氧化酶的催化，转变为褐色缩合物。这一类氧化反应往往还会引起果蔬原汁的滋味、香味以及其他质量参数的不利变化。

在果蔬汁中，氧化酶几乎仅仅存在果肉颗粒（混浊物）上。所以，尽管果蔬汁的果肉含量很低，但果肉的酶含量却很高。仁果类水果和葡萄含有丰富的多酚氧化酶，其他浆果类水果和柑橘类水果的氧化酶含量却很低。在多酚氧化酶的催化下，儿茶素在几分钟内就可以氧化为褐色化合物。过氧化物酶的催化作用要弱得多。如果抗坏血酸被消耗完了，果蔬原汁中就会出现褐色物质。

（2）非酶褐变　果蔬汁在贮存过程中还会出现非酶褐变反应，即美拉德反应。参加非酶褐变的主要化学成分是氨基酸、氨基化合物和还原糖（主要是葡萄糖），此外还有糖醛酸、抗坏血酸和其他成分。非酶褐变反应的第一步是氨基与糖的羟基结合，再经过复杂的聚缩反应，最终形成高分子的褐色物质（类黑素）。

非酶褐变反应还释放二氧化碳。存在氧（空气）时，非酶褐变反应速度会大大增加。当然不存在氧时，果蔬汁也会产生非酶褐变反应，只不过反应速度非常缓慢而已。除氧气外，非酶褐变反应速度还受到以下因素的强烈影响。温度与作用时间、pH、参加反应的化学成分、贮存条件（温度、时间）等等。由于非酶褐变反应速度随固形物含量的增加而增加，所以与果蔬汁相比，果蔬浓缩汁更容易产生非酶褐变反应。非酶褐变反应同样会导致果蔬汁的感官质量（颜色、香味、滋味）和营养价值（维生素C含量）下降。

目前，人们采用的防止非酶褐变的方法是：①限制各制造和贮存工艺的温度和作用时间；②二氧化硫处理；③隔绝氧气。

（3）芳香成分变化　在酶的作用下，水果和蔬菜中的初级芳香物质会转变成芳香物质。同样，在制造果蔬原汁时，酶也是将芳香物质转变成其他物质的主要因素。

如上所述，在完整的未受伤的果蔬个体中，酶仅位于植物细胞内，酶反应过程是受植物调节系统的控制的。一旦植物组织被破坏，便立即开始种种反应速度极高的酶过程。首先，水解酶在酶-水解过程中把酯类分解成酸类物质和乙醇，然后这些物质在氧的作用下又进行酶-氧化反应，进一步转变为气味和滋味都很浓烈的醛、醇和酸。

所以，果蔬原汁的芳香成分往往与果蔬原料的典型芳香成分有很大的不同。在加工和贮存过程中，果蔬原料的天然芳香成分有些增加了，有的减少了，有的不复存在。此外还出现了一些新的气味物质。例如，苹果中含有大量的酯类物质，但是把苹果制成果蔬原汁后酯类物质就被水解酶分解成酸类物质和乙醇；因而苹果原汁的主要芳香成分是乙醇。一般来说，水果的典型芳香成分主要是酯类物质。如果酯类物质分解，水果的滋味和香味就会根据酯的分解程度产生相应的不利变化。

3. 微生物影响因素

在果蔬汁的整个制造过程中，微生物自始至终都可能影响其质量。

即便是采用效果良好的清洗作业，在果蔬原料上总还残留着一部分、甚至一大部分微生物。所以在清洗以后的一系列加工工序中，存在于原料、果蔬汁内的大量活体的微生物就会进行生命活动而生长繁殖。在极限情况下，微生物就会导致果蔬汁发酵或霉变。

微生物活动对果蔬汁质量的影响是很大的。例如，苹果酸被乳酸菌分解为生物酸（主要是乳酸），就是一个典型的微生物性酸分解过程，从而致使苹果原汁含有一股类似乳清的令人厌恶的异味（金属罐味）。由于微生物参与果蔬汁生物性酸分解过程，因而也会使果蔬汁出现异色。

除了细菌之外，酵母菌和霉菌的活动也会引起果蔬汁质量的变化。相对而言，酵母菌不耐热，在较低的热处理温度下或较短的热处理时间内便会死亡；而霉菌则相反，比较耐热。但是霉菌的生长繁殖必须在有氧的环境下进行，在制造果蔬原汁时必须了解这一点。

为了把因微生物活动而导致的果蔬汁的质量下降减到最低程度，就必须在生产过程的每一个阶段严格控制细菌、酵母菌和霉菌的生命活动。在严格的控制条件下，某些果蔬制品的加工工艺必须保证对制品质量产生有利作用的微生物活动，例如在制造水果酒时的酒精发酵和在制造某些发酵蔬菜汁时的乳酸发酵的过程。

除了上述特殊情况外，对制造果蔬汁的每道工序的一个主要工艺要求是：保证最大限度地减少活体微生物的数量和限制微生物的繁殖生长，尽可能地使残留微生物总数保持在最小的范围内。在考虑、选择和执行各个工艺步骤时，在确定各个工艺参数时，都必须牢牢记住这样一个原则：不仅要减少活着的微生物的数量，而且必须要尽可能地创造不利于微生物生命活动和繁殖的条件。微生物的侵染和繁殖引起的败坏可表现在变味（馊味、酸味、臭味、酒精味和霉味），也可引起长霉和混浊。应采取以下措施防止：

（1）采用新鲜、无霉烂、无病虫害的果实原料。

（2）注意原料的洗涤消毒。

（3）严格车间、设备、管道、工器具等的消毒，缩短工艺流程的时间。

(4) 果汁灌装后封口要严密。

(5) 杀菌要彻底。

4. 混浊和沉淀

澄清果汁要求汁液透明，混浊果汁要求有均匀的混浊度。但澄清果蔬汁在加工之后贮藏、流通过程中常发生混浊甚至沉淀；混浊果蔬汁有时会出现分层或沉淀现象。这样大大降低了产品的商品性。其主要原因是澄清处理中澄清剂用量不当或处理时间不够，使果胶或淀粉分解或除去不完全、蛋白质过量、花色素及其前体物质被氧化或微生物污染等，造成了后混浊；而混浊果蔬汁是由果胶、蛋白质等亲水胶体物质组成的复杂胶体系统，其 pH、离子强度，尤其是保护胶体稳定性物质的种类与用量不同等，都会对混浊果蔬汁的稳定性产生影响。

因此对于澄清果汁应严格澄清处理的操作，必须澄清效果满意后方可进行过滤；而混浊果蔬汁为多相不稳定体系，保持均匀一致的质地对品质至关重要。要使混浊果蔬汁稳定，就要使其颗粒沉降速度尽可能降至零。其下沉速度一般认为遵循斯托克斯公式。

带肉果汁或混浊果汁：
$$V=\frac{d^2\ (\rho_1-\rho_2)\ g}{18\eta}$$

式中　V——沉降速度；

g——重力加速度；

d——混浊物质颗粒半径；

ρ_1——颗粒的密度；

ρ_2——液体（分散介质）的密度；

η——液体（分散介质）的黏度。

值得指出的是果蔬汁的稳定性并不严格按照托克斯方程，因为果蔬汁是一个复杂的胶体体系。但可以从减小固体颗粒体积、减少固体颗粒与果蔬汁体系的密度差及增大果蔬汁黏度等方面来考虑提高混浊果蔬汁的稳定性。所以一方面要掌握好均质处理的压力和时间，另一方面要配合使用好稳定剂（如黄原胶、海藻酸钠、明胶、CMC 等）的种类和用量。金属离子螯合剂往往也是混浊果蔬汁稳定剂不可缺少的成分。

二、各种影响因素的作用

在制造果蔬汁时，上述所有影响因素相互影响、共同作用。在从原料至成品、贮藏、流通的整个过程中，各种物理的、化学的和微生物的过程不中断地同时或交替相互作用于果蔬汁。了解这些因素的共同的复合作用后，在选择制造工艺时就可以在每一步工序中采取对抗性制约措施，必须尽可能地减少果蔬汁的质量损害，即尽可能地保持果蔬原料中含有的天然营养成分和各种有利于果蔬汁质量的天然化学成分。

三、预防措施

现代果蔬汁制造工艺的最重要的问题，是如何根据原料和产品的特有性质以最佳方案来控制酶对果蔬汁质量的影响。

(1) 应该将刚刚破碎的果浆泥或新鲜果蔬原汁进行相应的适度热处理，以迅速钝化各种酶类。但仁果类水果往往是例外，可以不用钝化酶。对含果肉果蔬原汁，需在 90℃ 的温度下钝化多酚氧化酶，钝化时间为 0.24～0.59min。果浆泥的酶钝化温度相同，但需要较长的钝化时间，为几分钟。

(2) 在整个生产过程中，以破碎作业开始直至成品灌注和容器封口作业，要尽可能地减少氧气与果浆泥（仁果类水果原汁例外）和果蔬原汁的接触。在生产中往往采用下列方法达到这一目的：

① 尽可能地在封闭的无氧或贫氧环境下进行各个作业，如压榨、离心分离、过滤、灌注等等。

② 尽可能地缩短作业时间，以使果浆泥和果蔬原汁与空气氧的接触时间尽可能地少。

③ 添加还原性的物质，前者如抗坏血酸。

④ 通过空气处理、惰性气体包装和特殊灌注系统，减少溶解在果蔬原汁中的氧气的数量。可以在法律许可的界限内使用还原剂，例如在食品添加剂使用标准的允许范围内使用二氧化硫等还原剂。但是必须注意，目前在葡萄酒制造工艺上采用的还原处理工艺，用于果蔬原汁往往不能取得令人满意的效果。

(3) 对于仁果类水果，尤其是苹果，从形成芳香成分、改善榨汁性能的角度出发，在榨汁前和榨汁过程中进行一定限度的酶-氧化反应是有利的。但此后的氧化反应即便对仁果类水果原汁也是不利的。

(4) 防止金属杂质污染，对果蔬原汁质量同样也具有重要意义。重金属盐，尤其是铜盐会催化抗坏血酸分解反应。某些金属，例如锌、铁、铝等，会与聚酚物质结合形成有色的化合物，使果蔬原汁产生不利的颜色变化。金属杂质还会使果蔬原汁产生不利的滋味变化。因此制造果蔬原汁用的所有机器、设备、管道、附件等一切金属部件的与果蔬原汁直接接触的部分，都必须用耐酸的不锈钢或用其他非金属材料制造，如塑料等。

任务四　学习发酵蔬菜汁制造技术

目前，乳酸发酵蔬菜汁已是一种非常重要的制造蔬菜汁饮料的半成品。由于它有比较好的保健作用，目前已被广泛地用于各种特种营养食品和保健食品中。重要的乳酸发酵蔬菜原料首推甘蓝，还有胡萝卜、甜菜、芹菜和番茄等。乳酸发酵制造工艺有天然发酵法和人工添加乳酸菌发酵法，即乳酸菌发酵法。

一、天然发酵法

以甘蓝（卷心菜）为例，介绍天然发酵法。

对甘蓝原料的要求是成熟、叶片包紧和叶片尽可能地薄。原料到厂后，应该尽可能快地加工。首先用机械钻孔，除去粗茎，然后去除最外层松动的叶片，把甘蓝切成薄薄的、长度为 1～2cm 的小条，置入大型耐酸容器中，均匀地一层层地撒入 2%～2.5%的食盐，尽可能地压实甘蓝。在此过程中，也可以添加其他辅料。在添料时，必须排除容器中的空气。压紧了的甘蓝会进行预排汁，也能挤出一部分空气。装好甘蓝后，放入一个灌水的聚乙烯袋，水层厚度在 35cm 左右，大约产生 350kgf/m^2 的符合工艺要求的挤压压力，同时防止外界空气进入甘蓝中。食盐使切成小块的甘蓝叶的水分迅速从组织中逸出，同时产生质壁分离现象。

甘蓝发酵的第一步是生成许多碳酸。甘蓝叶片呼吸作用的微生物发酵（异型发酵乳酸菌和酵母菌）产生碳酸。CO_2的逸出形成了缺氧的条件，可以抑制霉菌和不利于乳酸发酵的酵母菌的繁殖，还有利于保存甘蓝中的维生素 C。在 16～20℃的温度下，3d 后出现乳酸发酵现象，3～6 周后完成乳酸发酵过程。

目前，一般认为，参与甘蓝自然发酵的微生物主要是异型发酵乳酸菌，如肠膜状明串珠菌、产气杆菌、短乳杆菌等等。异型发酵乳酸菌大量繁殖，最后生成乳酸。在 pH 达到 5 左右时，甘蓝中出现乳酸，接着还生成醋酸、丙酸和蚁酸，以及少量的乙醇、丙醇和其他醇类、芳香物质。

如果甘蓝完全发酵，不再含有糖分，那么将发酵后的甘蓝泵往榨汁机榨汁。然后再离心分离、脱气、85℃巴氏杀菌、冷却至室温、灌装并在2℃冷藏。

二、乳酸菌发酵法

采用乳酸菌发酵法可以做到迅速而连续地进行蔬菜果浆泥乳酸发酵。前面各项工序如上，清洗、拣选、去皮、破碎、果浆泥加热至105～110℃、短时保温、冷却至35～45℃。接着将果浆泥泵入容器中，添加各种可以产生乳酸的微生物，例如肠膜状明串珠菌、胚芽乳杆菌、短乳杆菌、戴氏芽孢杆菌等等。经10～24h，只要蔬菜果浆泥的pH在相当数量的生物酸、主要是乳酸的作用下降到了3.8～4.2，就立即将果浆泥进行榨汁，然后将榨得的乳酸发酵蔬菜原汁离心分离，排气，85℃巴氏杀菌，冷却到室温，无菌灌注并在2℃保存。

任务五　学习果蔬汁和果蔬粉生产实例

一、果蔬汁饮料加工技术

1. 工艺流程

果蔬汁饮料加工工艺流程：

原辅料→调配→均质→脱气→杀菌→灌装→成品

2. 原辅料

果蔬汁、果浆和浓缩果蔬汁（浆）是最主要的果蔬汁饮料原料。

主要的辅料有甜味剂、酸味剂、防腐剂、色素、香精及品质改良剂。甜味剂可采用白砂糖、果葡糖浆或淀粉糖浆，亦可用非营养性甜味剂如阿斯巴甜、甜蜜素等。常用的酸味剂有柠檬酸，苹果酸和琥珀酸可以改进口感。山梨酸钾和苯甲酸钠是常用的防腐剂。品质改良剂依目的不同有抗氧化剂，如抗坏血酸、异构抗坏血酸；络合或稳定用的柠檬酸钠、聚合磷酸盐、EDTA钠盐等；增稠剂如果胶、黄原胶、CMC、海藻酸钠及其系列产品等。

3. 技术要点

确定果蔬汁饮料的配方是调配的基础工作，果蔬汁饮料的最低果蔬汁含量需符合国家标准GB/T 10789—2015。糖酸比是另一重要的指标，一般果汁量在50%以上的糖酸比在20～25左右，而果汁量在10%～50%的则在25～40。

调配时甜味剂一般需配成浓糖浆过滤备用，依次加入甜味剂、防腐剂、酸味剂、色素和香精，加水定容。蔬菜汁特别是番茄汁有时需加食盐和谷氨酸钠调味。

果蔬汁饮料亦同样需进行均质、脱气来保证产品的稳定性。

灌装和杀菌与果蔬汁一样，有传统灌装法、热灌装和无菌灌装等。

二、蔬菜汁饮料生产实例（番茄汁）

工艺流程包括：

清洗→修整→破碎→预热→榨汁（或打浆）、加盐或与其他菜汁和调味料配合→脱气→杀菌→装罐→冷却

番茄果实在修整后建议用热破碎法以纯化果胶酶，保证产品稠度。榨汁以螺旋榨汁机为

好，混入的空气也较少。作为直接饮用汁，往往加盐0.5%左右，有直接加入或在装罐时加盐的方式，有时还加入50mg/kg左右的谷氨酸钠。然后均质、脱气，但均质有太细腻感，故有时不进行。番茄汁在118～122℃下杀菌40～60s，冷却至90～95℃，装罐密封。

番茄汁也可制成浓缩产品，还可以由浓缩番茄酱稀释后制成直接饮用产品。番茄汁是各种复合蔬菜汁的基本原料。

三、果品（原）汁生产实例（杏子甜果汁）

1. 工艺流程

果品原汁生产工艺流程：

原料选择 → 清洗 → 修整 → 切分、去核 → 预煮 → 打浆 → 均质 → 调配 → 加热 → 装罐 → 密封 → 杀菌、冷却

2. 加工技术

（1）原料选择　选择充分成熟、糖酸适度的新鲜果实作原料，除去伤烂等不合格果，不同品种应分开进行处理。

（2）清洗　用清水洗净果实表面泥沙等杂物，然后将果实倒入浓度为1%的盐水中浸泡5～10min，再在清水中漂洗去盐分。

（3）修整　用不锈钢水果刀修除伤疤、病虫疤及黑斑等，并摘除果梗。

（4）切分、去核　沿缝合线对半切开，用挖核刀除去果核。

（5）预煮　取浓度为22.5%的糖液，在夹层锅或铝锅中加热至沸，再倒入果块，比例为11∶9，搅拌煮制3～10min，煮软为度。

（6）打浆　用筛孔径为0.5～1mm的打浆机连续打浆2次，然后过滤，除去碎渣及粗纤维。

（7）均质　将打浆后的汁以140～180kgf/cm^{2}的压力进行均质。

（8）调配　均质后的汁，加浓度为70%的糖液或沸水，使糖度调至17%，用柠檬酸将酸度调至0.5%左右。

（9）加热　将杏子汁在夹层锅中迅速加热至75～80℃，搅拌均匀，趁热装罐。

（10）装罐　将杏汁趁热装入经洗净消毒后的玻璃罐，罐盖也需消毒。

（11）密封　在汁温不低于75℃时，旋紧罐盖。

（12）杀菌、冷却　将罐在沸水中煮4～6min，然后用冷水快速分段冷却；也可采用超高温瞬时杀菌。

3. 质量标准

（1）杏汁呈橙黄色或深黄色。

（2）具有杏汁罐头应有的风味，无异味。

（3）汁液混浊均匀，久置后，允许稍有沉淀。

（4）原果汁含量不低于45%，糖水浓度为15%～20%（按折光计），酸度为0.5%～1%（以苹果酸汁）。

4. 注意事项

（1）原料中应注意红杏和黄杏适当搭配。

（2）加工过程要快。为防止积压变色，特别是切半后的杏块变色，必须迅速预煮。

（3）加热时随时捞去泡沫。

四、番茄粉生产技术

1. 工艺流程

番茄粉生产工艺流程：

番茄浆料（泥状）→加配料→滚筒干燥→冷却→粉碎过筛→包装→成品

2. 制作方法

番茄浆料的制备方法，按番茄酱罐头生产工艺（见项目七）。

（1）滚筒干燥机由表面光滑的一个金属滚筒或由规格大小相同，工作时呈逆向同步转动的两个滚筒组成。进行干燥操作时，滚筒内部通入过热蒸汽（工作蒸汽压力可在1.2～2.8kgf/cm^{2}之间调整），使滚筒表面温度达到120～140℃，滚筒的一部分浸没在稠厚的浆料中或者将稠厚的浆料洒到两滚筒之间的间隙处，使物料呈薄层状附着在滚筒外表面进行干燥。当滚旋转3/4～7/8周时，物料已干到预期的程度，由附带的刮刀刮下，收集至盛器中。物料经冷却、粉碎过筛（80～100目）、称量、包装后即为成品。

（2）番茄浆料在未干燥前，为适应干燥工艺要求，降低成品吸湿性等，可使用淀粉等物料作为填充剂，均匀混入浆料中，再行干燥处理（淀粉用量以成品质量计，以不超过15%为宜），也可直接进行干燥。如果采用喷雾干燥技术制番茄粉，其浆料在喷雾干燥前，应进行均质（胶体磨或均质机100～130kgf/cm^{2}压力下均质），均质后的浆料真空浓缩至可溶性固形物达28%～30%（折光计法），再行调料处理便可进行喷雾干燥操作。在喷雾干燥过程中，应注意控制喷雾塔出口处热空气温度不要过高，以控制在75～80℃为佳。

任务六 学习果蔬汁加工的主要机械设备

一、清洗设备

食品原料在其生长、成熟、运输及贮藏过程中，会受到尘埃、沙土、微生物及其他污物的污染。因此，加工前必须进行清洗。

1. 浮洗机

浮洗机（图8-3）主要用来洗涤水果类原料，该设备一般配备流送槽输送原料，目前果汁生产线上常配此设备。它主要由洗槽、滚筒输送机、机架及传动装置构成。水果原料经流送槽预洗后，由提升机送入洗槽的前半部浸泡，然后经翻果轮拨入洗槽的后半部分，此处装有高压水管，其上分布有许多距离相同的小孔，高压水从小孔中喷出，使原料翻滚并与水摩擦，原料间也相互摩擦，从而洗净表面污物，由滚筒输送机带着离开洗槽经喷淋水管的高压喷淋水再度冲净，进入检选台检出烂果和修整有缺陷的原料，再经喷淋后送入下道工序。

辊筒输送机与带式输送机结构类似，只是其输送带是在两根链条中间安装了许多直径为76mm的圆柱辊筒，辊筒间距为10mm左右，当驱动链轮带动链条运动时，物料便在辊筒上向前滚动。输送机分为三段，下倾斜段的下部没在洗槽中，上倾斜段接入破碎机，中间水平段作为检选段。在倾斜段各装有四根喷淋水管，每根喷淋管各有两排呈90°的喷水孔。

2. 洗果机

洗果机是中小型企业较为理想的果品清洗机，其结构紧凑，清洗质量好，造价低，使用方便。

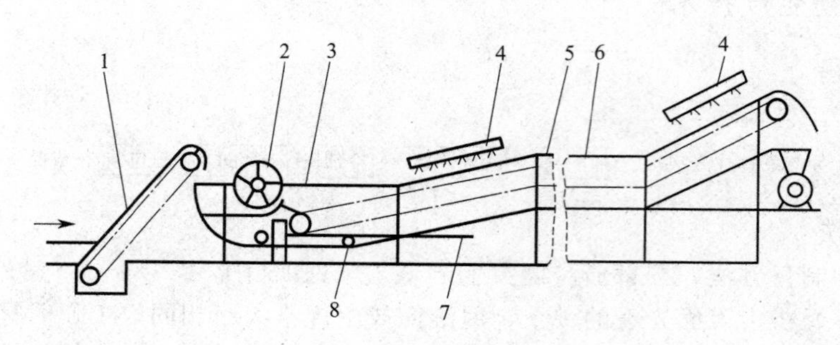

图 8-3　浮洗机

1—提升机；2—翻果轮；3—洗槽；4—喷淋水管；
5—检选台；6—滚筒输送机；7—高压水管；8—排水管

（1）结构　洗果机主要由洗槽、刷辊、喷水装置、出料翻斗及机架、传动装置等组成，如图 8-4 所示。

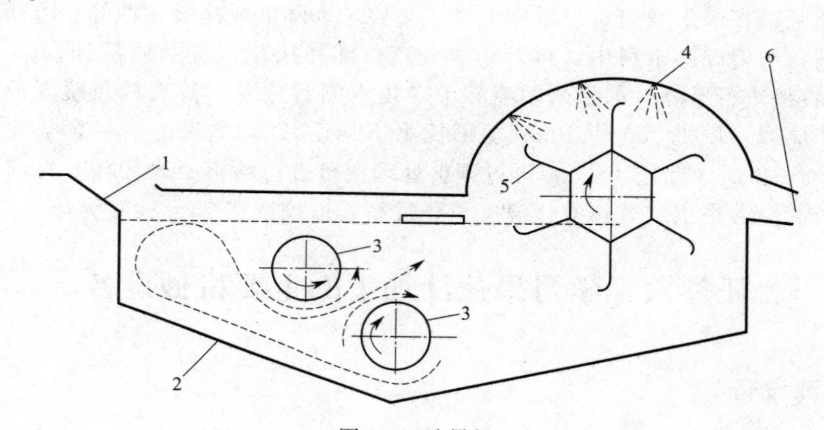

图 8-4　洗果机

1—进料口；2—洗槽；3—刷辊；4—喷水装置；5—出料装置；6—出料口

（2）工作过程　物料从进料口进入洗槽内，装在清洗槽上的两个刷辊旋转使洗槽中的水产生涡流，物料便在涡流中得到清洗。同时由于两刷辊之间间隙较窄，故液流速度较高，压力降低，被清洗物料在压力差作用下通过两刷辊间隙，在刷辊摩擦力作用下又经过一次刷洗。接着，物料被顺时针旋转的出料翻斗捞起，出料，在出料过程中又经高压水喷淋得以进一步清洗。

操作时，刷辊的转速需调整到能使两刷辊前后造成一定的压力差，以迫使被清洗物料通过两刷辊刷洗后能继续向上运动到出料翻斗处，被捞起出料。

该机生产效率高，生产能力可达 2000kg/h，破损率小于 2%，洗净率达 99%。

3. 鼓风式清洗机

（1）原理　鼓风式清洗机适合于果蔬原料的清洗。其清洗原理是用鼓风机把空气送入洗槽中，使洗槽中的水产生剧烈的翻动，对果蔬原料进行清洗。由于利用空气进行搅拌，因而既可加速污物从原料上洗除，又能在强烈的翻动下保护原料的完整性。

（2）主要结构　鼓风式清洗机的结构主要由洗槽、输送机、喷水装置、空气输送装置、支架及电动机、传动系统等组成，如图 8-5 所示。

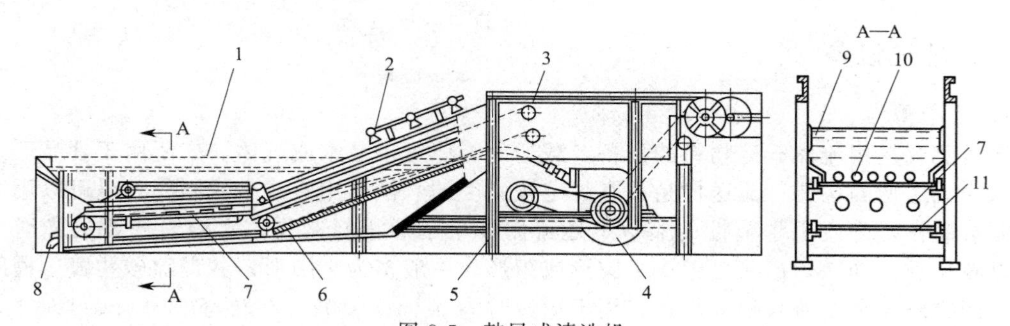

图 8-5　鼓风式清洗机

1—洗槽；2—喷水装置；3—压轮；4—鼓风机；5—支架；
6—链条；7—空气输送装置；8—排水管；9—斜槽；10—原料；11—输送机

洗槽的截面为长方形，送空气的吹泡管设在洗槽底部，由下向上将空气吹入洗槽中的清洗水中。原料进入洗槽，放置在输送机上。输送机的两边有链条，链条之间承载原料的输送带形式因原料而异，有采用滚筒形式的（如番茄等），有采用金属丝网的（如块茎类），有用平板上装刮板的（如水果类）等。输送机设计为两段水平输送，一段倾斜输送，第一段水平段处于洗槽的水面之下，用于浸洗原料，原料在此处被空气搅动，在水中上下翻滚，洗除泥垢；倾斜部分设置在中间，用于清水喷洗原料；第二段水平段处于洗槽之上，用于检查和修整原料。由洗槽溢出的水顺着两条斜槽排入下水道，污水从排水管排出。

（3）主要技术参数计算　鼓风式清洗机的生产能力，可用下式进行计算：

$$G=3600Bhv\rho\psi$$

式中　G——生产能力，kg/h；

B——链带宽度，m；

h——原料层高度，m；

v——链带速度，m/s（可取 0.12～0.16）；

ρ——物料的容积密度，kg/m^3；

ψ——链带上装料系数，0.6～0.7。

4. 滚筒式清洗机

（1）适合的物料　滚筒式清洗机适合清洗柑橘、橙、马铃薯等质地较硬的物料。

（2）原理　将原料置于清洗滚筒中，借清洗滚筒的转动，使原料在其中不断地翻转，同时用水管喷射高压水来冲洗翻动的原料，达到清洗的目的。

（3）滚筒式清洗机的结构　主要由清洗滚筒、喷水装置、机架和传动装置等组成。传动轴用轴承支承在机架上，其上固定有两个传动轮。在机架上另装有两根与传动轴平行的轴，其上有两个与传动轮对应的托轮，托轮可绕其轴自由转动。清洗滚筒用钻有许多小孔的薄钢板卷制而成，或用钢条排列焊成筒形，滚筒两端焊有两个金属圆环作为摩擦滚圈。滚筒被传动轮和托轮经摩擦滚圈托起在整个机架上。工作时，电动机经传动系统使传动轴和传动轮逆时针回转，由于摩擦力作用，传动轮驱动摩擦滚圈使整个滚筒顺时针回转。由于滚筒与水平线有 5°的倾角，所以在其旋转时，物料一边翻转一边向出料口移动，并受高压水冲刷而清洗。污水和泥沙由滚筒的网孔经底部集水斗排出。

该设备的生产能力取决于进料量、物料重量及滚筒滚动速度。一般物料从进口到出口需 1～1.5min。喷水压力愈大，冲洗效果愈好，一般喷水压力为 0.15～0.25MPa。喷头间距 150～200mm，滚筒倾斜角 5°，滚筒转速 8r/min，滚筒直径 1000mm，滚筒长度约 3500mm。

二、输送设备

1. 流送槽

流送装置是用流体载运物料的设备，载运的流体可以是水或气体。广泛用于食品厂。

（1）流送槽的构造　流送槽是具有一定倾斜度的水槽，用砖或水泥制作，也可以用木材或水泥板制作，为便于季节性的装拆，还可用硬聚乙烯板材制作。水槽内壁要求光滑、平整，以减小摩擦功耗，槽底可做成半圆形或矩形，一般多为半圆形，并设除砂装置。槽的倾斜度，即槽两端高度差与长度之比，用于输送时为 0.01～0.02，在转弯处为 0.011～0.015；用作冷却槽时为 0.008～0.01。为避免输送时造成死角，要求拐弯处的曲率半径应大于 3m。用水量为原料的 3～5 倍。水流速度为 0.5～0.8m/s。一般多用离心泵给水加压。操作时，槽中水为槽高的 75%。

（2）工作原理　流送槽是利用水为动力，把食品加工中的球状或块状物料，从一地输送到另一地的输送装置，在输送的同时还能完成浸泡、冲洗等作用。流送槽广泛用于番茄、蘑菇、菠萝、马铃薯、红橘等物料加工中的输送。

（3）计算　生产能力：

$$Q=Sv$$

式中　Q——混合物（物料加水），m^3/s；

S——混合物通过流送槽的有效截面积，m^2；

v——混合物流速，m/s。

① 混合物的流速

$$v=C\sqrt{Ri}$$

式中　C——粗糙系数；

R——水力半径。

$$R=S/L$$

式中　L——浸润周边。

对半圆来说：$$R=\frac{0.75\times0.5\pi r}{0.75\pi}=0.5r$$

对长方形来说：$$R=\frac{0.75ab}{1.5a+b}$$

式中　a——宽；

b——长。

对正方形来说：$$R=0.3a$$

② 流送槽的生产能力 q 的计算。令 $m=W/q$，表示混合物中水与物料之比，称为混合比系数，一般为 3～5。

流送槽的生产能力 q 可用下式计算：

$$q=\frac{1000s}{m+1}C\sqrt{Ri}$$

式中　q——物料流量，kg/s；

C——粗糙系数，可按经验公式计算：$C=\dfrac{6m+(m+1.1)}{m+1.1}$。

2. 带式输送机

（1）带式输送机原理与分类　带式输送机是食品工厂中采用最广泛的一种连续输送机

械。它用一根闭合环形输送带作牵引及承载构件，将其绕过并张紧于前、后两滚筒上，依靠输送带与驱动滚筒间的摩擦力使输送带产生连续运动，依靠输送带与物料间的摩擦力使物料随输送带一起运行，从而完成输送物料的任务。带式输送机常用于块状、颗粒状物料及整件物料水平方向或倾斜不大的方向运送，同时还可用作选择、检查、包装、清洗和预处理操作台等。

根据带式输送机的工作条件、工作要求和被输送物料的性质，可将带式输送机分为不同的类型。按支承装置的形式，可将其分为平形托辊输送机、槽形托辊输送机及气垫带式输送机等。按输送带的种类，可分为胶带式、帆布带式、塑料带式、钢带式和网带式等。胶带输送机在粮油工业中使用最广泛。依胶带表面形状，又可将其分为普通胶带输送机和花纹胶带输送机。按输送机机架结构形式，又可将带式输送机分为固定式和移动式两大类。

(2) 带式输送机的特点　带式输送机的优点是结构简单，自重轻，便于制造；输送路线布置灵活，适应性广，可输送多种物料；输送速度高，输送距离长，输送能力大，能耗低；可连续输送，工作平稳，不损伤被输送物料；操作简单，安全可靠，保养检修容易，维修管理费用低。

带式输送机的缺点是输送带易磨损，且成本大（约占输送机造价的40%）；需用大量滚动轴承；中间卸料时必须加装卸料装置；普通胶带式不适用于输送倾角过大的场合。

(3) 带式输送机的主要结构　如图8-6所示。

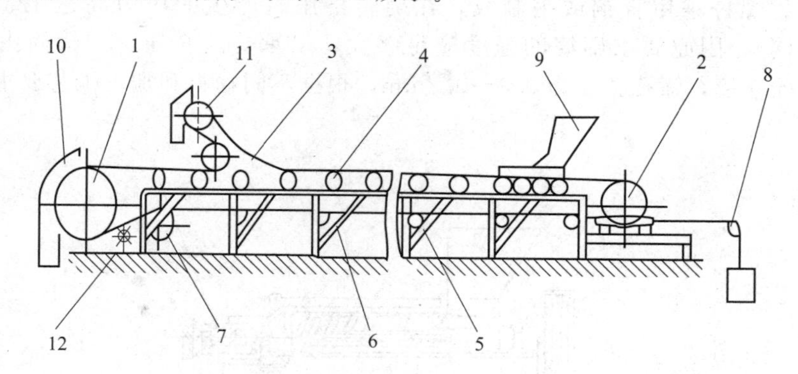

图8-6　带式输送机

1—驱动滚筒；2—张紧滚筒；3—输送带；4—上托辊；5—下托辊；6—机架；7—导向滚筒；8—张紧装置；9—进料斗；10—卸料装置；11—卸料小车；12—清扫装置

① 输送带。是主要部件，既是牵引构件又是承载构件。常用的输送带有以下几种。

a. 橡胶带（2～12层帆布）。挠性好，强度高，吸水性小，耐磨。橡胶带的连接方式有机械接头（钢卡）和硫化接头。

b. 钢带。强度高，耐高温，输送灼热且黏性大的物料，一般胶带不适应的场合才考虑。

c. 网状钢丝带。强度高，耐高温，使用于边运输边冲洗、固液分离、烘烤等场合。

② 托辊。对输送带及其上面的物料起承托的作用，使输送带运行平稳。板式带不用托辊。托辊分上托辊（即载运托辊），布置形式有平形（整件物料）和槽形（散状物料）；下托辊（空载托辊），多为平形布置。

③ 驱动装置。主要由电机、驱动滚筒、减速器、联轴器等组成。驱动滚筒是传递动力的主要部件，由钢板焊接成鼓形空心滚筒，其目的是自动纠正胶带的偏跑现象，滚筒的宽度比带宽100～200mm。

④ 张紧装置。在带式输送机中，由于输送带具有一定的延伸率，在拉力作用下，本身长度会增大。这个增加的长度需要得到补偿，否则带与驱动滚筒间不能紧密接触而打滑，使输送带无法正常运转。张紧装置的作用是保证输送带具有足够的张力，以便使输送带和驱动滚筒间产生必要的摩擦力以保证输送机正常运转。常用的张紧装置有重锤式（较长）、螺旋式（用以较短带式）和压力弹簧式等。对于输送距离较短的输送机，张紧装置可直接装在输送带的从动辊筒的支承轴上，而对于较长的输送机则需设专用的张紧辊。

⑤ 逆止器。为了防止斜置的输送机在停车时发生倒转，特设有逆止器（制动装置）。

⑥ 清扫器。清扫器用于清扫黏附在输送带上的食品物料。

三、榨汁、制浆设备

从果蔬制汁原理及现代果蔬汁品质要求来看，果蔬汁加工设备应具备以下条件：制汁过程迅速、出汁率高、色香味保存完好、连续作业、容量大、易排渣、操作人员少、故障少、耐磨损等等。为了适应各种果蔬原料和榨汁要求，出现了多种的榨汁、打浆机械设备。

1. 连续螺旋式压榨机

（1）适合物料　主要用于番茄、菠萝、苹果与橘子等果蔬的榨汁操作。其特点是结构简单，操作方便，榨汁率高，外形尺寸小，在食品厂中应用广泛。如图 8-7 所示。

（2）螺旋式连续榨汁机的结构性能　螺旋连续榨汁机的主体为水平放置的筛筒和在筛筒内旋转的螺杆。螺杆采用青铜或钢制成，在旋转挤压时产生的压力高达 12atm（1atm＝101325Pa，下同），因此要求筛筒的强度应足够大，以承受这个压力。筛筒由上下两半组成，中间用螺栓连接，筛孔孔径为 0.3～0.8mm，根据不同物料和加工工艺要求选用。

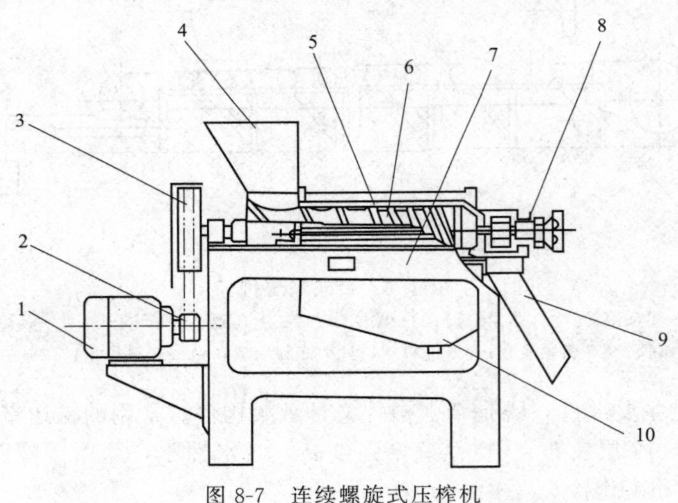

图 8-7　连续螺旋式压榨机

1—电动机；2—小皮带轮；3—主轴皮带轮；4—料斗；
5—螺旋杆；6—圆筒筛；7—机架；8—调整装置；9—出渣口；10—集汁器

（3）工作原理　工作时，物料从加料斗进入筛筒中，被螺杆上逐渐缩小的螺旋槽挤压，压榨出的汁液从筛孔流出，进入底部锥形收集器中，残渣则通过工作螺杆锥形部分与筛筒之间形成的环状空隙排出。调整装置可使螺杆沿着轴线方向移动，以调整环状空隙的大小，环状空隙大小的改变，会使螺旋对物料施加的压力发生改变，进而影响出汁率。若环状空隙过小，因挤压力量增大使汁液增加，但有可能使部分汁液变成混浊物和汁液一起压榨出来，造成汁液质量不良。间隙过大则出汁率低，造成物料浪费。

（4）操作时的注意事项　该设备在操作时，应根据物料的性质和工艺要求确定环状空隙的大小，为了减少起动负荷，开机前先将空隙调至最大，机器开动后，再逐步减小到要求的空隙大小。

2. 带式榨汁机

带式榨汁机种类很多，而且对各种果蔬原料的适应性强。缺点是敞开式作业，汁液易氧化，适用于葡萄、苹果、浆果类水果的榨汁，榨葡萄、苹果的出汁率在70%左右。带式榨汁机（图8-8）主要由机架、料斗、无级变速传动机构、压榨机构、调节机构、电控机构等组成。不同的带式榨汁机结构大同小异，一般由上下两个履带板作同向运动，履带板一般由不锈钢板制成，下履带上带有孔眼，即作为出汁孔，上下履带板间的距离由大到小，原料落到履带板上后，向间距小的方向输送的同时进行压榨，汁液从下履带板出汁口或两侧流到下部的集液槽中，渣子从出渣口排出。外气鼓带式榨汁机上部履带板由橡胶鼓代替，橡胶鼓通过压力空气鼓起来挤压果蔬浆泥压榨取汁；ZAB带式榨汁机的下榨汁带是不锈钢板格栅，表面有合成纤维滤布，上榨汁带是合成橡胶。

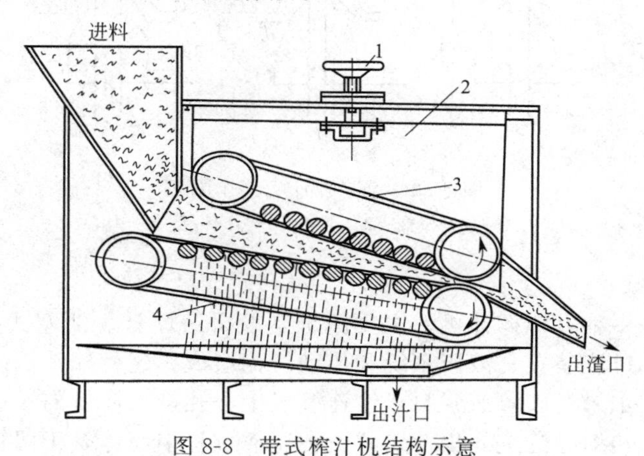

图8-8　带式榨汁机结构示意

1—压榨比调节手轮；2—动墙板；3—上履带；4—下履带

3. 柑橘榨汁机

柑橘类水果的油脂层、海绵层、脉络组织和种子中含有一些使果汁发苦的物质，榨汁时要注意避免它们进入原汁中。因此，不能全部破碎取汁，一般采用旋转分割式榨汁机（即切半锥汁机）、全果榨汁机等。

（1）切半锥汁机　如图8-9所示，切半锥汁机由锥汁头、锥碗、锥辊转鼓、切刀、挡板、接汁槽、出渣槽等组成。柑橘从进料槽在挡板的作用下沿斜槽进入托叉处，被锥辊转鼓托起，同时被切刀切半，分别到两侧的锥碗中，到一定位置时，由凸轮控制并做旋转的锥汁头压入锥碗，榨出果汁，经接汁槽流出，锥汁头榨汁后迅速退出，果皮和果渣被铲皮刀刮去。

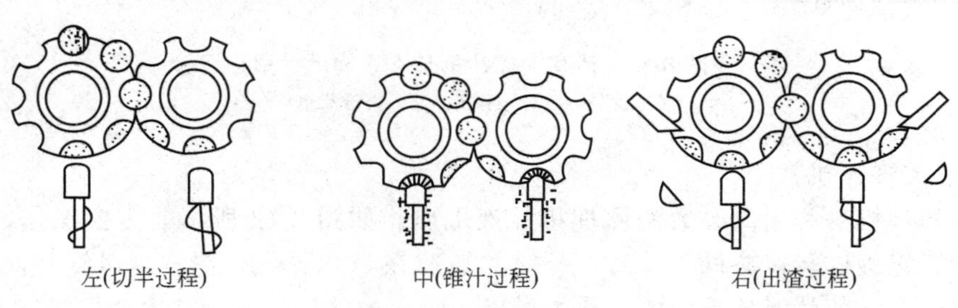

图8-9　切半锥汁机工作原理

（2）全果榨汁机　如图8-10所示，全果榨汁机主要部件为一对尺寸和形状相同的挤压杯。挤压杯是手指形的。两杯上下对接，下杯固定不动，上杯靠凸轮做上下直线运动。榨汁前两杯分开，柑橘被分配器拨进下杯中，下杯底部正中有一根取汁管，取汁管顶部有一个环形刀，此时，该刀首先挖去果实的一块圆形果皮，形成排汁通道，然后上杯向下挤压，上下指相互啮合，压榨果实，汁液顺排汁通道流出，果皮从上杯顶部排出，果渣从取汁管心部排出。目前，该类型榨汁机应用较广，汁液中苦味物质较少。

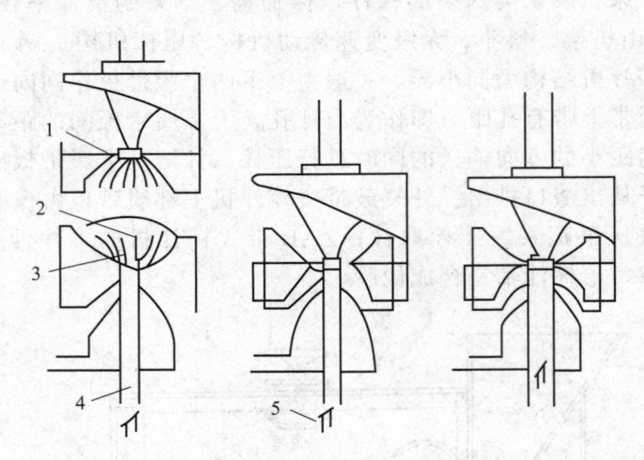

图8-10　全果榨汁机工作原理

1—上杯；2—柑橘；3—下杯；4—外孔道；5—刀管

4. 活塞式榨汁机

活塞式榨汁机是一种万能榨汁机，主要用于制取果蔬原汁。活塞式榨汁机是由连接板、筒板、活塞、集汁、排渣装置、液压系统和传动机构组成。这种榨汁机由连接板与活塞用挠性导汁芯连接起来，水果经破碎成浆料，经连接板中心孔进入筒体内，活塞压向连接板，果汁经导汁芯和后盖上伸缩导管进入集汁装置。在压榨过程中筒体处于回转状态，可使充填均匀和压榨力分布平衡。完成榨汁，活塞后退，弯曲了的导汁芯被拉直，果渣被松散，然后筒向后移，果渣落入排渣装置排出。全部操作可以实现自动化。其基本过程原理如图8-11所示。活塞式榨汁机把过滤和压榨组合在一起，较好地使浆料中的液、固分离。其出汁率及机械自动化程度优于其他榨汁机。

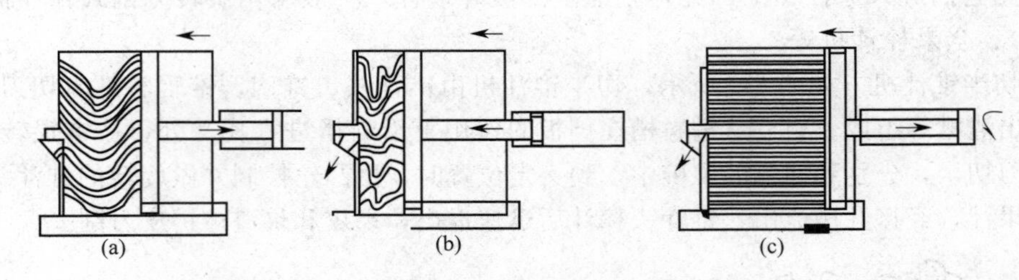

图8-11　活塞式榨汁机基本原理示意图

（a）填料；（b）压榨；（c）松散果渣

5. 离心式榨汁机

离心式榨汁机是利用离心力的原理将汁液甩出。如图8-12所示，主要工作部件是锥形螺旋及外筒，螺旋体转速略低于外筒，外筒的转速在3000r/min左右。螺旋外筒上有孔洞，旋转产生离心力，使汁液从外筒的空洞中甩出，流至出汁口，渣子从出渣口排出。这种榨汁机自动化程度高，但汁液混浊度高，并且剩余的果浆泥必须再次压榨，因此常用于预排汁作业。

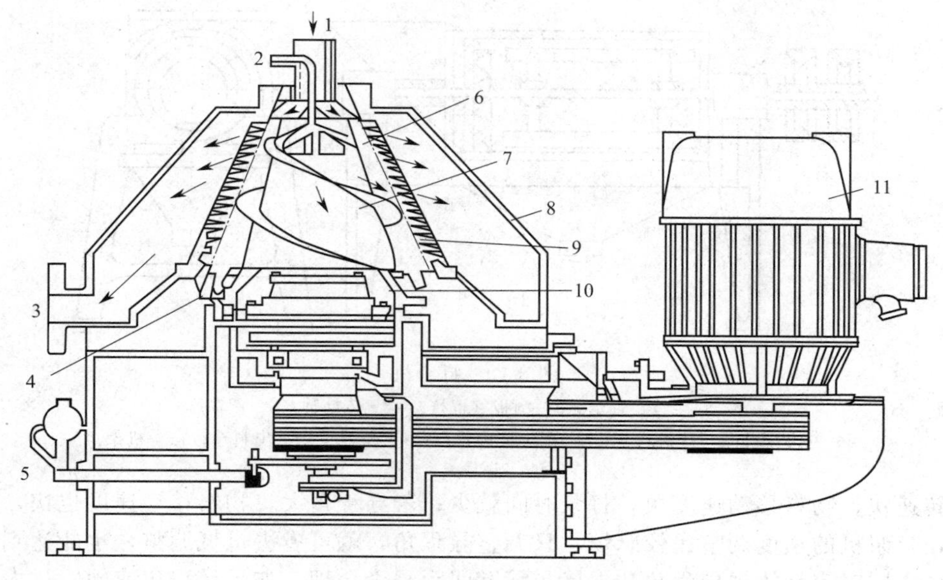

图 8-12　离心式榨汁机结构示意

1—进料口；2—喷水管；3—出汁口；4—出渣口；5—超载保护装置；6—过滤筛；7—螺旋；8—外壳；9—锥形转子（外壳）；10—差动转动装置；11—电机

对于容易出汁的果蔬，榨汁前最好采用预排汁设备排汁。具体在选用榨汁设备时，需根据果蔬原料的特性选择合理的榨汁设备。

6. 打浆机

（1）适合的物料　打浆机主要用于番茄酱、果酱罐头的生产中，它可以将水分含量较大的果蔬原料擦碎成为浆状物料。

（2）打浆机的结构及工作原理

① 结构。打浆机的结构如图 8-13 所示，机壳内水平安装着一个开口圆筒筛，圆筒筛用 0.35～1.20mm 厚的不锈钢卷成，有圆柱形和圆锥形两种，其上冲有孔眼，两边多有加强圈以增加其强度。传动轴上装有使物料破碎的破碎桨叶和使物料移向破碎桨叶的螺旋推进器及擦碎物料用的两个刮板，刮板用螺栓和安装在轴上的夹持器相连接，通过调整螺栓可以调整刮板与筛筒内壁之间的距离。刮板是用不锈钢制造的一块长方形体，对称安装于轴的两侧，且与轴线有一夹角，该夹角叫导程角。为了保护圆筒筛，常在刮板上装有耐酸橡胶板。

② 原理。工作时，物料由下料斗进入筛筒并被破碎，然后，由于刮板的回转作用和导程角的存在，物料沿着圆筒向出料口端移动，在移动的过程中受离心力作用而被擦碎，汁液和浆状肉质从筛孔中漏到收集料斗中。皮和籽等物则从圆筒另一开口端排出，以此达到分离的目的。

（3）影响打浆的因素　物料被擦碎的程度除与物料本身的性质有关外，还与打浆机轴的转速、筛孔直径、筛孔总面积占筛筒总面积的百分率、导程角的大小及刮板与筛筒内壁之间的距离等有关。打浆机分离筛孔直径通常为 0.1～1.5mm，根据加工要求可调换不同孔径的筛筒，筛孔总面积为筛筒面积的 50%左右。导程角为 1.5°～2.0°，棍棒与圆筒内壁间距为 1～4mm。打浆机主轴转速、导程角大小和棍棒与内壁间距，是三个互为影响的重要参数，

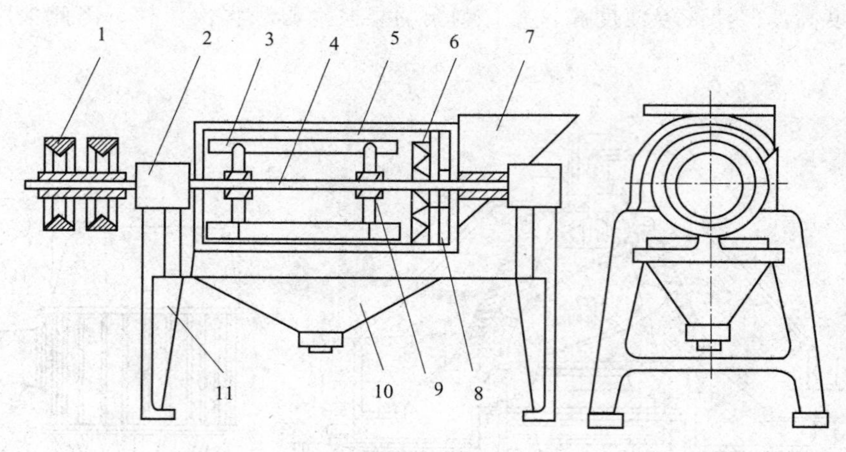

图 8-13　打浆机

1—传动轮；2—轴承；3—刮板（棍棒）；4—传动轴；5—圆筒筛；
6—破碎桨叶；7—进料斗；8—螺旋推进器；9—夹持器；10—出料斗；11—机架

如轴的转速快，物料移动速度快，打浆时间就少；若导程角大，物料移动速度也快，打浆时间亦少，打浆机的速度调整比较麻烦，只调整导程角，就可省去机械调整，也能达到理想的打浆效果，同时容易体现导程角和棍棒与筛壁间距是否合理。如果导程角或间距过大，废渣的含汁率就会较高，反之亦然。为了达到良好的效果，可同时调整导程角和间距，有些情况下只调整一个亦可达到目的。

（4）打浆机的计算　打浆机的生产能力是指单位时间内物料通过筛孔的量，它决定于筛筒的直径、长度，刮板的转数、导程角的大小以及筛筒的有效截面积。筛筒为圆柱形的打浆机生产能力的经验计算公式：

$$G=\frac{0.07DL^2n\varphi}{\tan\alpha}$$

式中　G——打浆机的生产能力，kg/h；

D——筛筒内径，mm；

L——筛筒长度，m；

n——刮板转速，r/min；

φ——筛筒有效面积，%，一般取 25%；

α——导程角，(°)。

筛筒为圆锥形的打浆机生产能力的经验计算公式：

$$G=(4.0\sim5.5)L^2\frac{r_1+r_2}{2}n\varphi$$

式中　r_1——筛筒大头半径，m；

r_2——筛筒小头半径，m。

四、均质设备

均质设备是食品的精细加工机械，在乳品、果汁、植物蛋白饮料等的生产中应用广泛。常用的有高压均质机和胶体磨。

（1）高压均质机　目前，在食品工业中高压均质机应用最为广泛。

① 目的。均质的目的在于将液态的混合物料中较大的颗粒破碎细化，提高食品的均细

度，防止或延缓物料分层，使其成为液相均匀、稳定的混合物。均质后的食品在口感、外观及消化吸收率等方面均有提高。

② 均质机工作原理

a. 剪切。在液体物料高速流动时，若突然遇到狭窄的缝隙，就会造成极大的速度梯度，从而产生很大的剪切力，使物料破碎。

b. 冲击。在均质机内，液体物料与均质阀产生高速撞击作用，从而将脂肪球等撞击成细小的微粒。

c. 空穴。液体在高速流经均质阀缝隙处时，产生巨大的压力降。当压力降低到液体的饱和蒸气压时，液体开始沸腾并迅速汽化，产生大量气泡。液体离开均质阀时，压力又会增加，使气泡突然破灭，瞬间产生大量空穴。空穴会释放大量的能量，产生高频振动，使颗粒破碎。

均质机在工作时一般是通过这三种作用协同达到均质目的的。不同类型的均质机工作原理各有侧重。

③ 温度对均质的影响。均质温度对均质效果影响很大，物料均质时温度高，液体的饱和蒸气压也高，均质时容易形成空穴。所以，在均质前可将物料加热。例如牛乳的均质温度一般为50～70℃，50℃是牛乳有效均质的最低温度，超过70℃就会在均质机中产生"汽窝"。均质温度高，不利于蛋白质的热稳定性，这一点需注意。

④ 结构及工作过程（图8-14）。高压均质机主要由高压泵、均质阀、调节装置及传动系统等组成。

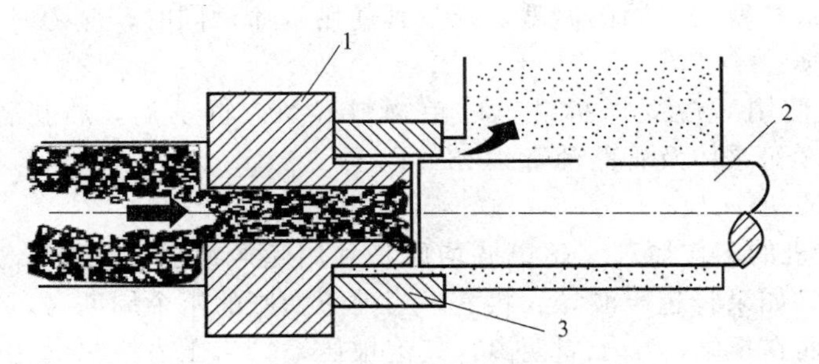

图8-14　均质阀基本结构和均质过程示意

1—阀座；2—阀杆；3—冲击环

a. 高压泵。高压泵由进料腔、吸入活门、排出活门、柱塞等组成。当柱塞向右运动时，泵腔内产生低压，物料由于外压的作用顶开吸入活门进入泵腔，这一过程称为吸料过程；当柱塞向左运动时，泵腔容积减小，泵腔内压力逐渐升高，关闭了吸入活门，将泵腔内液体排出，称为排料过程。

高压泵柱塞的运动是由曲轴等速旋转通过连杆滑块带动的，柱塞的运动速率按正弦曲线变化。相对应的排料量也按正弦曲线变化。在柱塞处于两个止点时，泵的排出量瞬时为零；当曲柄回转到90°和270°时排料量最大。显然，这样的设备排料量变化大、不均匀，是无法用于生产的。为弥补这一缺陷，高压泵常采用三柱塞往复泵，各单泵的运动互差120°，泵的工作能力得到了较好的调整。三柱塞泵有三个泵腔，每个泵腔配有吸入活门和排出活门各一个，共六个活门。

b. 均质阀。均质阀安装在高压泵的排料口处，一般采用双级均质阀，双级均质阀主要由阀座、阀芯、弹簧、调节手柄等组成。阀座和阀芯结构精度很高，两者之间间隙小而均匀，以保证均质质量；间隙大小由调节手柄调节弹簧对阀芯的压力来改变。均质压力的大小由压力表示出。一般第一级的压力为 20～25MPa，主要使大的颗粒得到破碎；第二级的压力在 3.5MPa 左右，可以使料液进一步细化并均匀分散。

⑤ 高压均质机的使用与维护

a. 高压均质机安装时必须装旁通管，用以排除气体、残存液、洗液、消毒水等。但出料管处不得安装节流阀，进料管道里安装管间过滤器，防止杂质进入，避免均质阀严重磨损。

b. 高压均质机不得空转，起动前应先接通冷却水。

c. 起动时均质机压力不稳，应在起动后将其调整到预定值。在压力稳定之前流出的料液要让其回流以保证均质的质量。

d. 均质机正常工作时要注意观察压力表，保证压力处于正常工作范围内。有时压力表会出现指针严重跳动的情况，可能是泵体密封严重渗漏，使泵腔内的料液中混入大量空气，应及时处理。

e. 工作中如果发现均质机流量不足、压力达不到工艺要求的情况，应检查活门与活门座、阀芯与阀座的密合面是否密合良好，如出现沟槽、磨纹要及时修复或更换；安全阀或均质阀弹簧压力不够也会导致上述情况，此时应进行适当的调整使设备恢复正常。

f. 高压均质机的运动部件需要良好的润滑，工作时要注意曲轴箱里润滑油的油位，使其保持在最低油位线以上；要经常在机体连接轴处加一些润滑油，以免机体前端的填料缺油。

g. 柱塞密封圈处于高温和压力周期性变化的条件下，很容易损坏，应保证柱塞冷却水的连续供应，以降低柱塞密封圈的温度，延长其使用寿命。同时，应随时检查密封圈，发现损坏及时修复、更换。

h. 均质机停止使用后应立即拆洗，以免物料残留。拆洗后，将机器重新装配好，用 90℃以上的热水连续对泵体及管路消毒 10min 以上。

(2) 超声波均质机

① 超声波均质机的工作原理。超声波均质是利用超声波遇到物体时会迅速交替压缩和膨胀的原理设计的。如果将超声波导入料液，当处于膨胀的半个周期时，料液受到拉力，其中的气泡便膨胀，而在压缩的半个周期内，气泡被压缩。当压力振幅变化很大时，就会产生空穴作用和强烈的机械搅拌作用，使大颗粒碎裂，从而达到均质的。

② 超声波均质机的基本结构。超声波均质机的主要构件是超声波发生器。超声波发生器有机械式、磁控式和压电晶体式的，其中机械式的最为常用，其超声波发生原理如图8-15所示。

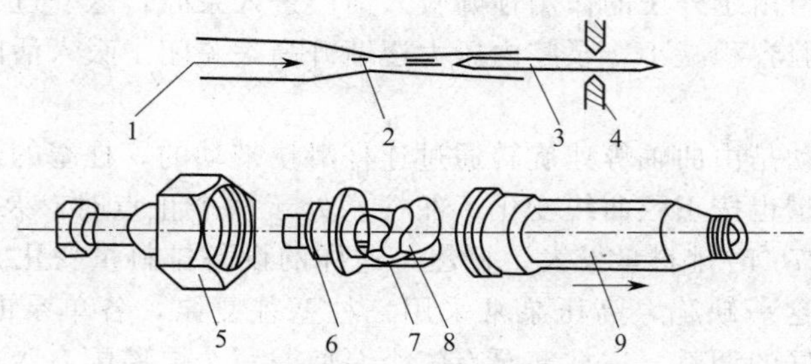

图 8-15 机械式超声波原理及发生器

1—进料口；2—矩形缝隙；3—簧片；4—松紧装置；5—底座；6—可调喷嘴体；7—喷嘴芯；8—簧片；9—共鸣钟

机械式超声波均质机的主要工作部件是喷嘴和簧片。簧片处于喷嘴前方，它是一个边缘呈楔形的金属片，被两个或两个以上的节点夹住。当料液在 0.4～1.4MPa 的压力作用下经喷嘴高速喷射到簧片上时，簧片便发生频率为18～30kHz的振动，所产生的超声波传给料液，使料液被均质，然后从口排出。

③ 胶体磨。胶体磨是一种磨制胶体或近似胶体物料的机械。它可以在极短的时间内对悬浮液中的固形物进行超微粉碎，同时兼有混合、搅拌、分散和乳化作用，成品粒径可达1μm以下。胶体磨广泛应用于果汁、果酱、植物蛋白、乳品、油脂及一些调味品、添加剂的生产中。

a. 胶体磨的工作原理。胶体磨的工作构件由固定磨体（定子）和高速旋转的转动磨体（转子）组成，两个磨体之间有可以调节的间隙。当料液通过这个间隙时，转子在高速旋转，使附着于转子面上的物料运动速度最大，而附着于定子面上的物料速度为零，在液流中产生了巨大的速度梯度，使物料受到强烈的剪切、摩擦和湍动作用，物料因而被磨碎、混合、分散和乳化。

b. 胶体磨的型式。胶体磨按转轴的位置可分为立式和卧式两种型式（图8-16、图8-17）。立式胶体磨的转轴位于垂直方向，转子的转速为3000～10000r/min，适合于黏度相对较高的物料，其卸料和清洗都很方便。卧式胶体磨的转子随水平轴旋转，定子与转子的间隙通常为50～150μm，依靠转子的水平位移来调节。料液在旋转中心处进入，在间隙处被细化后从四周卸出。转子的转速为3000～15000r/min。这种胶体磨适用于黏性相对较低的物料。

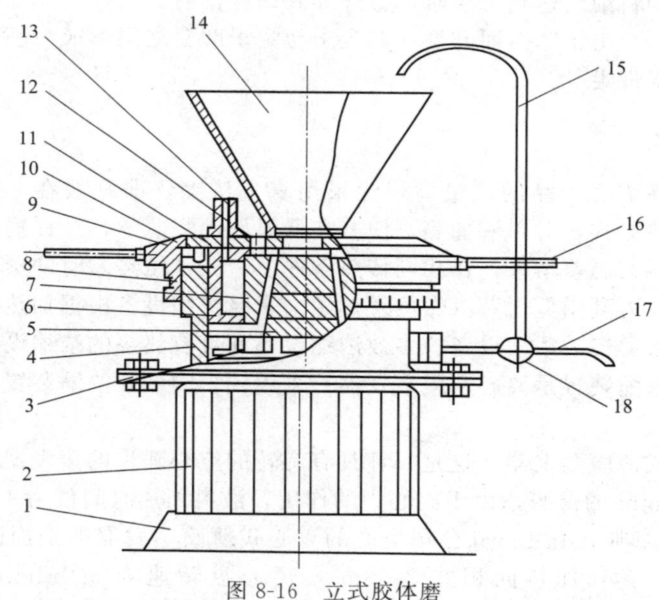

图8-16　立式胶体磨

1—机座；2—电机；3—叶轮；4—磨体；5—动磨盘；6—静磨盘套；
7—静磨盘；8—密封圈；9—限位螺钉；10—调节轮；11—盖板；12—连接环管；
13—进、出冷却水管；14—料斗；15—循环管；16—调节手柄；17—出料管；18—三通阀

c. 胶体磨的主要结构。胶体磨主要由进料斗、外壳、定子、转子、电动机、调节装置和底座等构成。

a）转子与定子。转子与定子的配合有一定的锥度（1∶2.5左右），其间隙可调。为了加强摩擦和剪切作用，以利于细化，两个磨体的表面各分三段，分别开有与轴线呈一定角度的沟槽。沟槽截面为矩形，沟槽宽度随物料的流向由粗到密排列，倾斜方向相反，而且两个磨体上相对应的沟槽方向也是相反的。物料的细化程度由沟槽的倾斜度、宽度、沟槽间隙以及物料在转子与定子之间间隙的停留时间等因素决定。

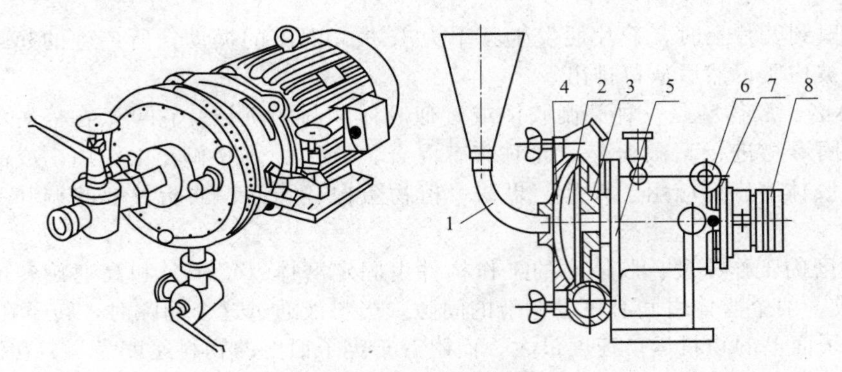

图 8-17　卧式胶体磨

1—进料口；2—转动件；3—固定件；4—工作面；5—卸料口；6—锁紧装置；7—调整环；8—皮带轮

b）间隙调节装置。通过定子的升降可改变转子与定子的间隙。转动调节手柄可由调节轮带动定子轴向位移而改变间隙的大小，调节程度可在调节轮的刻度上显示出来，一般调节范围在 0.005～1.5mm 之间。调节轮下方设有限位螺钉，避免转子和定子相碰。

c）回流及冷却装置。胶体磨转速较高，为了达到理想的效果，物料往往要磨几次。回流装置是在出料管上安装一个蝶阀，阀前接一条循环管通向料斗。当需要多次磨制时，关闭蝶阀则物料回流，物料细度达到要求时，打开蝶阀即可排料。

磨制过程中物料会由于摩擦而升温，在定子与定子磨套之间形成一环形水槽，物料热量可由水槽中的冷却水带走。

五、浓缩设备

目前，为了提高浓缩产品的质量，广泛采用真空浓缩，即一般在 18～8kPa 低压状态下，以蒸汽间接加热方式，对料液加热，使其在低温下沸腾蒸发，这样物料温度低，且加热所用蒸汽与沸腾液料的温差增大，在相同传热条件下，比常压蒸发时的蒸发速率高，可减少液料营养的损失，并可利用低压蒸汽做蒸发热源。真空浓缩设备根据加热蒸汽被利用的次数可分为单效浓缩设备、二效浓缩设备、多效浓缩设备和带有热泵的浓缩设备。果蔬汁浓缩采用较多的单效多效浓缩装置是离心薄膜蒸发器；采用较多的多效浓缩装置是双效、三效降膜浓缩设备。

（1）单效离心式薄膜蒸发器　这是一种具有旋转的空心碟片的蒸发器，料液在碟片上形成一层厚度 0.1～1mm 的薄膜，由于离心力的作用，液料加热时间仅为 1min 左右。

图 8-18 所示为瑞典 Alfa-Laval 公司生产的离心式薄膜蒸发器的剖面图。它具有 6 片直径为 650mm 的离心盘，加热面积共 2.58m^2，离心盘转速为 690r/min。最大进料量为 1000L/h，最大蒸发量为 800L/h，蒸发温度为 45℃，最高加热蒸汽温度为 80℃，总传热系数可达 2.5×10^7J/(m^2·h·℃)。

在操作过程中，物料（45℃）先经过滤器，进入可维持一定液面的贮槽，由螺杆泵将料液输送至蒸发器，由喷嘴将料液喷在离心盘背面，并在离心力作用下使其形成薄膜。离心盘中的夹层内，通入加热蒸汽。浓缩液通过冷却器冷却为 20℃的成品，由浓缩液泵排出。二次蒸汽经过板式冷凝器冷凝后，再用真空泵抽出。

如图 8-19 所示，单效离心式蒸发器由双联过滤器、平衡桶、输送泵、离心蒸发器、真空、冷凝和清洗装置等组成。被浓缩的液料首先经过滤器进入平衡桶，然后由进料泵输入离心蒸发器。平衡桶用于维持进料量的均匀，如进料因故中断，则清水取代液料进入蒸发器中，以免过热和烧焦。被蒸发出来的二次蒸汽抽至冷凝器中，用冷却水冷凝；冷凝液与不凝

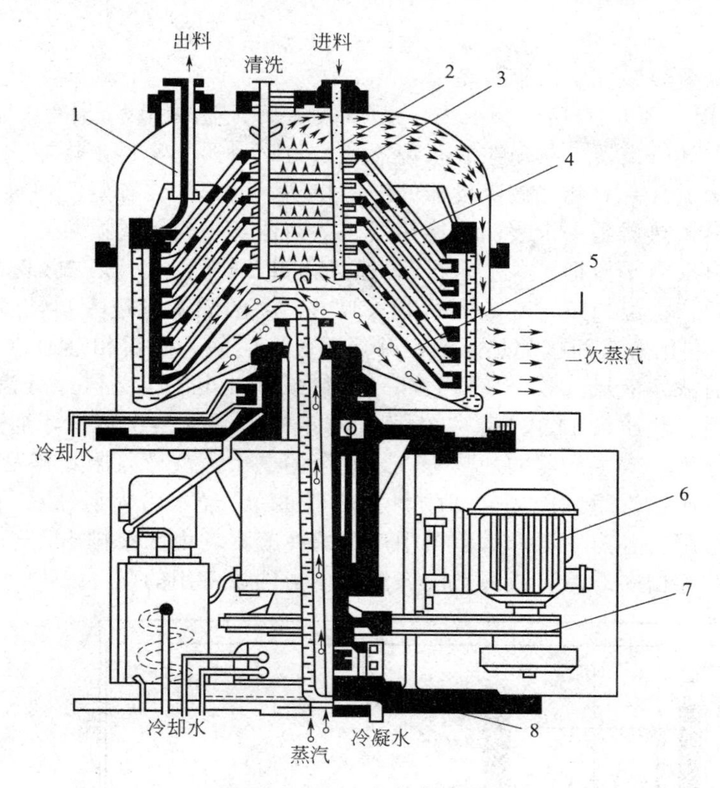

图 8-18　离心式薄膜蒸发器

1—吸料管；2—进料分配器；3—喷嘴；4—离心盘；5—间隔盘；6—电机；7—皮带；8—空心转轴

结气体在捕集器的作用下分离，分别由冷凝液泵和真空泵排出，蒸发器中所需的真空度亦因此产生。浓缩液被导至板式冷凝器冷却，并利用本身的余热，在低压状态下进一步蒸发，蒸发器中的真空度是由蒸汽喷射器实现的。浓缩成品最后由浓缩液泵卸出。

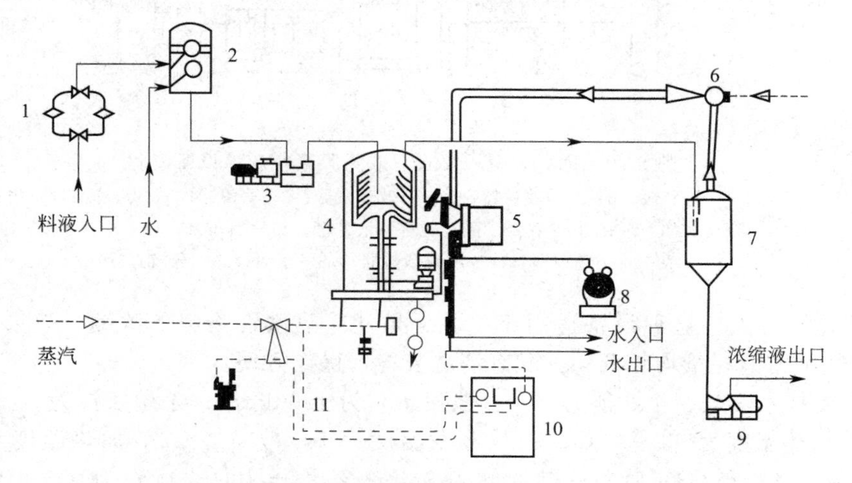

图 8-19　单效离心式蒸发器流程

1—过滤器；2—平衡桶；3—进料泵；4—离心蒸发器；5—冷凝器；6—蒸汽喷射器；7—板式冷凝器；8—真空泵；9—浓缩液泵；10—控制盘；11—蒸汽控制装置

该设备的特点是产品品质优良、浓度高（一次浓缩至 84%固形物），传热效率高，清洗维护方便。

（2）顺流式双效降膜真空浓缩设备

① 组成与流程。图 8-20 所示为 RP_6K_7 型双效降膜真空浓缩设备流程图，由一效和二效蒸发器、一效和二效分离器、热压泵、杀菌器、水力喷射器、物料预热器、料泵、水泵和各种阀门、仪表等构成。一效和二效蒸发器的结构相同，内部除装有蒸发列管外，还有预热物料的螺旋管。物料预热器是一个表面式换热器。杀菌器为一列管式换热器。工作时，物料流程是：被浓缩的料液由平衡桶 1、进料泵 2，通过物料预热器 14，被二效蒸发器 3 产生的二次蒸汽加热，然后依次经二效、一效蒸发器（3、4）内的螺旋管进一步被管外的蒸汽加热。再引入杀菌器 5，利用蒸汽间接加热杀菌，并保温一定时间；随后相继通过一效、二效蒸发器、分离器，最后浓缩液从二效分离器底部经出料泵 9 抽出。生蒸汽经分汽缸 16 分别向杀菌器、一效蒸发器、热压泵 11 供汽。一效蒸发器产生的部分二次蒸汽，通过热压泵、提高其压力和温度，作为一效蒸发器的加热蒸汽，其余的二次蒸汽导入二效蒸发器作为热源。二效蒸发器产生的二次蒸汽通过冷凝（即物料预热器 14），经水力喷射器 13 被冷凝排出；同时具有抽真空的作用。各蒸发器和杀菌器中产生的冷凝水均由水泵排出。不凝结气体通过水力喷射器排出。贮存槽中的碱（或酸）洗涤液是供清洗设备用的。

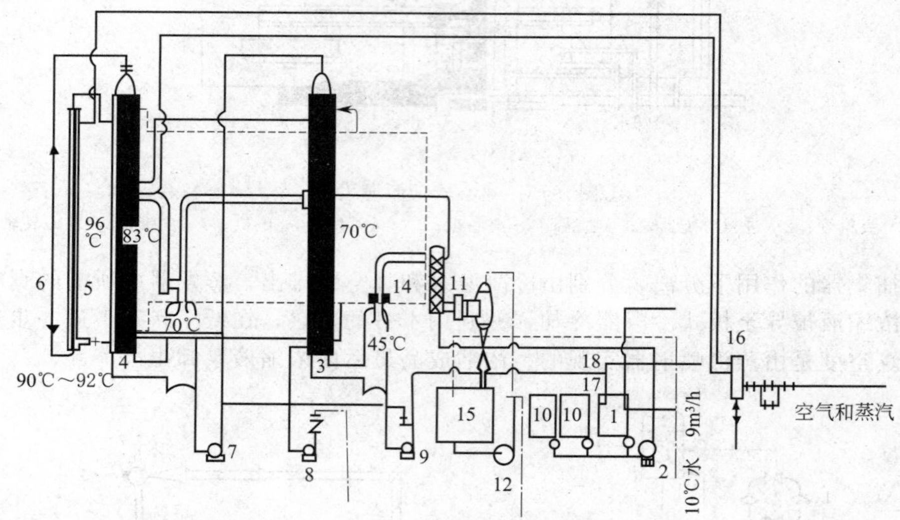

图 8-20　RP_6K_7 型顺流式双效降膜真空浓缩设备流程

1—平衡桶；2—进料泵；3—二效蒸发器；4— 一效蒸发器；5—杀菌器；6—保温管；7—物料泵；8—冷凝水泵；9—出料泵；10—酸、碱洗涤液贮槽；11—热压泵；12—冷却水泵；13—水力喷射器；14—物料预热器；15—水箱；16—分汽缸

② 用途和特点。这种设备适用于牛乳、果汁等热敏性物料的浓缩，效果好，质量高，蒸汽与冷却水的消耗量均较低，并配有清洗装置，操作方便。

③ 主要技术参数。生产能力（水分蒸发量）为 1200kg/h；杀菌条件为 86～92℃，保温 24s；一效加热温度为 83～90℃；一效蒸发温度为 70～75℃；二效加热温度为 68～74℃；二效蒸发温度 48～52℃；物料受热时间为 3min；蒸汽压力（表压）为 0.5MPa；蒸汽消耗量为 620kg/h；冷却水耗量为 12t/h。

六、杀菌设备

果蔬汁杀菌设备，根据其型式可分为板式、套管式和刮板式三种。这里主要介绍前两种。

(1) 板式杀菌设备　板式杀菌设备的关键部件就是板式热交换器，而板式热交换器由数组金属薄板组合成，对流体物料连续预热、杀菌和冷却（图 8-21）。在果蔬汁、乳的生产中，广泛应用高温短时和超高温瞬时杀菌。

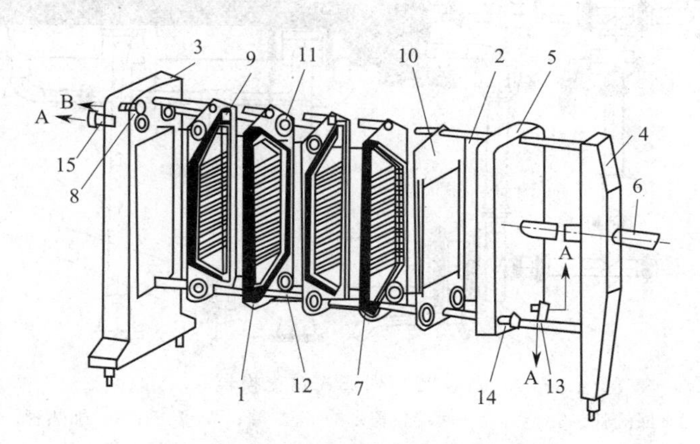

图 8-21　板式热交换器组合结构示意

1—传热板；2—导杆；3—前支架（固定板）；4—后支架；5—压紧板；6—压紧螺杆；7—板框橡胶垫圈；8，13～15—连接管；9—上交孔；10—分界板；11—圆环橡胶垫圈；12—下角孔；A—出水口；B—进水口

① 板式热交换器。板式热交换器以不锈钢材料冲压成型，悬挂于导杆上，通过压紧螺杆将固定板与各换热器板叠在一起。板的周边有橡胶垫圈，以保证密封并使两板间有一定的间隙。冷热流体分别在薄板的两边交替流动，进行热交换。热交换效果主要取决于换热板的波纹形状，目前生产上应用的换热板有平行波纹板、交叉波纹板、半球形板等。

② 旋转刮板式热交换器。旋转刮板式热交换器的原理是被加热或冷却的料液从传热面一侧流进，由刮板在靠近传热面处连续不断地运动，使料液呈薄膜状流动，亦称刮面式热交换器。常用的为筒式刮板式热交换器。刮板不仅能提高热交换器传热系数，而且可以起乳化、混合等作用，适用于处理热敏性强、黏度高的食品。

(2) 管式超高温杀菌设备　管式超高温杀菌设备是以管壁为换热间壁的热交换器，根据管的排列方式，常见的有列管式（图 8-22）、套管式、蛇管式等类型。列管式有单程式和多程式之分，目前多采用多程式。套管式又分为单通道和多通道。套管式超高温杀菌设备的加热器由两根以上直径不等的同心管组成，利用内外管间环形间隙进行热交换。管式换热器特别适用于高压流体。常用于果蔬原浆和果肉含量很高的混浊果蔬汁的杀菌。

列管式热交换器其工作过程为：物料用高压泵送入不锈钢列管内，蒸汽通入壳体空间后将管内流动的物料加热，物料在管内往返数次后达到杀菌所需的温度和保持一定时间后输送到下一工序。

七、喷雾干燥设备

喷雾干燥是将液态或浆质态的原料喷成雾状液滴，使之悬浮在热空气中进行脱水干燥。产品为粉状制品（如番茄粉、乳粉等）。在果蔬加工中主要用于果蔬粉的生产。喷雾干燥机的类型很多，各有特点，但是喷雾干燥系统都是由空气加热器、喷雾系统、干燥室、收集系统以及供压或吸取空气用的鼓风系统组合而成的，如图 8-23 所示。

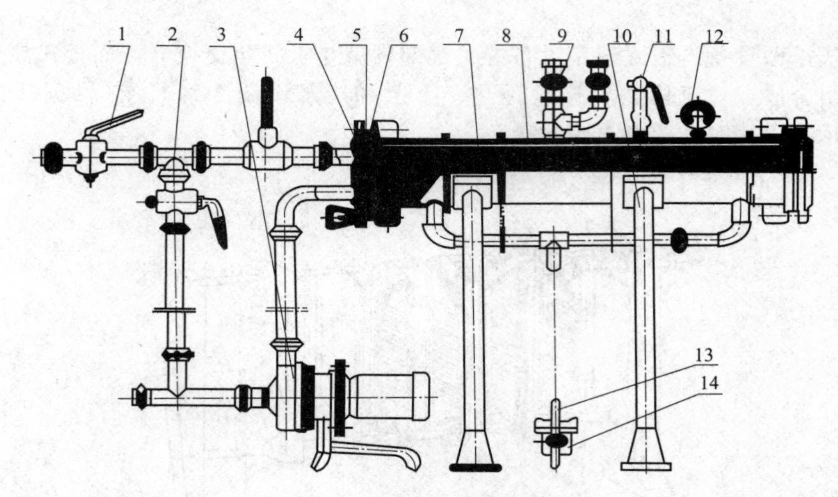

图 8-22　列管式热交换器

1—旋塞；2—回流管；3—泵；4—两端封盖；5—密封圈；6—管板；7—加热管；8—壳体；9—蒸汽截止阀；10—支脚；11—安全阀；12—压力表；13—冷凝水排出管；14—疏水器

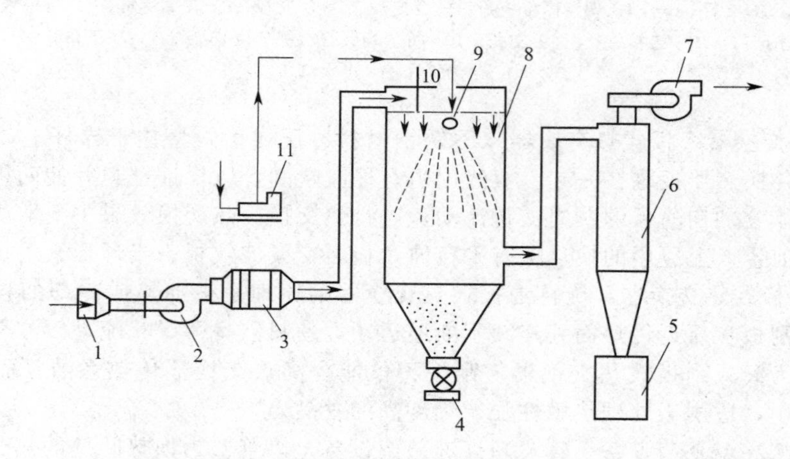

图 8-23　喷雾干燥机示意

1—空气过滤器；2—送风机；3—空气加热器；4—旋转卸料阀；5—接收器；6—旋风分离器；7—排风机；8—喷雾干燥室；9—喷雾系统；10—空气分配器；11—料泵

1. 喷雾系统

喷雾系统是喷雾干燥机的关键部件。生产中常用的喷雾器有三种类型。

(1) 压力喷雾　它是利用压力高达 10.13～20.26MPa 的高压泵将料液泵入喷雾头内，并以旋转方式强制料液通过直径为 0.5～1.5mm 孔径的喷孔，使之雾化成为微细的液滴。

(2) 气流喷雾　其原理是利用高速气流对液膜的摩擦和分裂作用而使液体雾化。料液由料泵送入喷雾器内的中央喷管，形成喷射速度不太大的射流，而压缩空气则从中央喷管周围的环隙中通过，喷出的速度很高，可达 200～300m/s，有时甚至超音速。因为压缩空气流与料液射流之间存在很大的相对速度，由此产生混合和摩擦，将液体拉成细丝，细丝又很快在较细处断裂，形成球状微小液滴。

(3) 离心式喷雾　它的雾化操作原理是将料液送入高速旋转的转盘上，由离心力的作用，使它扩展开来成为液体薄膜从盘缘的孔眼或沟槽甩出，同时受到周围空气的摩擦而碎裂成为液滴，离心盘的直径一般为160～500mm，转速为3000～20000r/min。用喷雾法生产果蔬粉时，应选择优质、新鲜的原料，经热烫后在压力为10.133MPa以上的高压均质机中进行均质处理，然后进行喷雾干燥。

上述三种喷雾器各有优缺点，气流式喷雾器的动力消耗多，但结构简单，容易制造，适用的范围广；压力式喷雾器优点是动力消耗最小，缺点是喷孔小，易堵塞磨损，故不适用于高黏度的液体和带有颗粒的液体；离心式喷雾器的优点是适用于高黏度液体和带有固体颗粒的液体，缺点是机械加工要求高，制造费用大。

2. 喷雾干燥室

料液经喷雾器喷雾形成雾滴后，与高温干燥介质接触进行干燥，这个过程在喷雾干燥室中完成，喷雾干燥室的基本形式有两种：卧式喷雾干燥室和立式喷雾干燥室。卧式喷雾干燥室一般用于水平方向的压力喷雾干燥，干燥室的底部及壳壁均需用绝热材料保温，这种干燥室中的干制品水分含量不均匀，底部卸料较困难，目前应用较少。立式喷雾干燥室对三种类型的喷雾器都适用，根据热空气与雾滴的方向不同分为顺流式、逆流式、混流式几种。喷雾干燥的优点是干燥速度极快；物料所受的热损害小；干制品溶解性及分散性好，具有速溶性；生产过程简单，操作控制方便，适合于连续化生产。缺点是单位制品的耗热较多，热效率低。

八、灌装设备

灌装果蔬汁以定容法为主，定容法又有等压法和压差法之分。等压法即贮液罐顶部空间压力和包装容器顶部空间压力相同，果蔬汁靠自身重力流入包装容器内。贮液罐和包装容器间有两条通道，一条是进液通道，一条是排气通道，适合于黏稠度低的饮料灌装。压差法是灌装时，贮液罐的压力大于容器内的压力，其灌装速度很快，适合于黏稠度高的饮料灌装。一般通过空气压缩机提高贮液罐压力或用真空泵使灌装容器压力降低来增加压力差。

果蔬汁灌装机主要由瓶、罐输送和升降机构、灌装阀机构及其他附属机构组成。

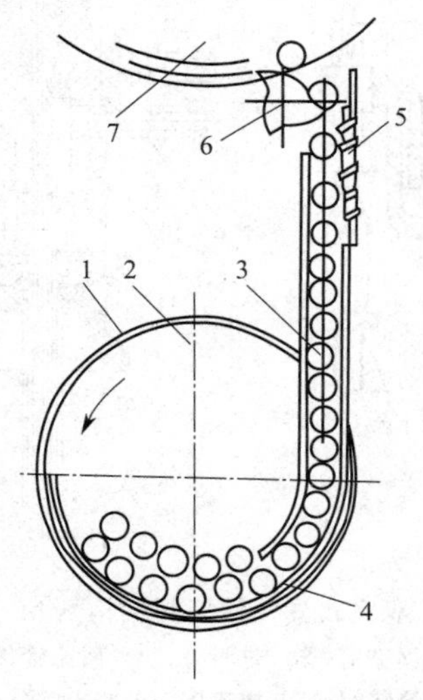

图8-24　瓶、罐圆盘输送机构

1—挡板；2—圆盘；3—空瓶；4—弧形导板；5—螺旋分隔器；6—爪式拨轮；7—工作台

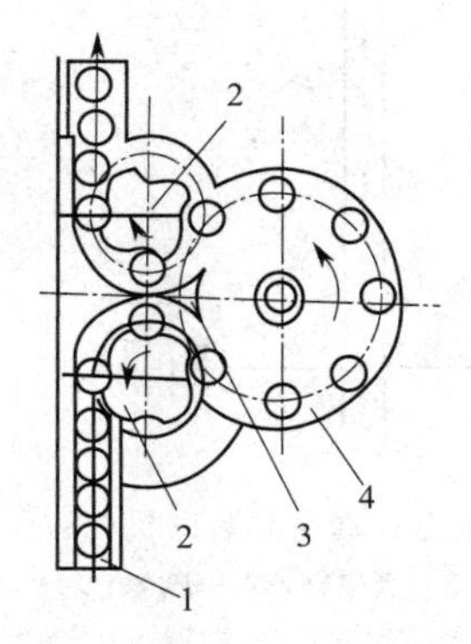

图8-25　链板、拨轮输送机构

1—链板式输送机；2—四爪拨轮；3—定位板；4—装料机构

1. 瓶、罐输送和升降机构

在灌装前要准确地将空瓶或空罐输送到自动灌装机的瓶托升降机构上，使瓶或罐自动、连续、准确和单个地保持适当间距送进灌装机构，常采用爪式拨轮或螺旋输送器等。瓶、罐圆盘输送机构，链板、拨轮输送机构分别如图 8-24、图 8-25 所示。常用的瓶、罐升降机构可分为滑道式、压缩空气式及滑道和压缩空气混合式三种，图 8-26 所示为滑道式。

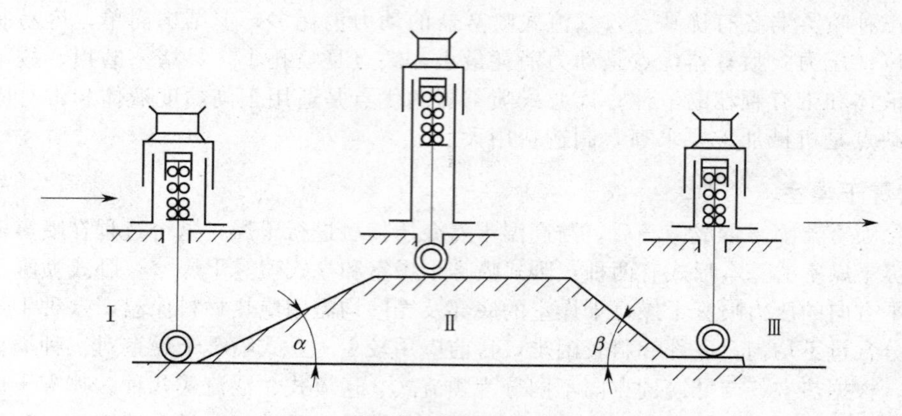

图 8-26　旋转型装料机滑道展开示意

Ⅰ—罐送入滑道；Ⅱ—罐升到最高位置进行装料；Ⅲ—罐装后下降到最低位置待送走

2. 灌装阀机构

灌装阀机构是灌装机的关键部分，直接影响灌装机的性能，其主要功能是把贮液罐内的料液定量地灌入瓶、罐中。常见的有两种。

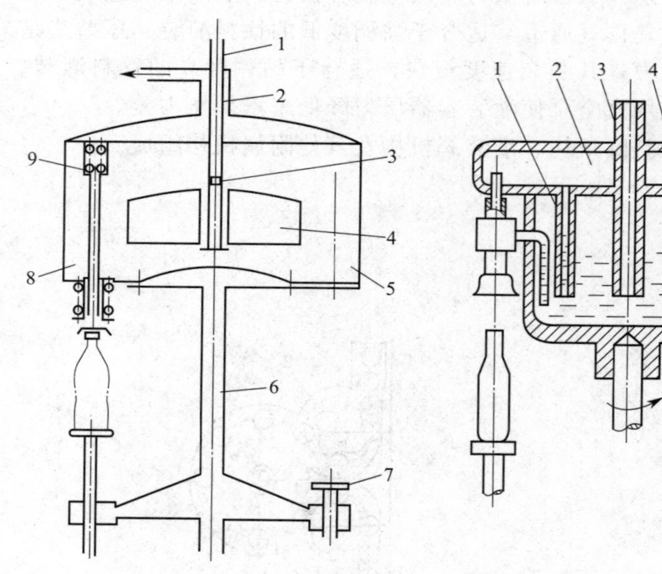

图 8-27　重力式真空灌装阀机构

1—进液管；2—真空管；3—进液孔；4—浮子液位控制器；5—贮液箱；6—立柱；7—托瓶台；8—液阀；9—气阀

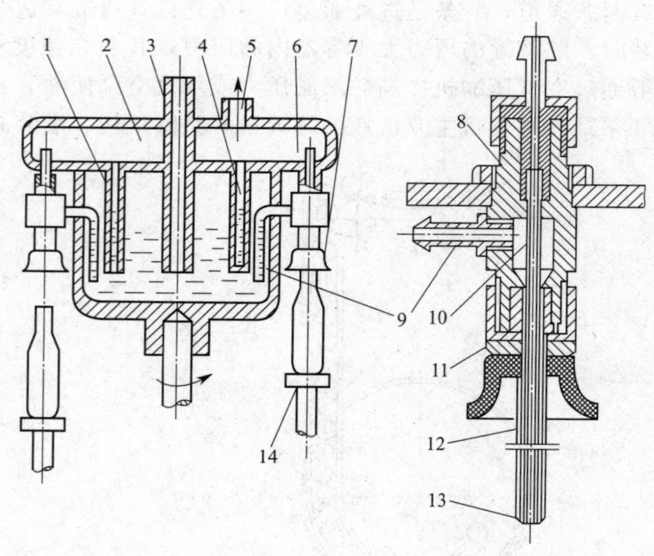

图 8-28　双室式真空灌装阀机构

1—贮液箱；2—真空室；3—进料管；4—回流管；5—排气管；6—灌装阀；7—橡皮碗头；8—阀体；9—吸液管；10—吸气管；11—调整垫片；12—输液管；13—吸气阀；14—顶杆托盘

（1）重力式真空灌装阀机构　如图 8-27 所示，主要工作部件为贮液箱、浮子液面控制器、真空管、进液管、立柱、液阀、气阀等。操作时，真空泵维持贮液罐上部空间的真空度，浮子液面控制器保护贮罐内料液液面高度恒定不变。当瓶、罐进入灌装阀后，先对其抽空，当瓶内压力与贮罐压相等时，料液就在重力作用下完成罐装。适用于非碳酸饮料的冷、温、热灌装。

（2）压差式多室真空灌装阀　双室式真空灌装阀机构如图 8-28 所示，主要工作部件为贮液箱、进料管、排气管、回流管、吸液管、吸气管、输液管、灌装阀、顶杆托盘等。操作时，贮液罐处于常压下，当包装器获得一定真空度后，料液被灌装阀吸入，通过输液管插入瓶内的深度来调节、控制灌装量。适用于高黏度液体，如含果肉果汁、糖浆等的灌装。灌装完毕后应立即封口，以保证果蔬汁不受到再次污染。

【课后思考题】

（1）按照不同的分类方法，果蔬汁可以分成哪几类？
（2）为什么果汁压榨前要进行热处理和酶处理？
（3）果汁澄清的方法有哪些，原理是什么？
（4）为什么果蔬汁要进行脱气，脱气方法有哪些？
（5）怎样保持混浊果蔬汁的均匀稳定？
（6）果蔬汁有哪些灌装方法，各有什么优缺点？
（7）有哪些原因会导致澄清汁混浊，怎样检验？
（8）果汁中常见的质量问题有哪些？如何控制其发生？
（9）冷冻浓缩的原理是什么？
（10）打浆机的工作原理是什么？影响打浆的因素有哪些？如何调整？

【知识拓展】

十种鲜榨果汁制作方法

1. 蔬菜苹果汁

原料：卷心菜 200g、苹果 2 个、芹菜 1 棵。
制作：将卷心菜、芹菜梗洗净切碎，苹果切块，然后一起放入榨汁机中榨汁。
功效：减肥、利胆、提神、养颜。

2. 黄瓜猕猴桃汁

原料：黄瓜 200g、猕猴桃 50g、凉开水 200mL、蜂蜜 2 小匙。

制作：黄瓜洗净去籽，留皮切成小块，猕猴桃去皮切块，一起放入榨汁机，加入凉开水搅拌，倒出加入蜂蜜于餐前 1h 饮用。

功效：黄瓜性甘凉，能入脾胃经，能清热解毒、利水。而猕猴桃性甘酸寒，能入肾和胃经，能解热止渴。其他富含维生素的水果蔬菜也可以使用，如番茄、柚子等。

3. 雪梨香蕉生菜汁

原料：雪梨 1 个、香蕉 1 条、生菜 100g、柠檬 1 个。
制作：① 雪梨洗净去皮，切成可放入榨汁机内的大小。
② 香蕉去皮切成数段。
③ 生菜洗净，包裹住香蕉。
④ 柠檬连皮对切为四份，去核。
⑤ 将所有材料顺序放入榨汁机内压榨成汁。
功效：能改善晒伤、粗糙的皮肤。

心得：加入蜂蜜与冰块，可令果汁更冰凉清甜。

4. 葡萄柠檬汁

原料：葡萄150g、柠檬1个、蜂蜜适量。

制作：将葡萄洗净；柠檬连皮对切为四份；将葡萄、柠檬放入榨汁机内压榨成汁；倒进杯中加入蜂蜜拌匀即成。

功效：令肌肤嫩滑、面色红润。

5. 芹菜汁

原料：芹菜40～50g、圆白菜80～100g、橙子（带皮）30g、胡萝卜与苹果各150～200g。

制作：芹菜要包在圆白菜内打成汁。

功效：芹菜对于咳嗽、多痰、痔疮都具有疗效，同时又健胃利尿。

6. 菠菜柳橙汁

原料：菠菜30～70g、圆白菜80～100g、柳橙（带皮）30～40g、胡萝卜与苹果各150～200g。

制作：菠菜和圆白菜要先切碎才容易打成汁。

功效：菠菜富含维生素B_1，可改善恶性贫血等，对气喘、荨麻疹也有效。

7. 圆白菜汁

原料：圆白菜200g、胡萝卜200g、苹果200g。

制作：圆白菜要切碎，用榨汁机榨成汁，早晚各一杯。

功效：此为蔬果汁的代表，内含丰富的钾，具有维持盐分平衡的功能，对高血压及血管硬化具有预防及稳定作用。

8. 蜂蜜牛奶果汁

原料：蜂蜜1匙、牛奶100g、香蕉1个、苹果半个。

制作：香蕉、苹果去皮去核切成小块，将牛奶、蜂蜜、香蕉、苹果一起放入榨汁机中榨汁即可。

功效：开胃利肠，对食欲不振、大便干燥者有一定疗效。

9. 芒果椰子汁

原料：芒果1个、椰子1个取椰汁、香蕉1个、蜂蜜半匙、可可仁1匙、牛奶150g。

制作：将芒果、香蕉、可可仁放入榨汁机中榨汁，然后倒入椰子汁、蜂蜜、牛奶即可。

功效：清凉爽口、降暑除烦，对夏日不思饮食、心烦难眠者尤为适宜。

10. 鲜姜橘子汁

原料：橘子2个、鲜姜1块、苹果2个。

制作：将鲜姜、橘子去皮，苹果切成小块，然后一起榨汁即可。

功效：健脾、开胃、除湿，对感冒初愈者恢复食欲十分有益。

项目九　果蔬发酵技术

【知识目标】

(1) 掌握果酒最基本的酿造原理及影响发酵的主要因素。
(2) 了解果酒的基本概念、分类及各种果酒的特点。
(3) 理解葡萄酒酿造和果醋酿造的基本工艺及操作要点。
(4) 理解果酒成熟过程中的理化变化及后处理、澄清的方法。
(5) 了解葡萄酒酿造的主要质量问题及其控制办法。

【技能目标】

(1) 会讲解果酒的酿造工艺。
(2) 会进行葡萄酒和果醋的酿造。
(3) 能选择合适的控制方法解决萄酒酿造过程中的主要质量问题。

【必备知识】

(1) 微生物发酵方面的基本知识。
(2) 简单的酿造操作技术。

果酒是以果实为主要原料制得的，色、香、味俱佳且营养丰富的含醇饮料。水果经破碎、压榨取汁、发酵或者浸泡等工艺精心调配酿制而成的各种低度饮料酒都可称为果酒。我国习惯上对所有果酒都以其果实原料名称来命名，如葡萄酒、苹果酒、山楂酒等等。果酒类与其他酒类比较，具有独特的优点：一是营养丰富，含有多种糖类、有机酸、芳香酯、维生素、氨基酸和矿物质等营养成分，比如葡萄酒中的鞣质、白藜芦醇、花色素以及其他多酚物质，具有辅助预防和治疗心血管疾病，对癌症、艾滋病等的功能，且能抗菌、抗动脉硬化；此外，在猕猴桃酒、苹果酒、黑加仑酒中也含有一些这样的生物活性物质。因此经常适量饮用，能增加人体营养，有益身体健康；同时果酒酒精含量低，刺激性小，既能提神、消除疲劳，又不伤身体。二是果酒的生产符合我国酒类发展的政策。随着经济的发展，我国对酒类市场及时进行调整，使酒类由高度酒向低度酒转变，粮食酒向果酒转变，低档酒向高档酒转变，蒸馏酒向发酵酒转变，果酒的发展是大势所趋。三是果酒在色、香、味、格上别具风韵，不同的果酒，分别体现出色泽鲜艳、果香浓郁、口味清爽、醇厚柔和、回味绵长等不同风格，可以满足不同消费者的饮酒享受。四是果酒以各种栽培或山野果实为原料，河滩山地均可发展，不与粮棉争地，可以节约酿酒用粮，具有广阔的发展前景。

葡萄酒是果酒中的最大宗的品种，是世界上最古老的酒精饮料之一。其他果酒的风味虽各有不同，但其酿造工艺基本与葡萄酒相似，因此本项目主要以葡萄酒为例进行内容介绍。

葡萄酒的历史悠久，约在公元前 2000 年的巴比伦汉谟拉比王朝颁布的法典上，已有葡萄酒买卖的法律。到公元 3 世纪，欧洲已形成了与目前类似的葡萄主产区。我国有 2000 多年的葡萄酒酿造历史，汉武帝年间（公元前 119 年），张骞出使西域，带回葡萄品种和酿造技术。《史记》有“大宛以葡萄酿酒，富人藏酒万石，久贮数年不败”等记载。但由于种种历史原因，一直未能很好地发展。直至1892年，华侨张弼士在烟台建立“张裕酿酒公司”，才开始进行葡萄酒小型工业化生产。1980年我国葡萄酒产量近8万吨，1985年20多万吨，2000年全国葡萄酒产量超过了50万吨。近年来，我国葡萄酒产业发展迅猛，以“张裕”“长城”“王朝”为代表的三大品牌其产量和销售额占全国总量的50%以上，部分产品已销往国外，初步形成了葡萄原料基地、现代化酿造技术和销售配套的产、供、销体系。

全世界年产葡萄酒400万吨以上，主要集中在欧洲和美洲各国。目前世界葡萄酒市场的总体状况是供大于求，严重的生产过剩更加剧了市场竞争，使葡萄酒的消费转向优质葡萄酒。所以要想占领国际市场，就必须提高葡萄酒的质量。世界上主要葡萄酒生产国正在从品种选育、良种区域化、新型酿酒设备的研制、优良酵母和乳酸菌系的选择、活性干酵母的生产以及技术人员的培训等方面努力，以尽可能准确、实用地确定各种优质葡萄酒最佳生产条件和贮藏条件。

任务一　学习果酒酿造技术

一、果酒的分类

我国果酒种类很多，有各种不同的分类方法，一般按含酒精量高低、含糖多少、制酒的原料、采用的加工方法、含不含二氧化碳及酒的颜色深浅来分类。

以酒中含酒精量来分类，一般有低度果酒和高度果酒两类；以酒中的含糖量多少来分类，一般将果酒分为干酒、半干酒、半甜酒和甜酒等四类；以制酒的原料来源来分类，有葡萄酒、苹果酒、山楂酒、柑橘酒、杨梅酒等；以果酒的制作加工方法来分类，有发酵果酒、配制果酒、起泡果酒和蒸馏果酒等；以酒中二氧化碳含量和加工工艺将葡萄酒分为平静葡萄酒、起泡葡萄酒和特种葡萄酒。按原料颜色深浅或成品葡萄酒的颜色不同，可将葡萄酒分为白葡萄酒、桃红葡萄酒和红葡萄酒。

现介绍几种常见的分类法对果酒的种类进行叙述。

1. 以酒中含酒精量来分类

关于酒精含量（酒度）有几个定义，欧盟对酒精含量作了如下规定：

酒度：在20℃的条件下，100个体积单位中所含有的纯酒精的体积单位数量（A）。

潜在酒度：在20℃的条件下，100个体积单位中所含有的可转化的糖，经完全发酵能获得的纯酒精的体积单位数量（B）。

总酒度（T）：$T=A+B$。

自然酒度：在不添加任何物质时的总酒度。

根据国际葡萄与葡萄酒组织（OIV，1996）的规定，葡萄酒只能是破碎或未破碎的新鲜葡萄果实或葡萄汁经完全或部分酒精发酵后获得的饮料，其酒度不能低于8.5%（体积分数）。但是，根据气候、土壤条件，葡萄品种和一些葡萄产区特殊的质量因素或传统，在一些特定的地区，葡萄酒的最低总酒度可降低到7.0%（体积分数）。

以酒中含酒精量来分类，一般有低度果酒和高度果酒两类。

（1）低度果酒：酒精含量为17%以下，即俗称的17度。

（2）高度果酒：酒精含量为18%以上，即俗称的18度。

2. 以酒中的含糖量来分类

（1）干酒：含糖量小于或等于4g/L的葡萄酒。

（2）半干酒：含糖量大于干酒，最高为12g/L的葡萄酒。

（3）半甜酒：含糖量大于半干酒，最高为45g/L的葡萄酒。

（4）甜酒：含糖量大于45g/L的葡萄酒。

3. 以制作方法分类

（1）发酵果酒　将果实经过一定处理，取其汁液，经酒精发酵和陈酿而制成。发酵果酒不需要经过蒸馏，不需要在酒精发酵之前对原料进行糖化处理。发酵果酒的酒精含量比较低，多数在10%～13%（体积分数），酒精含量在10%以上时能较好地防止微生物（杂菌）对果酒的危害，保证果酒的质量。在发酵果酒中，葡萄酒占的比重最大，包括红葡萄酒和白葡萄酒。其中干葡萄酒的产量占整个葡萄酒的绝大多数。

（2）蒸馏果酒　也称果子白酒，是将水果进行酒精发酵后再经过蒸馏而得到的酒，又名白兰地。通常所称的白兰地，是指以葡萄为原料的白兰地。以其他水果酿造的白兰地，应冠以原料水果的名称，如樱桃白兰地、苹果白兰地、李子白兰地等。饮用型蒸馏果酒，其酒精含量多在40%～55%。酒精含量在79%以上时，可以用其配制果露酒或用于其他果酒的勾兑。直接蒸馏得到的果酒一般需进行酒精、糖分、香味和色泽等的调整，并经陈酿使之具有特殊风格的醇香。蒸馏果酒中也以白兰地的产量为最大。

（3）加料果酒　以发酵果酒为酒基，加入植物性芳香物等增香物质或药材等制成。常见的加料果酒也以葡萄酒为多。如加香葡萄酒，是将各种芳香的花卉及其果实利用蒸馏法或浸渍法制成香料，加入酒内，赋予葡萄酒以独特的香气。还有将人参、丁香、五味子和鹿茸等名贵中药加进葡萄酒中的，使酒对人体具有滋补和防治疾病的功效。这类酒有味美思、人参葡萄酒、丁香葡萄酒、参茸葡萄酒等。

（4）起泡果酒　该酒饮用时有明显刹口感，根据制作原料和加工方法的不同可将其分为香槟酒和汽酒。香槟酒是一种含二氧化碳的白葡萄酒，由于最初产于17世纪中叶法国的香槟省而得名。该酒是在上好的发酵白葡萄酒中加糖经二次发酵产生二氧化碳气体而制成的，其酒精含量为1.25%～14.5%，CO_2要求在20℃下保持压力0.34～0.49MPa。汽酒则是在配制果酒中人工充入二氧化碳而制成的一种果酒，CO_2要求在20℃下保持压力0.098～0.245MPa。香槟酒中经过二次发酵，所产生的二氧化碳气泡与泡沫细小均匀，较长时间不易散失；而人工充入的二氧化碳气泡较大，保持时间又短，容易散失。

（5）配制果酒　也称果露酒，是以配制的方法仿拟发酵果酒而制成的，通常是将果实或果皮和鲜花等用酒精或白酒浸泡提取，或用果汁加酒精，再加入糖分、香精及色素等调配而成。配制果酒有桂花酒、柑橘酒、樱桃酒、刺梨酒等。这些酒的名称许多与发酵果酒相同，但其品质和风味等相去甚远。

（6）鸡尾酒　是用多种各具色彩的果酒按比例配制而成的。

4. 以二氧化碳含量（以压力表示）**和加工工艺分类**

（1）平静葡萄酒（静酒）　在20℃时，二氧化碳压力小于0.05MPa的葡萄酒为平静葡萄酒。

（2）起泡葡萄酒　在20℃时，二氧化碳压力等于或大于0.05MPa的葡萄酒为起泡葡萄酒。当二氧化碳压力在0.05～0.25MPa时，称为低起泡葡萄酒或葡萄汽酒；当二氧化碳压力等于或大于0.35MPa（瓶容量小于0.25L，二氧化碳压力等于或大于0.3MPa）时，称为高起泡葡萄酒；当二氧化碳全部来源于葡萄原酒经密闭（于瓶或发酵罐中）自然发酵产生时，称为天然起泡葡萄酒；当二氧化碳是人为加入时，称为加气起泡（人工起泡）葡萄酒。

5. 按原料颜色深浅或成品葡萄酒的颜色分类

(1) 红葡萄酒　用红葡萄带皮发酵而成，酒液含有果皮或果肉中的有色物质，酒的颜色呈自然深宝石红、宝石红或紫红、石榴红。

(2) 白葡萄酒　用白葡萄或皮红肉白的葡萄分离发酵制成。酒的颜色近似无色、浅黄、金黄、禾秆黄等。凡具有深黄、土黄、棕黄和褐黄等色，均不符合白葡萄酒色泽的要求。

(3) 桃红葡萄酒　用带色的红葡萄短时间浸提或分离发酵制成。酒的颜色为桃红色或浅玫瑰红色。凡色泽过深或过浅的均不符合桃红葡萄酒的要求。

二、果酒酿造原理

果酒的酿造是利用有益微生物酵母菌等将果汁中可发酵性糖类经酒精发酵作用生成酒精，再在陈酿澄清过程中经酯化、氧化及沉淀等作用，制成酒液清晰，色泽鲜美，醇和芳香的产品。葡萄或葡萄汁能转化为葡萄酒主要靠酵母菌等的作用，酵母菌等可以将葡萄中的糖分解为乙醇、二氧化碳和其他副产物，因为主要反应是酵母菌等发酵，生成主要产物是乙醇(酒精)，所以果酒酿造过程称为酒精发酵。

1. 酒精发酵机理

果酒的酒精发酵是指果汁中所含的己糖，在酵母菌的一系列酶的作用下，通过复杂的化学变化，最终产生乙醇和二氧化碳的过程。简单反应式为：

$$C_6H_{12}O_6 \longrightarrow 2CH_3CH_2OH + 2CO_2$$

酵母菌的酒精发酵过程为厌氧发酵，所以发酵要在密闭无氧的条件下进行。如果有空气存在，酵母菌就不能完全进行酒精发酵作用，而部分进行呼吸作用，把糖转化成 CO_2 和水，使酒精产量减少。

果汁中的葡萄糖和果糖可直接被酵母菌发酵利用，蔗糖和麦芽糖在发酵过程中，需通过分解酶和转化酶的作用生成葡萄糖和果糖后，才可参与酒精发酵。但是果汁中的戊糖、木糖和酮糖等则不能被酵母菌发酵利用。

(1) 酒精发酵的主要过程

① 葡萄糖磷酸化，生成活泼的 1,6-二磷酸果糖。

② 1 分子 1,6-二磷酸果糖分解为 2 分子的磷酸丙酮。

③ 3-磷酸甘油醛转变成丙酮酸。

④ 丙酮酸脱羧生成乙醛，乙醛在乙醇脱氢酶的催化下，还原成乙醇。

(2) 酒精发酵的主要副产物

① 甘油。主要是在发酵时由磷酸二羟丙酮转化而来，也有一部分是由酵母细胞所含的卵磷脂分解而形成。甘油可赋予果酒以清甜味，并且可使果酒口味圆润，在葡萄酒中甘油的含量为 6～10mg/L。

② 乙醛。主要是发酵过程中丙酮酸脱羧而产生的，也可能是发酵以外由乙醇氧化而产生。葡萄酒中乙醛含量为 0.02～0.6mg/L，有时可达 0.3mg/L。游离的乙醛存在会使果酒具有不良的氧化味。用二氧化硫处理会消除此味。因为乙醛和二氧化硫结合可形成稳定的亚硫酸乙醛，此种物质不影响果酒的风味。

③ 醋酸。主要是乙醛氧化而生成，乙醇可氧化生成醋酸。但在无氧条件下，乙醇的氧化很少。醋酸为挥发酸，风味强烈，在果酒中含量不宜过多。一般在正常发酵情况下，果酒的醋酸含量只有 0.2～0.3g/L。醋酸在陈酿时可以生成酯类物质，赋予果酒以香味。

④ 琥珀酸。主要是由乙醛反应生成的，或者是由谷氨酸脱氨、脱羧并氧化而生成。琥

珀酸的存在可增进果酒的爽口性。琥珀酸在葡萄酒中含量一般低于1.0g/L。

⑤ 乳酸。在葡萄酒中，其含量一般低于1g/L。主要来源于酒精发酵和苹果酸-乳酸发酵。

⑥ 高级醇。在葡萄酒中的含量很低，但它是构成葡萄酒二类香气的主要物质。如含量过高，可使酒具有不愉快的粗糙感，且使人头痛致醉。高级醇在葡萄酒中的高级醇有异丙醇、异戊醇、异丁醇、活性戊醇、丁醇等，主要由代谢过程中的氨基酸、六碳糖及低分子酸生成。

⑦ 酯类。主要是由有机酸和醇发生酯化反应产生的。葡萄酒中的酯类物质可分为两大类，第一类为生化酯类，它们是在发酵过程中形成的，其中最重要的为乙酸乙酯，即使含量很少（0.15～0.20g/L），也具有酸味。第二类为化学酯类，它们是在陈酿过程中形成的，其含量可达1g/L。化学酯类的种类很多，是构成葡萄酒三类香气的主要物质。一般把葡萄酒的香气分为三大类：第一类是果香，它是葡萄本身具有的香气，又叫一类香气；第二类是发酵过程中形成的香气，为酒香，又叫二类香气；第三类是葡萄酒在陈酿过程中形成的香气，为陈酒香，又叫三类香气。

此外，还有一些由酒精发酵的中间产物（丙酮酸）所产生的具有不同味感的物质，如具辣味的甲酸，具烟味的延胡索酸，具榛子味的乙酸酮酐等。在发酵过程中，还有一些来自酵母细胞本身的含氮物质及其所产生的高级醇，它们是异丙醇、正丙醇、异戊醇和丁醇等。这些醇的含量很低，但它们是构成果酒香气的主要成分。

果酒在酒精发酵过程中所产生的酒精达到一定浓度时，就可以抑制或杀死其他有害的微生物，使果酒得以长期保存。

2. 果酒发酵微生物

果酒的酒精发酵与微生物的活动有密切的关系。果酒酿造的成败和品质的好坏，首先决定于参与发酵的微生物种类。凡是霉菌和细菌等有害微生物存在和参与，必然会造成酿造的失败。酵母菌是果酒发酵的主要微生物，而酵母的种类很多，其生理功能各异，有良好的发酵菌种，也有危害性的菌种存在。果酒酿制需选择优良的酵母菌进行酒精发酵，同时防止杂菌的参与。果酒发酵的优良酵母菌品种是葡萄酒酵母菌，它具备优良酵母菌的主要特征：发酵能力强，可使酒精度达到12%～16%，发酵效率高，可将果汁中的糖分充分发酵转化成酒精；抗逆性强，能在经二氧化硫处理的果汁中进行繁殖和发酵，在发酵中可产生芳香物质，赋予果酒特殊风味。葡萄酒酵母不仅是葡萄酒酿制的优良酵母，对于苹果、柑橘及其他果酒的酿制也属较好的菌种。

酵母菌广泛存在于自然界中，特别喜欢聚集于植物的分泌液中，果实上常附着大量的野生酵母，随破碎压榨带入果汁中参与酒精发酵。常见的品种有巴氏酵母菌和尖端酵母菌（又名柠檬型酵母菌）等。这些酵母菌的抗硫力较强。如尖端酵母菌能忍耐470mg/L的游离二氧化硫，其繁殖速度快，常在发酵初期活动占优势。但其发酵力较弱，只能发酵到4%～5%（体积分数）酒精度，在此酒精度下，该酵母即被杀死。生产中常采用大量接种优良酵母菌，使在果汁中形成优势来控制野生酵母的活动。

空气中的产膜酵母（又名伪酵母或酒花酵母菌）、圆酵母、醋酸菌以及其他菌类也常侵入发酵池或罐内活动。它们常于果汁发酵前或发酵势较弱时，在发酵液表面繁殖并生成一层灰白色的或暗黄色的菌丝膜。它们很强的氧化代谢力将糖和乙醇分解为挥发性酸和醛等物质，干扰正常的发酵进行。由于这些杂菌的繁殖需要充足的氧气，且其抗硫力弱，在生产上常采用减少空气，加强硫处理和接种大量的优良酵母菌等措施来消灭或抑制其活动。

(1) 葡萄酒酿造中的主要酵母菌种

① 真酵母

a. 酿酒酵母。酿酒酵母细胞为椭圆形，长径为8～9μm。产酒精能力（即可产生的最大酒精度）强（17%）；转化1%（体积分数）酒精需17～18g/L糖，抗SO_2能力强（250mg/L）。酿酒酵母在葡萄酒酿造过程中占有重要的地位，它可将葡萄汁中绝大部分的糖转化为酒精。

b. 贝酵母。贝酵母和葡萄酒酵母的形状和大小相似，它的产酒精能力更强，在酒精发酵后期，主要是贝酵母把葡萄汁中的糖转化为酒精。它抗SO_2的能力也强（250mg/L）。但贝酵母可引起瓶内发酵。

c. 戴尔有孢圆酵母。戴尔有孢圆酵母细胞小，近圆形（6.5μm×5.5μm），产酒精能力为8%～14%，它的主要特点是能缓慢地发酵大量的糖。

② 非产孢酵母

a. 柠檬形克勒克酵母。柠檬形克勒克酵母大量存在于葡萄汁中，它与酿酒酵母一起占葡萄汁中酵母总量的80%～90%。它的主要特征是产酒精能力低（4%～5%），产酒精效率低（1%的酒精需糖21～22g/L），形成的挥发酸多。但它对SO_2极为敏感，故可用SO_2处理的方式将它除去。

b. 星形假丝酵母。星形假丝酵母细胞小，椭圆形，产酒精能力为10%～11%，主要存在于感灰腐病的葡萄汁中。

(2) 在酒精发酵过程中酵母菌种类的变化　在酒精发酵过程中，不同的酵母菌种在不同阶段产生作用，好像“接力赛”一样。酒精发酵的触发主要是非产孢酵母的活动，如克氏酵母属的柠檬形克勒克酵母和圆酵母属的星形球拟酵母。随着发酵过程的推移，酿酒酵母开始占据优势，由于它的活动和酒精的产生，柠檬形克勒克酵母和星形假丝酵母的数量大幅度下降，作用也随之减弱。酿酒酵母由于它的高产酒精能力，其优势可一直保持到发酵结束。随着糖分的降低，酿酒酵母占的比例下降，酒精发酵的完成主要依赖于产酒精能力强的贝酵母。

3. 影响酒精发酵的主要因素

影响酵母菌生长和酒精发酵的主要因素是营养因素和环境因素。葡萄酒酵母其形状为椭圆形、圆形和香肠形等，细胞大小一般为(3～6)μm×(6～11)μm，膜很薄，原生质均匀、无色。在固体培养基上，25℃培养3d，形成菌落呈乳白色，边缘整齐，菌落隆起，湿润光滑。人工培育的葡萄酒酵母发酵能力和抗外界环境能力强。

影响酒精发酵的主要因素有以下几点：

(1) 温度　葡萄酒酵母菌的生长繁殖与酒精发酵的最适温度为20～30℃，如果温度继续升高达到35℃时，其繁殖速度迅速下降，酵母菌呈“疲劳”状态，酒精发酵有可能停止。酵母不再繁殖而且死亡时的温度大多为35～40℃。

果酒发酵有低温发酵和高温发酵之分。20℃以下为低温发酵，30℃以上则为高温发酵。后者的发酵时间短，酒味粗糙，杂醇、醋酸等生成量多。

① 发酵速度与温度。在20～30℃的温度范围内，当温度在20℃时酵母菌的繁殖速度加快，在30℃时达到最大值，每升高1℃，发酵速度就可提高10%。因此，发酵速度（即糖的转化）随着温度的升高而加快。但是，发酵速度越快，停止发酵越早，因为在这种情况下，酵母菌的疲劳现象出现较早。产生酒精的效率就越低，产生的副产物就越多。

② 发酵温度与产酒精效率。在一定范围内，温度越高，酵母菌的发酵速度越快，产酒精效率越低，而生成的酒度就越低。因此，如果要获得高酒度的葡萄酒，必须将发酵温度控

制在足够低的水平。当温度≤35℃时，温度越高，开始发酵越快；温度越低，糖分转化越完全，生成的酒度越高（表9-1）。

表9-1　同一葡萄汁在不同温度条件下的发酵情况

温度/℃	开始发酵时间	最终酒度(体积分数)/%	温度/℃	开始发酵时间	最终酒度(体积分数)/%
10	8d	16.2	25	3d	14.5
15	6d	15.8	30	36h	10.2
20	4d	15.2	35	24h	6.0

③ 发酵临界温度。当发酵温度达到一定值时，酵母菌不再繁殖，并且死亡，这一温度就称为发酵临界温度。如果超过临界温度，发酵速度就迅速下降，并引起发酵停止。由于发酵临界温度受许多因素如通风、基质的含糖量、酵母菌的种类及其营养条件等的影响，所以很难将某一特定的温度确定为发酵临界温度。在实践中常用“危险温区”这一概念来警示温度的控制，在一般情况下，发酵危险温区为32～35℃。但这并不是表明每当发酵温度进入危险区，发酵就一定会受到影响，并且停止，而只表明在这一情况下，有停止发酵的危险。应尽量避免温度进入危险区，而不能在温度进入危险区以后才开始降温，因为这时，酵母菌的活动能力和繁殖能力已经降低。因此，获得较高酒精度的果酒，就必须将发酵温度控制在较低的水平。需要指出的是，在控制和调节发酵温度时，应尽量避免温度进入危险区，而不能在温度进入危险区以后才开始降温，因为这时酵母菌的活动能力和繁殖能力已经降低。一般将35℃的高温称为果酒的临界温度，这是果酒发酵需避免的不利条件。

对于红葡萄酒，发酵最佳温度为26～30℃，而对于白葡萄酒和桃红葡萄酒，发酵的最佳温度为18～20℃。

(2) 酸度（pH）　酵母菌在中性或微酸性条件下发酵能力最强，但以pH4～6最好。而实际生产中，为了抑制细菌生长，控制在pH3.3～3.5为佳。酸度低并不利于酵母菌的活动，但却能抑制其他微生物的繁殖。酸度太低，会生成较多挥发酸。当果汁中酸度控制在pH3.3～3.5时，酵母菌能繁殖和进行酒精发酵，而有害微生物则不适宜这样的条件，其活动能被有效地抑制。但是，当pH下降至2.6以下时，酵母菌也会停止繁殖和发酵。

(3) 空气（通风，给氧）　酵母菌繁殖需要氧，在完全无氧条件下，酵母菌只能繁殖几代，然后就停止。在有氧气条件下，酵母菌生长发育旺盛，大量地繁殖个体。在缺氧条件下，个体繁殖被明显抑制，同时促进了酒精发酵。在进行酒精发酵以前，对葡萄的处理（破碎、除核、除梗、运送以及对白葡萄汁的澄清等过程）保证了部分氧的溶解。在发酵过程中，特别是发酵前期，氧越多，发酵就越快，越彻底。在生产中常用倒罐的方式来保证酵母菌对氧的需要。在果酒发酵初期，宜适当多供给些氧气，以增加酵母菌之个体数。一般在破碎和压榨过程中所溶入果汁中氧气已经足够酵母菌发育繁殖之所需，只有在酵母菌发育停滞时，才通过倒桶（罐）适量补充氧气。如果供氧气太多，会使酵母菌进行好气活动而大量损失酒精。如果缺氧时间过长，多数酵母菌就会死亡。因此，果酒发酵一般是在密闭条件下进行。

(4) 糖分　酵母菌生长繁殖和酒精发酵都需要糖，糖浓度为2%以上时酵母菌活动旺盛进行，当糖分超过25%时则会抑制酵母菌活动，如果达到60%以上时由于糖的高渗透压作用，酒精发酵停止。因此生产含酒精度较高的果酒时，可采用分次加糖的方法，这样可缩短发酵时间，保证发酵的正常进行。

(5) 酒精和二氧化碳　酒精和二氧化碳都是发酵产物，它们对酵母的生长和发酵都有抑制作用。酒精对酵母的抑制作用因菌株、细胞活力及温度而异，在发酵过程中对酒精的耐受性差别即是酵母菌菌群更替转化的自然手段。当酒精含量达到5%时尖端酵母菌就不能生长；葡萄酒酵母菌则能忍耐13%的酒精，甚至可以忍耐16%～17%的酒精浓度；而贝酵母在16%～18%的酒精浓度下仍能发酵，甚至能生成20%的酒精。这些耐酒精的酵母是生产高酒精度酒的有用菌株。一般在正常发酵生产中，经过发酵产生的酒精，不会超过15%～16%。

在发酵过程中二氧化碳的压力达到0.8MPa时，能停止酵母菌的生长繁殖；当二氧化碳的压力达到1.4MPa时，酒精发酵停止；到二氧化碳的压力达到3MPa时，酵母菌死亡。工业上常利用此规律外加0.8MPa的二氧化碳来防止酵母生长繁殖，保存葡萄汁。在较低的二氧化碳压力下发酵，由于酵母增殖少，可减少因细胞繁殖而消耗的糖量，增加酒精产率，但发酵结束后会残留少量的糖，可利用此方法来生产半干葡萄酒；起泡葡萄酒发酵时，常用自身产生的二氧化碳压力（0.4～0.5MPa）来抑制酵母的过多繁殖。加压发酵还能减少高级醇等的生成量。气压可以抑制CO_2的释放从而影响酵母菌的活动，抑制酒精发酵。

（6）二氧化硫　果酒发酵一般都采用亚硫酸（以二氧化硫计）来保护发酵。葡萄酒酵母菌具有较强的抗二氧化硫能力，可耐1g/L的SO_2。当原料果汁中游离二氧化硫含量为10mg/L时，对酵母没有明显作用，而对大多数有害微生物却有抑制作用。当二氧化硫为20～30mg/L时也只能延迟发酵进程6～10h；二氧化硫为50mg/L时，延迟发酵进程18～24h；而其他微生物则完全被杀死。葡萄酒发酵时，根据葡萄原料的好坏及酿制酒的类型不同，二氧化硫的使用量为30～120mg/L。

（7）其他因素

① 促进因素。酵母生长繁殖尚需要其他物质。和高等动物一样，酵母需要生物素、吡哆醇、硫胺素、泛酸、内消旋环己六醇、烟酰胺，它还需要甾醇和长链脂肪酸。基质中糖的含量等于或高于20g/L，促进酒精发酵。酵母繁殖还需供给氨基酸、游离氨基酸等氮源。

② 抑制因素。如果基质中糖的含量高于30%，由于渗透压作用，酵母菌因失水而降低其活动能力；如果糖的含量大于60%～65%，酒精发酵根本不能进行。乙醇的抑制作用与酵母菌种类有关，有的酵母菌在酒精含量为4%时就停止活动，而优良的葡萄酒酵母则可抵抗16%～17%的酒精。此外，高浓度的乙醛、SO_2、CO_2以及辛酸、癸酸等都是酒精发酵的抑制因素。

4. 果酒发酵、陈酿过程中的化学变化

酒精发酵是相当复杂的化学过程，有许多中间产物产生，而且需要一系列酶的参与。酵母菌酒精发酵的总反应式为：

$$C_6H_{12}O_6 + 2ADP + 2Pi \longrightarrow 2CH_5OH + 2CO_2 + 2ATP$$

（1）酒精发酵的化学反应

① 糖分子的裂解。糖分子的裂解包括酵母菌在无氧条件下，葡萄糖分解为丙酮酸的一系列反应，可以分为以下几个步骤：

a. 己糖磷酸化。己糖磷酸化是通过己糖磷酸化酶和磷酸糖异构酶的作用，将葡萄糖和果糖转化为1,6-二磷酸果糖的过程。

b. 1,6-二磷酸果糖分解。1,6-二磷酸果糖在醛缩酶的作用下分解为磷酸甘油醛和磷酸二羟丙酮；由于磷酸甘油醛将参加下一阶段的反应，磷酸二羟丙酮将转化为磷酸甘油醛，所以在这一过程中，只形成磷酸甘油醛一种。

c. 3-磷酸甘油醛氧化为丙酮酸。3-磷酸甘油醛在氧化还原酶的作用下，转化为3-磷酸甘油，后者在变位酶的作用下转化为2-磷酸甘油酸；2-磷酸甘油酸在烯醇化酶的作用下，先形成烯醇式磷酸丙酮酸，然后转化为丙酮酸。

② 丙酮酸的分解。丙酮酸首先在丙酮酸脱羧酶的催化下脱去羧基，生成乙醛和二氧化碳，乙醛则在氧化还原的情况下还原为乙醇，同时将3-磷酸甘油醛氧化为3-磷酸甘油酸。

③ 甘油发酵。在酒精发酵开始时，参加3-磷酸甘油醛转化为3-磷酸甘油酸这一反应所必需的NAD是通过磷酸二羟丙酮的氧化作用来提供的。这一氧化作用要伴随着甘油的产生。磷酸二羟丙酮每氧化一分子$NADH_2$，就形成一分子甘油，这一过程称为甘油发酵。在这一过程中，由于将乙醛还原为乙醇所需的两个氢原子（由$NADH_2$提供）已被用于形成甘油，所以乙醛不能继续进行酒精发酵反应。因此，乙醛和丙酮酸形成其他的副产物。

实际上，在发酵开始时，酒精发酵和甘油发酵同时进行，而且甘油发酵占优势。以后酒精发酵则逐渐加强并占绝对优势，而甘油发酵减弱，但并不完全。乙醇发酵中，还常有甘油、乙醛、醋酸、乳酸和高级醇等副产物，它们对果酒的风味、品质影响很大。

（2）陈酿　果酒完成发酵后，新酒中含有二氧化碳和二氧化硫，酵母的臭味、生酒味、苦涩味和酸味等都较重，还含有多量的细小微粒和悬浮物使酒液混浊。此时的葡萄酒混浊、辛辣，不适于饮用。因此，果酒必须经过陈酿澄清，消除酵母味和CO_2刺激味，使不良物质减少或消除，以使果酒风味醇和芳香，酒液清澈色美、清晰透明。这一过程称酒的老熟或陈酿。

① 成熟。葡萄酒经氧化还原等化学反应，以及聚合沉淀等物理化学反应，使其中不良风味物质减少，芳香物质增加，蛋白质、聚合度大的鞣质、果胶、酒石等沉淀析出，风味改善，酒体变澄清，口味醇和。这一过程需6～10个月甚至更长。此过程中氧化作用为主，故适当地接触空气，有利于酒的成熟。

② 老化。老化阶段即成熟阶段结束后，一直到成品装瓶前，这个过程是在隔绝空气的条件下，即无氧状态下形成的。随着酒中含氧量的减少，氧化还原电势也随之而降低，经过还原作用，不但使葡萄酒增加芳香物质，同时也逐渐产生了陈酒香气，使酒的滋味变得较柔和。

③ 衰老。此时品质开始下降，特殊的果香成分减少，酒石酸和苹果酸相对减少，乳酸增加，使酒体在某种程度上受到一定的影响，故葡萄酒的贮存期也不能一概以长而论。

（3）陈酿过程中的变化

① 酯化反应。果酒中所含有机酸和乙醇在一定温度下发生酯化反应生成酯和水。酯具有香味，它是果酒芳香的主要来源之一。酯类物质主要是在葡萄酒精发酵的过程中和陈酿过程中生成的。酯的含量随葡萄酒的成分和年限不同而异。新酒一般含有2～3mmol/L（176～264mg/L），老酒含有9～10mmol/L（792～880mg/L）。酯化反应的速度较慢，反应速度与温度成正比例关系，与时间则成反比例关系。酯的生成在葡萄酒贮藏的头两年最快，以后就变慢了，酯化反应不可能进行到底，因为酯化反应是一个可逆反应，进行到一个阶段便可达到限度，也就是酯化和水解达到了平衡。贮藏50年的葡萄酒，也只能产生理论上3/4的酯量。

果酒中的酯随着陈酿时温度的升高而增加，但当温度偏高时果酒本身就会变质。适当的升温（即热处理），可以增加酯的含量，从而改善果酒的风味。果酒中有机酸的种类不同，其成酯的速度不同，且形成的酯的芳香各具特色。当总酸为0.5%的葡萄酒，加以0.1%～0.2%的有机酸，则可以增加酯的含量，从而增进酒的风味。加入的酸以乳酸效果最好，柠檬酸及苹果酸次之，琥珀酸较差。pH影响酯化的速度。pH由4降到3时酯的生成量能增加1倍。

影响酯化反应的因素很多，主要有温度、酸的种类、pH和微生物等。温度与酯化反应速度成正比，在葡萄酒贮存过程中，温度愈高，酯的含量就愈高。这就是葡萄酒进行热处理的依据。经酶促反应生成酯的过程不受质量定律的约束，甚至可以超过化学反应的速度，酶促酯化的速度及所形成的酯的种类与产生酶的微生物品种有关。

酯化反应的例子有，乙酸和乙醇可生成醋酸乙酯：

$$CH_3COOH + HOCH_2CH_3 \longrightarrow CH_3COOCH_2CH_3 + H_2O$$

一分子的酒石酸和两分子的乙醇也可以生成酒石酸乙酯：

$$2CH_3CH_2OH + HOOCCHOHCHOHCOOH \longrightarrow CH_3CH_2OOCCHOHCHOHCOOCH_2CH_3 + 2H_2O$$

② 氧化还原反应。氧化还原作用是果酒加工中一个重要的反应，它直接影响到产品的品质。

无论是新酒还是经陈酿的老酒中，都存在甚至是痕量的游离态溶解氧。新酒中只含有纯的二氧化碳，而老酒中含的二氧化碳则少得多，但它含有大量的氮。果酒在陈酿过程中，由于换桶以及贮藏期间通过桶壁的缝隙也会有少量的氧进入酒中。当每升果酒中含有数十毫升氧气时，果酒就会产生“过氧化味”或引起果酒中发生混浊。因此，在果酒陈酿过程中要采取有效的预防措施，防止果酒中渗入超量的氧。

果酒中含有一定量的可被氧化的物质（还原物质），例如鞣质、色素、微量乳酸发酵所产生的1,3-二羟丙酮，还有原料果汁带入的维生素C等。这些物质的存在可能减少或防止果酒中有损品质的氧化反应，它们的存在赋予果酒较强的还原力，而果酒特有的芳香物质的形成正是果酒中的特殊成分被还原的结果。果酒较强的还原性利于果酒发酵的进行。

氧化条件下，葡萄酒的芳香味减弱，而还原作用促进了香味物质的形成，最后香味的增强程度是由所达到的极限电位来决定的。氧化还原作用与葡萄酒的芳香和风味关系密切，在不同阶段需要的氧化还原电位不一样。在成熟阶段，需要氧化作用，以促进鞣质聚合，促进某些不良风味物质的氧化，使易氧化沉淀的物质沉淀除去。在酒的老化阶段，则希望处于还原状态，以促进酒的芳香物质产生。

氧化还原作用还与酒的破败病有关，即葡萄酒暴露在空气中，常会出现混浊、沉淀、褪色等现象。

③ 澄清作用。果酒在陈酿过程中，由于酒石的析出，鞣质及色素的氧化沉淀，胶质物的凝固，鞣质与蛋白质结合产生的沉淀，以及酵母细胞的存在等都会使果酒发生混浊。

在葡萄酒中含有较大量的酒石酸，因为可溶于水，故不影响酒的稳定性。但是，当其形成不溶性的盐类（酒石）-酒石酸氢钾和酒石酸钙时，就会使酒发生混浊。利用低温可除去酒石酸盐，而广泛采用的方法是：添加偏酒石酸。在新酒中每升加入50～100mg的偏酒石酸可使果酒数月之内不发生沉淀。有低温的配合，防沉淀的效果更佳。

果酒中有离子态的物质、分子态的物质，以及胶体状的物质存在，会使果酒发生混浊。酵母菌细胞及其碎屑、树胶、蛋白质、果胶物质和大分子色素等在酒中可以形成胶体溶液，该胶体中的颗粒由小变大，最终使果酒液变得混浊，这是果酒不稳定的主要原因。

因此，发酵后必须通过澄清作用使果酒达到稳定澄清的状态。

三、工艺流程

果酒酿造采用的最普遍的方法就是发酵法，无论采用哪一类水果为原料酿造果酒，一般都采用该法。葡萄酒是国内果酒之大宗，在此以葡萄酒为例叙述果酒的酿造工艺。

1. 葡萄酒酿造工艺流程

红葡萄→选料→破碎、除梗→葡萄浆→成分调整→浸提与发酵（加入 SO_2、酒母）→压榨→后发酵→倒桶→苹果酸→乳酸发酵→贮酒→调配→过滤→干红葡萄酒

白葡萄→选料→破碎、除梗→葡萄浆→分离取汁→澄清→发酵（加入 SO_2、酒母）→倒桶→贮酒→过滤→冷处理→调配→过滤→干白葡萄酒

2. 操作要点

（1）原料的选择　合适的葡萄酒原料才能酿出优质的葡萄酒。虽然葡萄的酿酒适性好，任何葡萄都可以酿出葡萄酒，但只有适合酿酒要求和具有优良质量的葡萄才能酿出优质的葡萄酒。干红葡萄酒要求原料色泽深、风味浓郁、果香典型、糖分含量高、酸度适中、完全成熟，糖分、色素积累到最高，而酸度适宜时采收。干白葡萄酒要求果粒充分成熟，即将要达到完全成熟，具有较高的糖分和浓郁的香气，出汁率高。

（2）破碎　破碎是将葡萄浆果压破，以利于果汁的流出。在破碎过程中，应尽量避免撕碎果皮、压破种子和碾碎果梗，降低杂质（葡萄汁中的悬浮物）的含量；在酿造白葡萄酒时，还应避免果汁与皮渣接触时间过长。当前的一般要求是，在生产优质葡萄酒时，只将原料进行轻微的破碎。如果需加强浸渍作用，最好是延长浸渍时间，而不是提高破碎强度。破碎可用破碎机单独进行，也可用破碎-除梗机与除梗同时进行。此外，在进行小型生产中试验时，也可用人工破碎。

（3）去梗　去梗是将葡萄浆果与果梗分开并将后者除去。去梗一般在破碎后进行，且常常与破碎在同一台破碎-除梗机中进行。在葡萄酒酿造中，应该进行去梗，可以部分去梗（10%～30%），也可以全部去梗。如果生产优质、柔和的葡萄酒，应全部去梗。

（4）压榨　经分离后的皮渣还含有30%～40%的葡萄汁，应将它们送往压榨机进行压榨。压榨时，一方面需提高出汁率，压力应足够大；另一方面，所施加压力不应过大，以避免压烂果梗、果皮、种子等，故一般采用分次压榨的方法来解决。压榨的机器类型很多，如立式压榨机、卧式螺旋压榨机、双板式压榨机、气囊压榨机等，这些类型各具优缺点，目前多趋向于使用双板式压榨机和气囊式压榨机。

（5）澄清　经分离和压榨获得的葡萄汁，因含有杂质而呈混浊状态。杂质的存在对最终葡萄酒的风味影响很大，所以发酵前必须进行澄清处理以得到澄清的葡萄汁。澄清的方法主要有：①二氧化硫处理；②果胶酶处理；③皂土；④还有一些其他的方法（如离心分离等）都可用于葡萄汁的澄清。

（6）葡萄汁成分的调整　为了克服原料因品种、采收期和年份的差异，而造成原料含糖量、含酸及鞣质等成分的不足现象，必须对发酵原料成分进行调整，确保葡萄酒质量并促使发酵安全进行。另外为使酿制的成品酒成分稳定并达到要求指标，必须对果汁中影响酿制质量的成分做适当调整。

① 糖分的调整。糖是酒精生成的基础，根据酒精发酵反应式计算，理论上要产生1%酒精需要葡萄糖1.56g或蔗糖1.475g。但实际发酵过程中除了主要生成酒精和二氧化碳外，还有少量的甘油、琥珀酸等产物的形成，并且酵母菌本身的生长繁殖也要消耗一定的糖分，还有酒精本身的挥发损失等。所以实际生成1%酒精需1.7g左右的葡萄糖或1.6g左右的蔗糖。

一般葡萄汁的含糖量为14～20g/100mL，只能生成8.0%～11.7%的酒精。而成品葡萄酒的酒精度多要求为12%～13%，甚至16%～18%。增高酒精度的方法：一种是补加糖使其生成足量的酒精；另一种是发酵后补加同品种高浓度的蒸馏酒或经处理的食用酒精。优质葡萄酒酿制需用第一种方法。

生产上为了计算方便，可应用经验数字。如要求发酵生成12%～13%酒精，则分别用230～240减去果汁原有的糖量。果汁含糖量高时（15g/100mL以上）可用230，含糖量低时（15g/100mL以下）则用240。按上例果汁含糖17g/100mL，每升加糖量为：230－170＝60（g）。

酵母菌在含糖20g/100mL以下的糖液中，其繁殖和发酵都较旺盛，若再提高糖的浓度，繁殖和发酵就会受到一定程度的抑制。因此，生产上酿制高酒精度的葡萄酒时常分次将糖加入发酵液中，以免将糖浓度一次提得太高。加糖时，先用少量果汁将糖溶解，再加到大批果汁中去。除加糖外，还可加浓缩果汁。

② 酸分调整。酸在葡萄酒发酵中起重要作用，它可抑制细菌繁殖，使发酵顺利进行；使红葡萄酒得到鲜明的颜色；使酒味清爽，并使酒具有柔软感；与醇生成酯，增加酒的芳香；增加酒的贮藏性和稳定性。调整酸度可有利于酿成后的酒的口感，有利于贮酒时稳定性以及有利于酒精发酵的顺利进行。

果酒发酵时其酸分在0.8～1.2g/100mL最适宜。若酸度低于0.5/100mL则需要加入适量酒石酸、柠檬酸或酸度较高的果汁进行调整，一般用酒石酸进行增酸效果较好。若酸度偏高，可采用化学降酸法，即用碳酸钙、碳酸氢钾或酒石酸钾，其中任意一种都可中和过量的有机酸，降低酸度；或者可以采用冷冻法促进酒石酸盐沉淀来降酸；还可用生物法即苹果酸-乳酸发酵、裂殖酵母将苹果酸分解成酒精和CO_2，来降低酸度。果汁中的酸分以0.8～1.2g/100mL为适宜。此量酵母菌最适应，又能给成品酒浓厚的风味，增进色泽。若酸度低于0.5g/100mL，则另加酒石酸或柠檬酸或酸度高的果汁，如酸度过高，除用糖浆降低或用酸低的果汁调整外，也可用中性酒石酸钾中和。

另外，有些品种的葡萄其鞣质物质含量偏低，可适量加入鞣质或者用鞣质含量较高的葡萄进行调整，以满足果酒酿制对鞣质的需要。国际葡萄与葡萄酒协会规定，可用酒石酸对葡萄汁直接增酸，最多用量在1.5g/L。一般在pH大于3.6或可滴定酸低于0.65%时应该对葡萄汁加酸。

对于红葡萄酒，应在酒精发酵前补加酒石酸，这样利于色素的浸提。若加柠檬酸，应在苹果酸-乳酸发酵后再加。白葡萄酒加酸可在发酵前或发酵后进行。

（7）换桶（倒桶）　酒精发酵结束后的葡萄酒，仍含有许多易引起混浊的成分，经过一段时间静置贮藏之后，这些物质就会沉淀到罐底。换桶就是将葡萄酒与其沉淀物分开的操作，也就是将葡萄酒从一个贮藏容器转到另一贮藏容器。换桶是葡萄酒陈酿过程中的第一步管理操作，也是最基本、最重要的操作。不换桶或换桶不当都会导致葡萄酒在陈酿过程中败坏。换桶产生的效应：①澄清作用；②可以通气；③有利于二氧化碳和其他一些挥发性物质的挥发；④均质化；⑤调整二氧化硫处理葡萄酒；⑥利用转罐机会清洗容器。换桶应有适当的时间和次数。换桶的方式主要视情况而定。

（8）添桶（罐）　由于各种原因，在贮藏过程中，贮藏容器中葡萄酒液面下降，从而造成空隙，因此必须定期添桶。它的目的至少是可以减少固定的酒液面与空气接触而导致的氧化或醋酸菌的危害。添桶的间隔时间取决于顶空的变化速率、温度、容器的类型及其密封性等因素。

（9）二氧化硫处理和酒母添加　由于SO_2的独特作用，破碎除梗后一般根据原料的卫生状况和工艺要求加入50～100mg/L的SO_2。经过SO_2处理后，即使不添加酒母，酒精发酵也会自然地触发。但是，有时为了使酒精发酵提早触发，也加入人工培养酒母或活性干酵母。

（10）取汁　葡萄经过破碎成浆之后，应立即分离出葡萄汁，以避免浸渍作用、发酵触发和氧化现象。分离取汁的方法可分为静止分离和动力分离，静止分离就是将破碎的葡萄装入压榨容器、依靠重力的作用，使葡萄汁流出。等到容器装满后，开始压榨、取压榨汁。动力分离是为了加速葡萄汁的分离和提高自流汁的比例，对原料进行较小强度的挤压，这种方法需要分离机器。

（11）过滤　过滤是一种常见的澄清方法，它是让酒液通过具有很细微孔的滤层来除去沉淀物质。微粒和杂质因不同的作用机制被滞留在滤层上。对于较混浊的新葡萄酒，由于含有较多的杂质，应使用筛析过滤。而对于较澄清的葡萄酒，应使用吸附过滤。过滤的时间最好选在过冬之后进行，以便于酸性酒石酸钾的凝结沉淀。而对于要求提高其生物稳定性的葡萄酒，装瓶前可用孔目直径为1.20μm或0.65μm的过滤膜过滤，前者可以除去酵母菌，后者可以除去乳酸菌和醋酸菌。这一种过滤叫作薄膜过滤，但不是以澄清为目的，而是以除去微生物为目的。

3. 低浓度酒粉

低度酒是指酒精含量少于20%的酒。如葡萄酒、香槟酒、苹果酒、清酒等。过去，用这类酒制粉末酒时，在原酒（未经浓缩的酒液）中加入其含水量的70%水溶性多糖（如糊精）物质，然后进行喷雾干燥。这种方法喷雾效果较差；现在，将原酒先浓缩后加入水溶性多糖，再喷雾干燥效果较理想。

制作方法：低度酒先进行浓缩，制成浓缩酒，再加入多糖进行喷雾干燥。随着浓缩酒含水量的降低（酒精含量增加），所加入的多糖量要比过去加在原酒的量少得多，所以易于喷雾干燥。这时将有90%以上的酒精转入粉末酒中，此外，由于加填充物少，制出的粉末酒酒度高，风味怡人。

（1）浓缩　酒类的冷冻浓缩是基于产生结冰和降低冰点的原理。在进行低酒度酒类的冷冻浓缩时，为了尽量减少香味成分和呈味成分的损失，把低酒度酒类放在－60～－10℃的冷库中进行冷冻，再将结成的冰用机械法除去。其冷冻时间10h以上，最好在30～80h。装酒的容器以20L左右为好，过大冷冻时间太长，过小冷冻时间太短。结冰时间亦要控制适当，结冰时间短的话，结冰速度快，这样从微细冰晶出现到结冰期间会发生成分的损失。如把酒度为9.5%的葡萄酒装在导热性能好的聚乙烯袋中，于－25℃的冷库中放48h，冷冻后的葡萄酒温度为－20℃，当生成粗大冰块并结冰率达到60%时，用普通离心机进行分离，即可得到浓缩2.5倍的酒度为24%的浓缩葡萄酒。分离时损失很低，仅1%左右。由此可见，此法不需要特殊的设备，操作也很简单，浓缩时也不影响风味而且经济效果很好。为了恢复原酒的醇厚和芳香风味，应尽量不再补加酒精。

（2）喷雾干燥　制成酒度为10%、15%、20%、30%、40%的葡萄酒浓缩物100kg，按其含水量分别加入130%的糊精（水解率DE值为13），混合溶解后进行喷雾干燥试验，结果见表9-2。

表9-2　不同酒度喷雾干燥情况表

编号	葡萄酒浓缩物成分/%	混合溶液成分/kg				混合溶液黏度(40℃)	喷雾干燥情况	所得粉末量/kg	粉末酒精含量/%	酒精含量/%
		酒精	糖	水	糊精					
1	酒精10 糖　2	10	2	38	114.4	195cP	无法喷雾	—	—	—

续表

编号	葡萄酒浓缩物成分/%	混合溶液成分/kg				混合溶液黏度(40℃)	喷雾干燥情况	所得粉末量/kg	粉末酒精含量/%	酒精含量/%
		酒精	糖	水	糊精					
2	酒精 15 糖 3	15	3	82	106.6	170cP	不好	115	6.5	49.8
3	酒精 20 糖 4	20	4	76	98.8	150cP	稍好	115	12.5	71.9
4	酒精 30 糖 6	30	6	64	83.2	105cP	好	114	23.0	87.4
5	酒精 40 糖 8	40	8	52	67.6	65cP	好	112	33.0	92.4

注：1cP＝1mPa·s，下同。

从表 9-2 可以看出，浓缩物的酒度必须在 20%以上时，才能顺利地进行喷雾。这时粉末酒中的酒精含量才能达到所要求的浓度和比例。

实例（1）：把 15kg 白葡萄酒（酒精含量 16%，固形物 5%）装入聚乙烯袋中，放入镀锡罐内，在－40℃的冷冻库中放 3d，这时袋内的葡萄酒温度为－33℃，成果子露状，从袋内取出用离心机除去冰块，即可制成酒度 32%、固形物 10%的浓缩葡萄酒 7.4kg。分离出冰块 7.6kg，对冰块进行分析，葡萄酒的成分损失为 1%左右。

在 7.4kg 浓缩葡萄酒中加入酶解糊精（DE＝10）6kg，混合溶解后，在干燥室 75℃的条件下进行喷雾干燥，得葡萄酒粉末 8.7kg（酒度 24%，固形物 8.5%，水分 2.5%）。

这种粉末酒等于原酒浓缩了 1.7 倍，风味醇厚，可用作西式肉汤添加剂或糕点生产原料。

实例（2）：红葡萄酒 l0kg（酒度 9%，固形物 2.5%）加到容量 2L 的不锈钢容器内，在－23℃的冷冻室内冷冻 48h，这时葡萄酒温度为－15℃，成冰激凌状，取出后用小型离心机分离出冰晶，可得浓缩葡萄酒（酒度 20.3%，固形物 5.6%）4.4kg，分离出冰晶 5.6kg（冰晶率＝5.6kg/l0kg×100＝56%）。

把 4.4kg 红葡萄酒浓缩物加入 4.6kg 酶解糊精（DE＝14）和 1kg 95%的酒精，混合溶解后，采用圆盘喷雾干燥器在 75℃的条件下进行喷雾干燥，制得红葡萄酒粉末 6.4kg（酒精 25.5%，固形物 3.8%，水 3%）。

该粉末酒等于原酒浓度 1.6 倍，添加糊精没对风味造成影响，该产品可广泛用于食品和糕点原料。

把低浓度酒类先行冷冻浓缩，制成酒精含量为 20%～50%的浓缩物，这就可以除去一部分水分，之后，浓缩物加入甜味小、黏性低的水溶性多糖，在尽可能低的温度下进行喷雾干燥，即制成粉末酒。这种粉末酒即使长期保存，也能保持良好的粉末状态，而且风味也不会发生变化。当把粉末酒加到水里或碳酸水里后，很快就会溶解，原酒风味毫无损失地再现出来，所以饮用时能给人以快感，这种粉末酒可广泛地用于食品和糕点工业。

四、常见质量问题及控制

在酿制过程中环境设备消毒不严，原材料不合规格，以及操作管理不当等，均可引起果酒发生各种病害质量问题。主要是微生物的原因，也有化学方面的原因。

1. 生膜

生膜又名生花，是由酒花菌类繁殖形成的。果酒暴露在空气中，就会在表面生长一层灰白色或暗黄色、光滑而薄的膜，随后逐渐增厚、变硬，膜面起皱纹，此膜将酒面全部盖满。

振动后膜即破碎成小块（颗粒）下沉，并充满酒中，使酒混浊，产生不愉快气味。酒花菌的种类很多，主要是膜醭毕赤酵母菌，该菌在酒度低、空气充足、24～26℃时最适宜繁殖。当温度低于4℃或高于34℃时停止繁殖。

防治方法：①不使酒液表面与空气过多接触，贮酒盛器需经常添满，密闭贮存，要保持周围环境及容器内外的清洁卫生；②在酒面上加一层液体石蜡隔绝空气，或经常充满一层二氧化碳或二氧化硫气体；③在酒面上经常保持一层高浓度酒精。若已发生生膜，则需用漏斗插入酒中，加入同类的酒充满盛器使酒花溢出以除之。注意不可将酒花冲散。严重时需用过滤法除去酒花再行保存。

2. 变味

（1）酸味　果酒变酸主要是由于醋酸菌发酵引起的。醋酸菌繁殖时先在酒面上生出一层淡灰色薄膜，最初是透明的，以后逐渐变暗，有时变成一种玫瑰色薄膜，出现皱纹，并沿器壁生长而高出酒的液面。以后薄膜部分下沉，形成一种黏性的稠密的物质，称为醋母。但有时醋酸菌的繁殖并不生膜。由于醋酸菌经常危害果酒，所以，它是果酒酿造业的大敌。醋酸菌可以使酒精氧化成醋酸，使其产生刺舌感。若醋酸含量超过0.2%，就会感觉有明显的刺舌，不宜饮用。

引起醋酸发酵的醋酸菌种类很多，常见的是醋酸杆菌。这类菌繁殖的最适条件是：酒精度12%以下，有充足的空气供给，温度为33～35℃，固形物及酸度较低。防治方法与生膜相同。已感染上醋酸菌时，没有最好的处理办法，只能采取加热灭菌，病菌在72～80℃保持20min。凡已贮存过病酒的容器要用碱水洗泡，刷洗干净后用硫黄杀菌。

（2）霉味　用生过霉的盛器、清洗除霉不严、霉烂的原料未能除尽等原因都会使酒产生霉味。霉味可用活性炭处理过滤而减轻或去除。

（3）苦味　苦味多由种子或果梗中的糖苷物质的浸出而引起。可通过加糖苷酶加以分解，或提高酸度使其结晶过滤除之。有些病菌（如苦味杆菌）的侵染也可以产生苦味，主要发生在红葡萄酒的酿制中，白葡萄酒发生较少，老酒中发生最多。

防止办法：主要是采用二氧化硫杀菌，一旦感染了苦味菌的酒，应马上进行加热杀菌，然后采用下述方法处理：

① 进行下胶处理1～2次。

② 可通过加入病酒量3%～5%的新鲜酒脚（酒脚洗涤后使用）并搅拌均匀，沉淀分离之后苦味即可去除。

③ 也可将一部分新鲜酒脚同酒石酸1kg、溶化的砂糖10kg进行混合，一齐放入1000L病酒中，同时接纯酵母培养发酵，发酵完毕再在隔绝空气下过滤。

④ 将病酒与新鲜葡萄皮渣浸渍1～2d，也可获得较好的效果。

得了苦味菌的病酒在换桶时，一定注意不要与空气接触，否则会加重葡萄酒的苦味。

（4）硫化氢味和乙硫醇味　硫化氢味（臭皮蛋味）和乙硫醇味（大蒜味）是酒中的固体硫被酵母菌所还原而产生硫化氢和乙硫醇而引起的。因此，硫处理时切勿将固体硫混入果汁中。利用加入过氧化氢的方法可以去除之。

（5）其他异味　酒中的木臭味、水泥味和果梗味等可经加入精制的棉籽油、橄榄油和液体石蜡等与酒混合使之被吸附。这些油与酒互不溶合而上浮，分离之后即去除异味。

3. 变色

在果酒生产过程中如果铁制的机具与果酒或果汁相接触，使酒中的铁含量偏高（超过8～10mg/L）就会导致酒液变黑。铁与鞣质化合生成鞣质酸铁，呈蓝色或黑色（称为蓝色或黑色败坏)。铁与磷酸盐化合则会生成白色沉淀(称为白色败坏)。因此，在生产实践中需避免铁质机具与果汁和果酒接触，减少铁的来源。如果铁污染已经发生，则可以加明胶与鞣质沉淀后消除。

此外，果酒生产过程中果汁或果酒与空气接触过多时，由于过氧化物酶在有氧的情况下会将酚类化合物氧化而呈褐色(称为褐色败坏)。一般用二氧化硫处理可以抑制过氧化物酶的活性，加入鞣质和维生素C等抗氧化剂，都可有效地防止果酒的褐变。

4. 混浊

果酒在发酵完成之后以及澄清后分离不及时，由于酵母菌体的自溶或被腐败性细菌所分解而产生混浊；由于下胶不适当也会引起混浊；也有可能是由于有机酸盐的结晶析出、色素鞣质物质析出以及蛋白质沉淀等均会导致酒液混浊。这些混浊现象可采用下胶过滤法除去。如果是由于再发酵或醋酸菌等的繁殖而引起混浊则需先行巴氏杀菌后再用下胶处理。

另外葡萄酒的病害问题也可分为微生物病害、物理化学病害及不良风味等三大类。

任务二　学习果醋酿造技术

果醋是采用醋酸发酵技术酿造而成的果汁发酵饮料，它含有丰富的有机酸、氨基酸、维生素，有良好的营养、保健作用，风味芳香，此外醋酸具有醒脑、提神、消除疲劳、生津止渴、增进食欲等作用。

果醋发酵，如以含糖果品为原料，需经过两个阶段进行，先为酒精发酵阶段，然后为醋酸发酵阶段，利用醋酸菌将酒精氧化为醋酸。如以果酒为原料则只进行醋酸发酵。

一、果醋发酵理论

1. 醋酸发酵微生物

醋酸菌大量存在于空气中，种类繁多，对乙醇的氧化速度有快有慢，醋化能力有强有弱，性能各异。果醋生产为了提高产量和质量，避免杂菌污染，采用人工接种的方式进行发酵。用于生产食醋的细菌有纹膜醋酸杆菌、白膜醋酸杆菌和许氏醋酸杆菌等。目前用得较多的是恶臭醋杆菌混浊变种、巴氏醋酸菌巴氏亚种及中科院微生物研究所提供的醋酸杆菌As7015。醋酸菌为椭圆形或短杆状，革兰阴性，无鞭毛，不能运动，产醋力6%左右，并伴有乙酸乙酯生成，增进醋的芳香，缩短陈酿期，但它能进一步氧化醋酸。醋酸菌大量存在于空气中，种类也很多，对酒精的氧化速度有快有慢，醋化能力有强有弱，性能各异。目前醋酸工业应用的醋酸菌有许氏醋酸杆菌及其变种弯曲杆菌，它们是一种不能运动的杆菌，产醋力强，对醋酸没有进一步氧化能力，用作工业醋酸生产菌株。我国食醋生产应用的醋酸菌有恶臭醋酸杆菌混浊变种及巴氏醋酸菌亚种，细胞椭圆形或短杆状，革兰阴性，无鞭毛，不能运动，产醋力6%左右，并伴有乙酸乙酯生成，增进醋的芳香，缩短陈酿期，但它能进一步氧化醋酸。

醋酸菌的繁殖和醋化与下列环境条件有关：

(1) 酒精浓度　果酒中的酒精浓度超过14%(体积分数)时，醋酸菌不能忍受，繁殖迟缓，被膜变得不透明，灰白易碎，生成物以乙醛为多，醋酸产量少。若酒精浓度在12%～14%(体积分数)，醋化作用能很好进行直至酒精全部变成醋酸。

(2) 溶解氧　果酒中的溶解氧愈多，醋化作用愈完全。理论上100L纯酒精被氧化成醋酸需要38.0m^3纯氧，相当于空气量183.9m^3。实践上供给的空气量还须超过理论数15%～

20%才能醋化完全。反之，缺乏空气，醋酸菌则被迫停止繁殖。

(3) 二氧化硫 果酒中的二氧化硫对醋酸菌的繁殖有抑制作用。若果酒中的二氧化硫含量过多，则不适宜醋酸发酵。解除其二氧化硫后，才能进行醋酸发酵。

(4) 温度 温度在10℃以下，醋化作用进行困难。20～32℃为醋酸菌繁殖最适宜温度，30～35℃醋化作用最快，达40℃时停止活动。

(5) 酸度 果酒的酸度对醋酸菌的发育亦有妨碍。醋化时，醋酸量逐渐增加，醋酸菌的活动也逐渐减弱。当酸度达某限度时，其活动完全停止，一般能忍受8%～10%的醋酸浓度。

(6) 太阳光线 光线对醋酸菌发育有害。而各种光带的有害作用相比较，以白色为最烈，其次顺序是紫色、青色、蓝色、绿色、黄色及棕黄色，红色危害最弱，与黑暗处醋化时所得的产率相同。

2. 醋酸发酵的生物化学变化

醋酸菌在充分供给氧的情况下生长繁殖，并把基质中的乙醇氧化为醋酸，这是一个生物氧化过程。

首先，乙醇被氧化成乙醛：

$$CH_3CH_2OH + 1/2O_2 \longrightarrow CH_3CHO + H_2O$$

然后，乙醛吸收一分子水成水化乙醛：

$$CH_3CHO + H_2O \longrightarrow CH_3CH(OH)_2$$

最后，水化乙醛再氧化成醋酸：

$$CH_3CH(OH)_2 + 1/2O_2 \longrightarrow CH_3COOH + H_2O$$

理论上100g纯酒精可生成130.4g醋酸，而实际产率较低，一般只能达理论数的85%左右。其原因是醋化时酒精的挥发损失，特别是在空气流通和温度较高的环境下损失更多。此外，醋酸发酵过程中，除生成醋酸外，还生成二乙氧基乙烷、高级脂肪酸、琥珀酸等等。这些酸类与酒精作用在陈酿时产生酯类，赋予果醋芳香味。所以果醋也如果酒，经陈酿后品质变佳。

有些醋酸菌在醋化时将酒精完全氧化成醋酸后，为了维持其生命活动，能进一步将醋酸氧化成二氧化碳和水：

$$CH_3COOH + 2O_2 \longrightarrow 2CO_2 + 2H_2O$$

故当醋酸发酵完成后，一般常用加热杀菌或加食盐阻止其继续氧化。

二、果醋酿造工艺

1. 醋母制备

优良的醋酸菌种，可以从优良的醋酸或生醋（未消毒的醋）中采种繁殖，亦可用纯种培养的菌种。

(1) 醋酸菌种扩大培养步骤

① 固体培养。取浓度为1.4%的豆芽汁100mL、葡萄糖3g、酵母膏1g、碳酸钙1g、琼脂2～2.5g，混合，加热熔化，分装于干热灭菌的试管中，每管装量4～5mL，在9.80×10^4Pa的压力杀菌15～20min，取出，乘未凝固前加入50%（体积分数）的酒精0.6mL，制成斜面，冷后，在无菌操作下接种优良醋醅中的醋酸菌种，26～28℃恒温下培养2～3d即成。

② 液体扩大培养。取浓度为1%的豆芽汁15mL，食醋25mL，水55mL，酵母膏1g及酒精3.5mL配制而成。要求醋酸含量为1%～1.5%，醋酸与酒精的总量不超过5.5%。装

盛于 500～1000mL 三角瓶中，常法消毒。酒精最好于接种前加入。接入固体培养的醋酸菌种 1 支。26～28℃恒温下培养 2～3d 即成，在培养过程中，每日定时摇瓶一次或用摇床培养，充分供给空气及促使菌膜下沉繁殖。

培养成熟的液体醋母，即可接入再扩大 20～25 倍的准备醋酸发酵的酒液中培养之，制成醋母供生产用。上述各级培养基也可直接用果酒配制。

2. 果醋酿制的方法

果醋酿制分液体酿制和固体酿制两种。

(1) 液体酿制法　液体酿制法是以果酒或果汁为原料。酿制果醋的原料酒，必须是酒精发酵完全、澄清的。优良的果醋仍由优良的果酒而得，但质量较差或已酸败的果酒亦适宜酿醋。

工艺流程为：

果品原料→清洗→破碎、榨汁→粗果汁→接种酵母→酒精发酵→加醋酸菌→醋酸发酵→过滤→灭菌→陈酿→成品

将酒精含量调整为 7%～8%（体积分数）的果酒装入醋化器中，为容积的 1/3～1/2，接种醋母液 5%左右。醋化器为一浅木盆（搪瓷盆或耐酸水泥池均可），高 20～30cm，大小不定，盆面用纱窗遮盖，盆周壁近顶端处设有许多小孔以利通气并防醋蝇、醋鳗等侵入。酒液深度约为木桶高度的一半，液面浮以格子板，以防止菌膜下沉。在醋化期中，控制室温 30～35℃，24h 后发酵液面上有醋酸菌的菌膜形成，每天搅拌 1～2 次，约经 10d 即可醋化完成。取出大部分果醋，留下菌膜及少量醋液在盆内，再补加果酒，继续醋化。

(2) 固体酿制法　固体酿制法以果品或残次果品、果皮、果心等为原料，同时加入适量的麸皮。其工艺流程为：

果品原料→清洗→破碎→加少量稻壳、酵母菌→酒精发酵→加麸皮、稻壳、醋酸菌→醋酸发酵→淋醋→灭菌→陈酿→成品

① 酒精发酵。取果品洗净、破碎后，加入酵母液 3%～5%，进入酒精发酵，在发酵过程中每日搅拌 3～4 次，经 5～7d 发酵完成。

② 制醋坯。将酒精发酵完成的果品，加入麸皮或谷壳、米糠等，为原料量的 50%～60%，作为疏松剂，再加培养的醋母液 10%～20%（亦可用未经消毒的优良的生醋接种），充分搅拌均匀，装入醋化缸中，稍加覆盖，使其进行醋酸发酵，醋化期中，控制品温在30～35℃之间。若温度升高至 37～38℃时，则将缸中醋坯取出翻抖散热，若温度适当，每日定时翻拌 1～2 次，充分供给空气，促进醋化。经 10～15d，醋化旺盛期将过，随即加入 2%～3%食盐，搅拌均匀，即成醋坯。将此醋坯压紧，加盖封严，待其陈酿后熟，经 5～6d 后即可淋醋。

③ 淋醋。将后熟的醋坯放在淋醋器中。淋醋器用一底部凿有小孔的瓦缸或桶，距缸底 6～10cm 处放置滤纸板，铺上滤布。从上面徐徐淋入约与醋坯等量的冷却沸水，泡 4h 后，醋液从缸底小孔流出，这次淋出的醋称为头醋。头醋淋完以后，再加入凉开水，再淋，即二醋。二醋含醋酸很低，供淋头醋用。

3. 工艺流程

以苹果醋酿造的工艺流程为实例介绍。

(1) 工艺流程

苹果→选果→清洗→破碎→榨汁→过滤→澄清（加酶处理）→酒精发酵（酵母菌）+调整酒精含量→醋酸发酵（醋酸菌）→杀菌→

水、苹果汁、糖
↓
发酵原液→ 发酵饮料调制 → 精滤 → 灌装 → 封口 → 杀菌 →成品

（2）技术要点

① 酒精发酵。压榨出的苹果汁加入果胶酶进行澄清处理后，接入5%～10%的酵母培养液进行酒精发酵，主发酵时加70～80mg/kg SO_2，加糖发酵使酒精含量达13%以上，主发酵结束后，分离过滤，然后进行成分调整，再经陈酿即制成苹果酒。

② 醋酸发酵。酒精发酵结束后，加入苹果汁调整酒精浓度，接入10%醋酸培养液，在30℃条件下，发酵至酒精浓度低于0.2%（体积分数），醋酸4～6g/100mL为宜。

任务三　学习果蔬发酵的主要设备

发酵容器一般为发酵与贮藏两用，要求不渗漏、能密闭、不与酒液起化学作用。使用之前必须同盛器的所在场所一样进行严格的清理和消毒处理。

发酵设备要求能控温，易于洗涤、排污，通风换气良好等。发酵容器与发酵设备使用前应进行清洗，用SO_2或甲醛熏蒸消毒处理。

一、发酵桶

一般用橡木（柞木）、山毛榉木、栎木或栗木制作。由于木质系多孔物质，可发生气体交换和蒸发现象，酒在桶中轻度氧化的环境中成熟，赋予酒柔细醇厚滋味，尤其新酒成熟快，酒质好，是酿造高档红葡萄酒和某些特产名酒的传统、典型容器。但该类容器造价较高，维修费用大，对贮酒室要求建在地下，贮存管理较麻烦。发酵桶呈圆筒形，上部小，下部大，容量3000～4000L或10000～20000L，靠桶底15～40cm的桶壁上安装阀门，用以放出酒液。桶底开一排渣阀，上口有开口式与密闭式两种（图9-1）、密闭式桶盖上安装发酵栓［图9-2(a)、(b)］。密闭式发酵桶也可制成卧式安放。

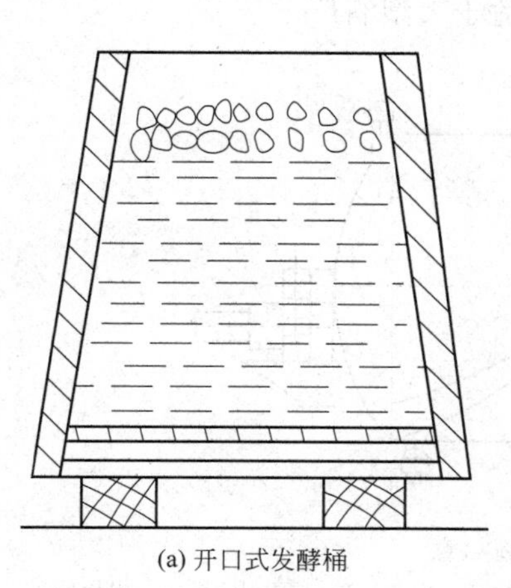

(a) 开口式发酵桶

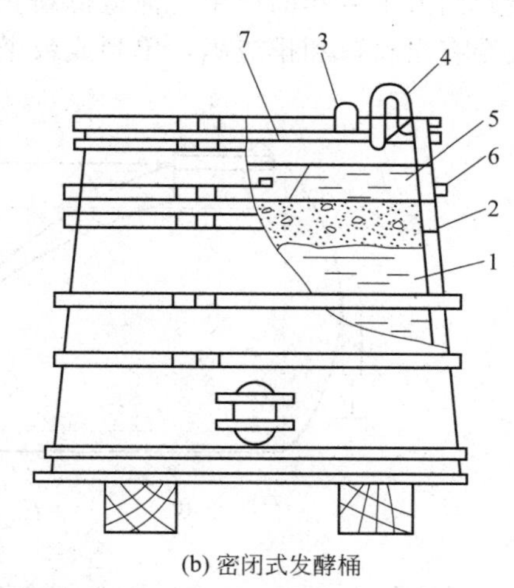

(b) 密闭式发酵桶

图9-1　发酵桶

1—葡萄汁；2—葡萄皮渣；3—桶门；4—倒U管式发酵栓；5—压葡萄皮渣的木箅子；6—支柱；7—桶盖

二、发酵池

水泥发酵池造价低，坚固耐用，大小不受限制，能密闭，使用方便。但占地面积大，不易搬迁，池表面易腐蚀，施工不当会出现渗漏，维修费用较高，空池不宜保管，不宜贮放高档葡萄酒。

通常用钢筋混凝土或石、砖砌成发酵池，形状有六面形或圆形，大小不受限制，能密闭，池盖略带锥度，以利气体排出而不留死角。盖上安有发酵栓［图 9-2(c)］、进料孔等。池壁及池底均需用防水材料处理，用防水粉（硅酸钠）涂布，也可镶瓷砖，以防渗漏。为了防止果酒（汁）的酸与钙起作用，影响酒的品质，需敷设瓷砖或用涂料涂敷，常见的涂料有石蜡涂料、环氧树脂涂料和酒石酸。池底稍倾斜，安有放酒阀、废水阀及排放渣汁活门等。池内安有降（升）温温控设备及自动翻汁设备。

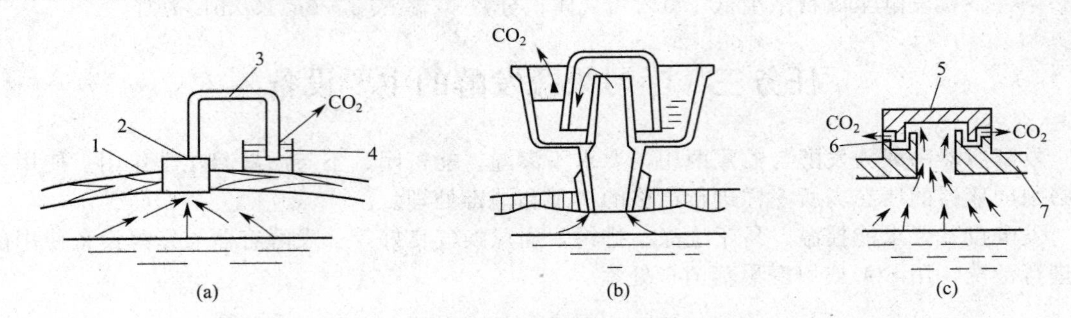

图 9-2　各种形式的发酵栓

(a)(b) 适用于发酵桶的发酵栓；(c) 适用于发酵池的发酵栓

1—圆孔；2—软木塞；3—倒 U 形玻璃管；4—玻璃瓶；5—池盖；6—U 形管；7—池顶

三、专门发酵设备

目前国内外一些大型企业普遍采用金属材料制成的发酵罐，如旋转发酵罐（图 9-3）、自动连续循环发酵罐等。发酵罐常用不锈钢和碳钢板制成内层有涂料的圆锥体发酵罐。占地面积小，可不建厂房，坚固耐用，易搬迁，维修费用低，密封条件好，易清洗，易保管，露天贮酒能起到人工老熟的作用。但造价高。罐内设置升降温装置，罐顶端设有进料口和排气阀等，底端有出料口和排渣阀，单列或数个串联，适于大型酒厂。

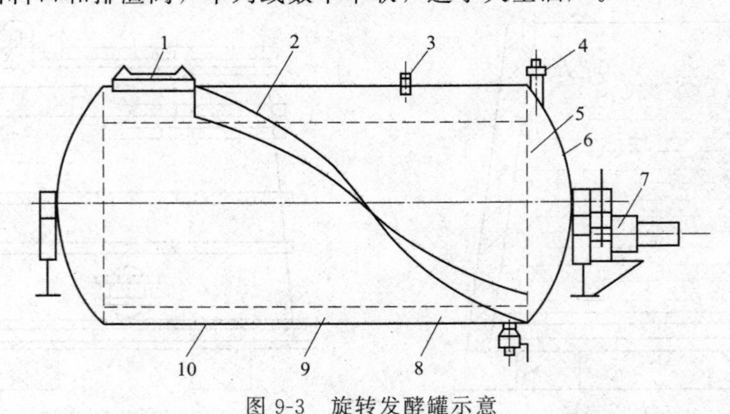

图 9-3　旋转发酵罐示意

1—盖；2—螺线刮刀；3—浮标；4—安全阀；5—穿孔鼓底；6—底；7—电机；8—穿孔内壁；9—内层间隙；10—转筒

【课后思考题】

(1) 果酒的基本概念是什么？

(2) 果酒是怎样进行分类的？

(3) 什么是酒精发酵？
(4) 怎样保证果酒酒精发酵顺利进行，提高果酒质量？
(5) 果酒陈酿过程中的主要化学变化有哪些？这些变化对果酒品质有什么作用？
(6) 简述葡萄酒酿造原理，并说明影响酒精发酵的因素。
(7) 葡萄酒酿造的基本工艺流程是什么？其技术要点是什么？
(8) 果酒中常见的质量问题有哪些？其产生的原因和控制办法是什么？
(9) 对葡萄酒进行澄清和稳定处理的方法各有哪些？
(10) 果醋酿造和果酒酿造的主要区别是什么？

【知识拓展】

各种果醋的制作方法

1. 葡萄醋

制作方法：香醋适量，大串葡萄，蜂蜜适量。葡萄洗净去皮、去籽后放入榨汁机中榨汁，将滤得的果汁倒入杯中，加入香醋、蜂蜜调匀即可饮用。

健康功效：能够减少肠内不良细菌数量，帮助有益细菌繁殖，消除皮肤色斑。此外，葡萄醋内的多糖、钾离子能降低体内酸性，从而缓解疲劳，增强体力。

2. 酸梅醋

制作方法：谷物醋 1000g、梅子 1000g、冰糖 1000g。将梅子充分洗净后，用布一颗颗擦干；按先梅子后冰糖的顺序放入广口瓶中，然后缓缓地注入谷物醋。密封置于阴凉处一个月后，便可以饮用。梅子也可以做成腌梅食用。

健康功效：起到减肥瘦身、调和酸性体质的作用，坚持饮用可以加速新陈代谢，有效地将体内的毒素排出，帮助消化，改善便秘，预防老化。

3. 柠檬醋

制作方法：白醋 200g，柠檬 500g，冰糖 250g。将柠檬洗净晾干，切片，取玻璃罐，放入柠檬片后加入白醋，密封 60d 即成。

健康功效：柠檬醋能防止牙龈红肿出血，还可以有效地压制黑斑、雀斑的生长。长期饮用柠檬醋还可以增强抵抗力，让皮肤更加白皙透嫩。

4. 草莓醋

制作方法：谷物醋 1000g，熟透的草莓 1000g，冰糖 1000g。将草莓充分洗净后除蒂部，将草莓和冰糖依次置入广口瓶中，然后缓缓地注入谷物醋。密封置于阴凉处一周后，便可饮用。

健康功效：长期坚持饮用草莓醋可以改善慢性疲劳、缓解肩膀酸痛，还会对便秘有很好的疗效。草莓醋对于压制青春痘、面疱、雀斑的生长也有很好的帮助。

5. 苏打醋

制作方法：糯米醋 60g，冰汽水 300g，如果口味需要还可以加入蜂蜜少许。在糯米醋中加入蜂蜜少许。在糯米醋中加入汽水，然后倒入蜂蜜，现冲现饮。

健康功效：苏打醋不但非常好喝，而且有清热解渴、瘦身去脂、补充维生素的作用。它可以有效地调节体内酸碱值，增强身体活力，防止身体老化。

6. 玫瑰醋

制作方法：白醋一瓶，玫瑰花20～30朵。将上述材料混合后放在玻璃瓶内，盖紧盖子放置7d左右就可以了。醋可以加水直接喝，也可以和蜂蜜混合之后喝，口感酸酸甜甜的很不错。

健康功效：气味清香，能帮助新陈代谢，调节生理机能，缓解生理不顺等不适现象，更有养颜美容的神奇效果，让你轻松拥有粉嫩好气色。

7. 猕猴桃醋

制作方法：将一个猕猴桃去皮，取果肉后，和一瓶陈醋、若干冰糖一起放进玻璃罐中密封，待冰糖溶化后即可饮用。

健康功效：富含维生素A、维生素C及纤维质的猕猴桃醋，能有效促进人体的新陈代谢，并能防止吃肉后消化不良，营养过剩而导致的发胖。

项目十　果蔬的综合利用

【知识目标】

（1）掌握果蔬副产品色素、果胶、籽油、膳食纤维、有机酸的提取技术。

（2）了解果蔬综合加工利用的基本内容及意义。

【技能目标】

（1）会讲解果蔬中功能性的成分及特性。

（2）能够分析并简述不同果蔬加工的基本原理及加工的意义。

【必备知识】

（1）果蔬功能性成分的提取技术。

（2）果蔬加工的基本特性。

所谓果蔬综合的加工利用，就是指通过一条龙的加工体系，对果蔬的果、皮、汁、肉、种子、根茎、叶、花及加工后的残渣和落地果、野生果等的有效成分进行综合利用。我国果蔬种类繁多，种植面广，产量大，每年收获果蔬除供给市场新鲜果蔬和贮藏加工产品外，往往还有大量的副产品，如果皮、果心、种子及其他果蔬产品的下脚料；同时从栽培至收获的过程中，还会有大量的落花、落果及残次果实，而这些原料中又含有很多有用的成分，可以加工或提取有相当高价值的产品，这些就是果蔬综合加工利用的来源。综合利用不仅可以防止和减轻环境污染，还可一变多用、小变大用、无变有用、变废为宝，促进整个果蔬加工业的发展。

从果蔬中提取有效功能成分，生产有一定保健功能的功能食品成为果蔬加工的一个新方向。人们都知道在果蔬汁中含有许多天然植物物质，这些物质具有一定的生理活性和医疗保健功能，如红葡萄中含有白藜芦醇，能够抑制胆固醇在血管壁的沉积，防止动脉中血小板的凝聚，有利于防止血栓的形成，还具有抗癌作用；蓝莓被称为果蔬中的“第一号抗氧化剂”，它具有防止功能失调的作用和改善短期记忆、提高老年人的平衡性和协调性等作用；坚果（如白果）中含有类黄酮，能抑菌、抗肿瘤；番茄中含有番茄红素，具有抗氧化作用，能较为有效地防止前列腺癌、消化道癌以及肺癌的产生；生姜中含有姜醇和姜酚等，具有降血抗凝、抗肿瘤等作用；胡萝卜中含有胡萝卜素，具有抗氧化作用，消除人体内自由基。从果蔬中分离、提取、浓缩出这些功能成分，制成胶囊或将这些功能成分添加到各种食品中，已成为当前和今后果蔬加工的新趋势。

果蔬的综合利用有：从山楂、酸枣、葡萄、辣椒、沙棘、柑橘果皮等中提取色素类物质；从苹果、葡萄、山楂、香蕉、枇杷、柑橘中提取果胶物质；从苹果皮渣、梨渣、椰子渣、柑橘果皮渣中提取膳食纤维；从番茄、葡萄、柑橘中提取籽油；从柑橘类、葡萄提取柠檬酸、酒石酸等有机酸；核果类果实的核是制造活性炭的良好原料；从菠萝中提取蛋白酶等。还可以利用果蔬的下脚料做酒精、种植食用菌等。此外，蔬菜也有一些综合利用，如利用蘑菇预煮液制成健肝片；利用食用菌提取物制美容化妆品；从生姜渣中提取姜油树脂；从洋葱中提取黄酮；从南瓜子中提取糖蛋白、多糖等活性物质。

任务一　学习果蔬综合利用技术

一、色素提取基础知识

随着科学技术的发展和人们对于健康的意识加强，合成色素对人体的危害已日益引起人们的高度重视。所以目前世界各国使用合成色素的品种和数量日趋减少，而天然色素不仅使用安全，还具有一定的营养或药理作用，深受消费者的信赖和欢迎。因此合成色素逐渐被天然色素所取代已是大势所趋，开发安全可靠的天然色素对保障国民健康和促进食品工业的发展都具有十分重要的意义。

果蔬是天然食品，具有天然色素，果蔬之所以呈现各种不同的颜色，是因为其体内存在着多种多样的色素。在果蔬中，最为常见的色素有叶绿素、类胡萝卜素、花青素及花黄素。色素按溶解度可分为脂溶性色素和水溶性色素，例如叶绿素和类胡萝卜素属于脂溶性色素，而花青素和花黄素就属于水溶性色素。

叶绿素普遍存在于果蔬中，并且使果蔬呈现绿色。叶绿素又可分为叶绿素 a 和叶绿素 b，前者显蓝绿色，后者显黄绿色。它们在果蔬体内的含量约为 3∶1，是果蔬进行光合作用的重要成分。叶绿素不溶于水，易溶于乙醇、乙醚等有机溶剂；叶绿素在酸性条件下，分子中的镁为氢离子所取代，生成暗绿色至绿褐色的脱镁叶绿素；叶绿素分子中的镁也可为铜、锌等所取代，铜叶绿素色泽亮绿，较为稳定；叶绿素不耐热也不耐光。

类胡萝卜素使果蔬呈现橙黄色，是一大类脂溶性的橙黄色素，又可分为胡萝卜素类及叶黄素类。胡萝卜素类的结构特征为共轭多烯烃，包括 α-胡萝卜素、β-胡萝卜素、γ-胡萝卜素及番茄红素，溶于石油醚，微溶于甲醇、乙醇。在胡萝卜、番茄、西瓜、杏、桃、辣椒、南瓜、柑橘等蔬菜水果中普遍存在，其中以 β-胡萝卜素分布最广，含量最高；胡萝卜素是维生素 A 的前体，在人体内可转化成维生素 A，而番茄红素不能转化成维生素 A；番茄红素是番茄表现为红色的色素，它是胡萝卜素的同分异构体。叶黄素类为共轭多烯烃的含氧衍生物，在果蔬中的叶黄素、玉米黄素、隐黄素、番茄黄素、辣椒黄素、柑橘黄素、β-酸橙黄素等等都属于此类色素，其中隐黄素在人体内可转化成维生素 A。一般而言，类胡萝卜素受 pH 变化的影响较小，具有耐热及着色力强的特点，遇锌、铜、铝、铁等也不易被破坏，但遇强氧化剂容易褪色。

花青素是果蔬呈现红、紫等色的主要色素，以溶液的状态存在于果皮（苹果、葡萄、李等）和果肉（紫葡萄、草莓等）中。在自然状态下以糖苷的形式存在，又有花青素苷之称。花青素稳定性较差，易受 pH 变化的影响，一般酸性下显红色，较稳定，碱性时呈蓝色，近中性时显紫色，对光和热较敏感，放置过久易变成褐色。

花黄素是最重要的植物色素之一，通常为浅黄色至无色，偶尔为鲜橙色，通常主要是指黄酮及其衍生物，所以也有黄酮类色素之称，广泛存在于果蔬之中。花黄素是水溶性色素，稳定性较好，有些黄酮成分具有较好的活性，有活化和降低血管透性的作用。

1. 果蔬色素提取工艺流程

为了保持果蔬色素的固有优点和产品的安全性、稳定性，一般提取工艺大多采用物理方法，较少使用化学方法。目前提取色素的工艺主要有浸提法、浓缩法和先进的超临界流体萃取法等。

浸提法工艺设备简单，其关键是如何提高产品得率和纯度，其一般工艺流程为：

原料→清洗→浸提→过滤→浓缩→干燥成粉或浸膏→产品

浓缩主要用于天然果蔬汁的直接压榨、浓缩提取色素，其一般工艺流程为：

原料→清洗→压榨果汁→浓缩→干燥→成品

超临界流体萃取法是现代高新技术用于果蔬色素提取的先进方法，其一般工艺流程为：

原料→清洗→萃取器萃取→分离→干燥→成品

2. 果蔬色素提取技术要点

（1）原料处理　果蔬原料中的色素含量与品种、生长发育阶段、生态条件、栽培技术、采收手段及贮存条件等有密切关系。如葡萄皮色素、番茄色素，不同品种以及不同成熟度的原料差别很大。浸提法生产收购到的优质原料，需及时晒干或烘干，并合理贮存；有些原料还需进行粉碎等特殊的前处理，以便提高提取效率；提取不同的色素，对原料要进行不同的处理，生产前要严格试验，找出适宜的前处理方法。浓缩法的原料处理以及榨汁过程可参考果蔬汁的加工。对于超临界流体萃取法提取色素，也应将原料洗涤、沥干及适当地破碎后，提取色素。

（2）萃取　对于用浸提法提取色素：第一，应选用理想的萃取剂，因为优良的溶剂不会影响所提取色素的性质和质量，并且提取效率高、价格低廉以及回收或废弃时不会对环境造成污染；第二，萃取的温度要适宜，既要加快色素的溶解，又要防止非色素类物质的溶解增多；第三，大型工业化生产应采用进料与溶剂成相反梯度运动的连续作业方式，以提高效率并节省溶剂；第四，萃取时应随时搅拌。对于超临界流体萃取法，一般所选的溶剂为 CO_2，在萃取时应控制好萃取压力和温度。

（3）过滤　过滤是浸提法提取果蔬色素的关键工序之一，若过滤不当，成品色素会出现混浊或产生沉淀，尤其是一些水溶性多糖、果胶、淀粉、蛋白质等，不过滤除去，将严重影响色素溶液的透明度，还会进一步影响产品的质量和稳定性。过滤常常采用离心过滤、抽滤，目前还有超滤技术等。另外，为了提高过滤效果，往往采用一些物理化学方法，如调节pH、用等电点法除去蛋白质、用酒精沉淀提取液中的果胶等。

（4）浓缩　色素浸提过滤后，若有有机溶剂，须先回收溶剂以降低产品成本，减少溶剂损耗，大多采用真空减压浓缩先回收溶剂，然后继续浓缩成浸膏状；若无有机溶剂，为加快浓缩速度，多采用高效薄膜蒸发设备进行初步浓缩，然后再真空减压浓缩。真空减压浓缩的温度控制在60℃左右，而且也可隔绝氧气，有利于产品的质量稳定，切忌用火直接加热浓缩。

（5）干燥　为了使产品便于贮藏、包装、运输等，有条件的工厂都尽可能地把产品制成粉剂，但是国内大多数产品是液态型。由于多数色素产品未能找到喷雾干燥的载体，直接制成的色素粉剂易吸潮，特别是花苷类色素，在保证产品质量的前提下，制成粉剂有一定的难度，对这类色素可以保持液态。干燥工艺有塔式喷雾干燥、离心喷雾干燥、真空减压干燥以及冷冻干燥等。

（6）包装　包装材料应选择轻便、牢固、安全、无毒的物质，对于液态产品多用不同规格的聚乙烯塑料瓶包装，粉剂产品多用薄膜包装；包装容器必须进行灭菌处理，以防污染产品。无论何种类型产品和使用何种包装材料，为了色素的质量稳定和长期贮存，一般应放在低温、干燥、通风良好的地方避光保存。

3. 果蔬色素的精制纯化

用果蔬提取的色素，由于果蔬本身成分十分复杂，使得所提色素往往还含有果胶、淀粉、多糖、脂肪、有机酸、无机盐、蛋白质、重金属离子等非色素物质。经过以上的提取工艺得到的仅仅是粗制果蔬色素，这些产品色价低、杂质多，有的还含有特殊的臭味、异味，直接影响着产品的稳定性、染色性，限制了它们的使用范围。所以必须对粗制品进行精制纯化。精制纯化的方法主要有以下几种。

(1) 酶法纯化　利用酶的催化作用使得色素粗制品中的杂质通过酶的反应而被除去，达到纯化的目的。如由蚕沙中提取的叶绿素粗制品，在pH 7的缓冲液中加入脂肪酶，30℃下搅拌30min，以使酶活化，然后将活化后的酶液加入到37℃的叶绿素粗制品中，搅拌反应1h，就可除去令人不愉快的刺激性气味，得到优质的叶绿素。

(2) 膜分离纯化技术　膜分离技术特别是超滤膜和反渗透膜的产生，给色素粗制品的纯化提供了一个简便又快速的纯化方法。孔径在0.5nm以下的膜可阻留无机离子和有机低分子物质；孔径在1～10nm之间，可阻留各种不溶性分子，如多糖、蛋白质、果胶等。让色素粗制品通过一特定孔径的膜，就可阻止这些杂质成分的通过，从而达到纯化的目的。黄酮类色素中的可可色素就是在50℃、pH 9、入口压力490kPa的工艺条件下，通过管式聚砜超滤膜分离而得到的纯化产品，同时也达到浓缩的目的。

(3) 离子交换树脂纯化　利用阴阳离子交换树脂的选择吸附作用，可以进行色素的纯化精制。葡萄果汁和果皮中的花色素就可以用磺酸型阳离子交换树脂进行纯化，除去其粗制品浓缩液中所含的多糖、有机酸等杂质，得到稳定性高的产品。

(4) 吸附、解吸纯化　选择特定的吸附剂，用吸附、解吸法可以有效地对色素粗制品进行精制纯化处理。意大利对葡萄汁色素的纯化，美国对野樱果色素的精制，我国栀子黄色素、萝卜红色素的纯化都应用此法，取得了满意的效果。

现将果蔬原料中几种食用色素的提取工艺介绍如下。

二、果胶提取基础知识

果胶是一种多糖聚合物，广泛存在于绿色植物中，与纤维一起具有结合植物组织的作用。果胶是一种耐酸的胶凝剂和完全无毒无害的天然食品添加剂，它是优良的胶凝剂、稳定剂、增稠剂、悬浮剂、乳化剂。果胶最重要的特性是胶凝化作用，即果胶水溶液在适当的糖、酸存在时能形成胶冻。加入少量果胶，就可显著提高食品质量和口感。已广泛地用于食品工业，在医药、化妆品等方面也得到了应用。

许多果蔬原料中都含有果胶物质，其中以柑橘类、苹果、山楂等含量较丰富，其他如杏、李、桃等，蔬菜中的南瓜、马铃薯、胡萝卜、甜菜、番茄等含量也较多。果胶物质是以原果胶、果胶和果胶酸三种状态存在于果实的组织内的一类高分子多糖化合物，分子量介于10000～400000之间。一般在接近果皮的组织中含量最多。各种状态的果胶物质具有不同的特性。未成熟的果蔬中，果胶主要以原果胶的状态存在，是果胶和纤维素的化合物；果蔬成熟时，原果胶逐渐分解成为果胶与纤维素，以果胶状态存在为主；当果蔬过熟，果胶又进一步分解为果胶酸及甲醇。因此，过熟的果蔬中，果胶主要以果胶酸的状态存在。在果蔬成熟过程中，三种状态的果胶物质同时存在，只是在果蔬不同的成熟时期，每一种果胶状态含量有所不同罢了。在果实组织中，果胶物质存在的形态不同，会影响果实的食用品质和加工性能。果胶物质中的原果胶及果胶酸不溶于水，只有果胶可溶于水。果胶在溶液状态时遇酒精和某些盐类如硫酸铝、氯化铝、硫酸镁、硫酸铵等易凝结沉淀，可以使之从溶液中分离出来，通常就是利用这些特性来提取果胶的。商品果胶是从柑橘皮、苹果皮、柚皮、甜菜根中经过酸提取、酒精沉淀等工艺制备而成，商品果胶根据甲酯化程度分为高甲氧基果胶（HM型）和低甲氧基果胶（LM型），通常将甲酯化度为50%以上（相当于甲氧基7%以上）的果胶称为高甲氧基果胶，而将甲酯化度低于50%的果胶称为低甲氧基果胶。

高甲氧基果胶粉为淡黄色或淡灰白色，溶于水，味微酸无异味，含水7%～10%，胶凝力达100～150级（150级果胶意指1g果胶粉溶于水中，在pH3～3.4之间能使加入的150g砂糖完全凝固成果冻）。高甲氧基果胶的胶凝特性与糖的浓度有关，与糖的种类关系不大。与糖共存时，pH在3.6以下胶凝性较强，pH小于2.8胶凝作用很差，产品中的含糖量在62%～65%时，果胶凝胶性最强，含糖量少于60%胶冻较脆弱。果胶的分子量越大，胶冻化能力越强。

低甲氧基果胶粉为白色，溶于水，甲氧基含量为2.5%～4.5%，它在糖和酸的作用下不凝胶化，需要在少量的二价阳离子（如葡萄糖酸钙、乳酸钙、氯化钙等）作用下才可产生凝胶，但在pH2.8～6.5、可溶性固形物（糖）10%～55%下凝胶效果最佳。

在果胶提取中，真正富有工业提取价值的是柑橘类的果皮、苹果渣、甜菜渣等，其中最富有提取价值的首推柑橘类的果皮。

三、膳食纤维基础知识

1970年前营养学中没有“膳食纤维”这个名词，而只有“粗纤维”，并认为它是一种非营养成分，影响人体对食物中的营养素，尤其微量元素的吸收。然而几十年的调查与研究发现，这种“非营养素”与人体健康密切相关，它在预防人体的某些疾病方面起着重要作用，于是提出了“膳食纤维”这一概念，同时取消了“粗纤维”这一营养学名词。然而膳食纤维并不是单一的实体而是许多复杂有机物质的混合物，因而给予膳食纤维唯一明确的定义就有一定的困难。1999年11月2日，在第84届美国谷物化学师协会（AACC）年会上确定了膳食纤维定义：膳食纤维是指不能被人体小肠消化吸收，而在大肠中能被部分或全部发酵的可食用植物性成分、碳水化合物及其类似物的总和，包括多糖、寡糖、木质素以及相关的植物物质，具有润肠通便、调节控制血糖浓度、降血脂等一种或多种生理功能。定义中明确规定膳食纤维是一种可以食用的植物性成分，而非动物成分，主要包括纤维素、半纤维素、果胶及亲水胶体物质，如树胶、海藻多糖等组分；另外还包括植物细胞壁中所含有的木质素；不被人体消化酶所分解的物质，如抗性淀粉、抗性糊精、抗性低聚糖、改性纤维素、黏质、寡糖以及少量相关成分，如蜡质、角质、软木脂等。

简而言之，膳食纤维主要是指不能被人类胃肠道中消化酶所消化的且不被人体吸收利用的多糖，而这类多糖主要来自植物细胞壁的复合碳水化合物，也可称之为非淀粉多糖，即非α-葡聚糖的多糖。在粮谷类食物中以纤维素和半纤维素为主，在水果和蔬菜中以果胶为主，具有降血脂、降血糖、通便、减肥、防止结肠癌等多种功能，被称为“第七营养素”。根据溶解性不同，膳食纤维可分为水溶性膳食纤维和水不溶性膳食纤维两大类。

目前，国外已研究的膳食纤维主要有六大类：谷物，豆类，果蔬，微生物多糖，其他天然纤维和合成、半合成纤维，计30多个品种，其中实际应用于生产的已有10余种，可以说国际市场膳食纤维研究、开发、生产非常活跃，具有丰厚的市场利润。

我国对膳食纤维的研究和生产尚处于起步阶段，但市场前景非常广阔。随着人们生活水平逐步提高，饮食越来越精，因膳食不合理引起的“现代文明病”发病率逐年上升。目前，人们已开始关注自身的健康，希望在饮食的同时达到防病、治病的目的。研究表明，膳食纤维对于改善我国不同性别、不同年龄人群的营养状况，具有无可替代的独特作用。随着人们对膳食纤维重要性的逐步认识。纤维强化食品必将在我国异军突起，很快走进千家万户。因此，国内医学营养专家指出，纤维食品将成21世纪的主导食品。

膳食纤维的生理功能有：促进肠道蠕动，预防便秘和肠道疾病；降低血糖，防治糖尿病；降低血脂，防治心脑血管疾病；稀释致癌物，预防癌症；防止热能摄入过多，预防肥胖。许多营养学会、组织建议以每人每日摄入20～35g膳食纤维为宜。据调查，我国成人平均每日摄入的膳食纤维量，已由1983年的33.3g下降到目前的13.3g，离推荐量差距较大，所以应尽快调整膳食结构，增加膳食纤维的摄入，防止“富裕病”的发生和发展。

四、籽油提取基础知识

果蔬的种子中，含有丰富的油脂和蛋白质。如柑橘种子含油量达20%～25%，杏仁含油量51%以上，桃仁为37%左右，葡萄种子为12%以上，番茄种子含油量达22%～29%，油中的亚油酸占35%以上。这些油都可提取供食用或工业上需要。

蔬菜种子的含油量也很丰富，如冬瓜子含油量为29%，辣椒籽含油量在20%～25%，西瓜籽含油量约19%，因此籽油提取也是果蔬综合利用的途径之一。

五、有机酸提取基础知识

果实中含有的有机酸主要以柠檬酸、苹果酸、酒石酸为主。在酸味浓的果实中含量很高，如柠檬的含量达5%以上，菠萝、葡萄、杏、李等果实中含量也较高；此外，未成熟的果实中含酸量也较多，因此常利用未成熟的落果及残次果作提取果酸的原料；还有，在果坯（如梅坯、李坯、柑坯等）半成品加工中排出的汁液以及葡萄酒酿造过程中所产生的酒石，其中都有相当高的含酸量，也可以用做提取有机酸的原料。

果实有机酸在食品工业上用途广泛，是制作饮料、糖果等不可缺少的原料，也是医药、化工常用的原料之一。

任务二　学习色素的提取

一、山楂红色素的提取

1. 工艺流程及步骤

山楂红色素提取工艺：

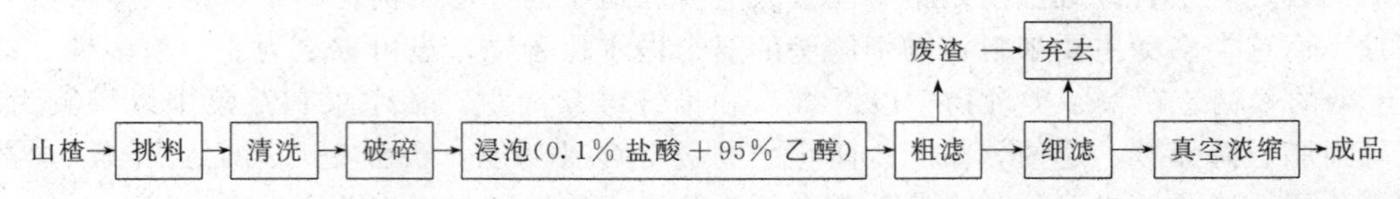

选择成熟、无虫无腐烂果实，洗净，机械破碎，破碎度以每个果破成八瓣为宜。然后加入50℃的温水浸泡4h，中间不断搅拌。然后将抽提液过滤，将滤液入真空浓缩锅中，在40～50℃下真空浓缩，即得山楂红色素浓缩液。

2. 山楂红色素的性质及提取中应注意的问题

山楂红色素是一种热不稳定色素。据试验，山楂红色素在盐酸-乙醇中，加热至60℃、时间为120min时，颜色开始减退；70℃时，30～40min颜色保持良好，90min时红色开始减退；100℃时，15～20min红色开始减退。特征均为颜色向砖红色转化，并有砖红色沉淀出现，溶液变得混浊。但50℃时，2h颜色未见异常，经光谱在最大吸收峰值下测定结果表明，变化很小。因而，山楂红色素的稳定温度上限为50℃。

从山楂红色素性质研究结果来看，该色素为花青素类物质，提取溶剂按前人提取花青素的经验，采用0.1%盐酸。由于山楂果实中果胶含量较高，需用乙醇作提取液，以得到最小的果胶提取量和最大的色素提取量，减轻应用时对果胶处理的负担。经研究表明，提取山楂红色素的最优条件为：提取温度50℃，提取时间4h，物料配比1∶3，溶剂配比为95%乙醇。同时，林维宣等研究了几种常见的金属离子和食品添加剂对山楂色素稳定性的影响及该色素的耐酸碱性、耐氧化性、耐还原性。结果表明：Na^{+}、Cu^{2+}和Al^{3+}对山楂色素均无不良影响，这些物质的少量存在不影响山楂色素的最大吸收波长，能使吸光度增加，颜色增强，其中Al^{3+}对颜色增强作用最大。Fe^{3+}对山楂色素有严重的不良影响，使色素褐变，Sn^{2+}能使山楂色素的吸收峰值后移，并使吸收峰降低，但对色素的颜色无不良影响。维生素C和苯甲酸钠对山楂色素有一定程度的影响，使色泽减退，但影响程度不大，山楂产品中添加少量维生素C和苯甲酸钠对色泽稳定性不会产生太大的影响。山楂色素耐酸性强，耐碱性差，pH大于5时会使色素的紫红色明显减弱，该色素耐氧化性和耐还原性都很差，应避免与氧化还原性较强的物质共存。

二、葡萄红色素的提取

紫色葡萄的皮中含有非常丰富的红色素，酿酒后的葡萄皮渣，特别是酿造白葡萄酒时的皮渣，可用于提取红色素。葡萄红色素属花青素，是一种安全、无毒副作用的天然食用色素，可用于酒类、饮料、果冻、果酱等食品中。

葡萄皮色素在pH为3时呈红色，pH为4时则呈紫色，其稳定性随pH的降低而增加。因此该色素可作为高级酸性食品的色素应用于果冻、果酱、饮料等的着色，其特点是着色力强，效果好。将葡萄皮渣清洗干净，放入陶瓷缸中，加入1.5倍量的70%的酒精，以及适量的柠檬酸或酒石酸，搅拌均匀，使pH至3左右，搅拌提取4～5h，然后过滤并收集滤液。将滤液真空浓缩成胶状物，然后喷雾干燥即得到成品色素。

1. 工艺流程

葡萄红色素提取工艺：

葡萄皮→浸提→粗滤、离心→沉淀→浓缩→干燥→成品

2. 技术要点

（1）选用含有红色素较多的葡萄分离出果皮，或用除去籽的葡萄渣，干燥待用。

（2）浸提时用酸化甲醇或酸化乙醇，按等量重的原料加入，在溶剂的沸点温度下，pH3～4浸提1h左右，得到色素提取液，然后加入维生素C或聚磷酸盐进行护色，速冷。

（3）粗滤后进行离心，以便去除部分蛋白质和杂质。

（4）离心后的提取液加入适量的酒精，使果胶、蛋白质等沉淀分离。

（5）在45～50℃、93kPa真空度下，进行减压浓缩，并回收溶剂。

（6）浓缩后进行喷雾干燥或减压干燥，即可得到葡萄皮红色素粉剂。

此外目前生产上常采用酶法从葡萄皮渣中提取色素，具体方法如下：

红色花色素用SO_2进行提取，再用果胶酶和淀粉酶处理除去固体物质，最后用乙醛进行澄清，使色素液得到纯化。例如，红葡萄渣与3份水在71℃下混合后，加入SO_2，使SO_2浓

度达 1200mg/kg。15min 后，通过加压回收得到一种原始提取液。用 100～150mg/kg 的果胶酶和 250mg/kg 的真菌淀粉酶对原始液处理 4～14d 便获得原色素提取液。要获得食用级着色液，需再加入双氧水除去 SO_2，使其浓度从 1200mg/kg 降至 100～350mg/kg，加入 H_2SO_4（4.7L/3786L）提取液，混合 5min 后，在 37.7℃下加入 500mg/kg 的乙醛，处理过的提取液再经亲水性离子交换树脂处理，色素即黏附在离子交换树脂上，杂质用液体洗去。将树脂用乙醇和水洗脱，可获得略带紫色的纯色素液。此外，也可以采用超滤技术从葡萄渣中提取色素。

三、番茄红色素的提取

1. 工艺流程

番茄红色素提取工艺流程：

2. 技术要点

（1）选取新鲜且含有红色素高的番茄，洗涤后破碎。

（2）以氯仿作为溶剂提取番茄红色素，给破碎后的番茄中加入 90%原料质量的氯仿，用盐酸调节 pH 为 6，在 25℃下提取 15min，然后过滤得到番茄红色素提取液。

（3）提取液在 45℃、67kPa 真空度下进行浓缩，得到膏状产品并回收溶剂。

（4）用真空干燥后可得到番茄红色素产品。

任务三　学习果胶的提取

一、从柑橘果皮渣中提取果胶

柑橘果皮渣中含有 20%～30%的果胶，是提取果胶的主要原料。从柑橘果皮渣中提取果胶，国内外已有大量的文献报道，提取的主要方法有酸解法、离子交换法、酶解法等。

1. 工艺流程

从柑橘皮渣中提取果胶工艺流程：

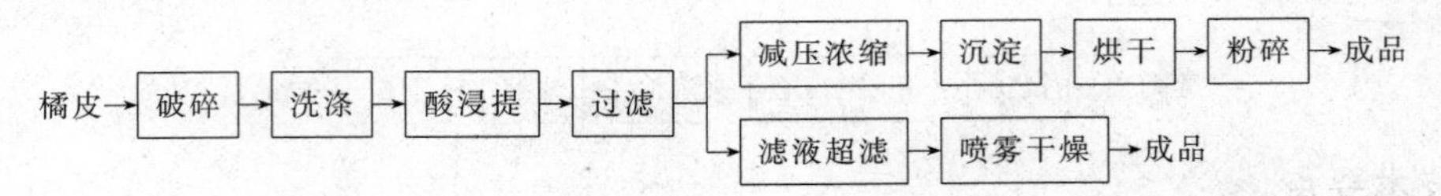

2. 技术要点

（1）橘皮粉碎后，用 5 倍原料重的水冲洗 2 次，再加入 2～3 倍原料重的水，用盐酸调整至 pH2.5 左右，85℃下加热搅拌 1h。

（2）浸提液用滚筒式过滤机或压滤机过滤后，在 45～50℃减压浓缩，使果胶浓度达 3%。

（3）若要喷粉干燥制得果胶，需要用阻断分子量为 8000 的超滤膜进行超滤，以精制浓缩果胶。喷粉干燥的条件为：平板旋转速度 2000r/min，果胶液进料量 4L/h，热风入口温度 140℃，热气出口温度 70℃，风量 $5m^3/s$。

（4）若不施行喷粉干燥，减压浓缩后加入酒精沉淀，酒精浓度达到 68%。果胶沉淀物用 75%和 80%的酒精各洗涤一次。

（5）在45～50℃真空干燥2h，再粉碎过60目筛即得果胶粉。

二、从苹果皮渣中提取果胶

苹果皮渣及残次果、风落果都能用于提取果胶。苹果皮渣中果胶的含量可达10%～15%。苹果皮渣原料来源于苹果浓缩汁厂或罐头厂，一般新鲜的苹果皮渣含水量较高，极易腐烂变质，要及时处理。

1. 工艺流程

从苹果皮渣提取果胶工艺流程：

2. 技术要点

（1）原料处理　苹果汁厂刚榨完汁的苹果渣含水量高达78%，极易腐败变质，且苹果湿渣为粗渣，不易进行酸水解，故需先将苹果湿渣在65～70℃条件下烘干，粉碎到80目大小。

（2）漂洗　原料中所含的成分，如糖苷、芳香物质、色素、酸类和盐类等在提取果胶前须漂洗干净，以免影响果胶的品质及胶凝力。

（3）抽提　果胶是原果胶经稀酸水解萃取而得的，抽提包括果胶的水解与果胶的溶出两个过程。在整个过程中要掌握好温度、时间、酸度和加水量的关系。果胶是一种高分子有机物，耐热性较差，温度过高，会引起果胶本身结构的破坏；温度过低，水解速度又会太慢，同时果胶溶液难于过滤，不易实现液渣分离。酸度高，则需时较短；酸度低，则需时较长，需多次抽取才能提净果胶。加水量太低，果胶溶液过滤困难，提取率低；加水量太大，果胶提取率虽较高，但浓缩时间却很长、能耗高、设备投资大。综合考虑认为抽提时，将绞碎的原料倒入抽提锅内，加水8倍，加H_2SO_3调节pH至1.8～2.7，然后通入蒸汽，边搅拌边加热到95℃，保持45～60min，即可抽提出大部分果胶。

（4）抽提液的处理　将抽提物料通过压滤机过滤，滤液用高速（7000r/min）离心机分离杂质，并迅速冷却到50℃左右，加入1%～2%的淀粉酶，使抽提液中淀粉水解为糖，当酶反应终了时，加热到77℃，破坏酶的活力。接着加入0.3%～0.5%的活性炭，在55～60℃搅拌20～30min，使果胶脱色，再加入1%～1.5%的硅藻土，搅匀，然后用压滤机压滤，获得澄清果胶液。

（5）果胶液的浓缩　将澄清的果胶液送入真空浓缩锅中，保持真空度88.9kPa以上，沸点50℃左右，浓缩至总固形物含量达7%～9%为止。浓缩完毕，将果胶液加热到70℃，装入玻璃瓶中，加盖密封，后置于70℃热水中加热杀菌30min，冷却后送入仓库，或将果胶液装入木桶中，加0.2%$NaHSO_3$搅匀，密封，即成果胶液体产品。

三、从甜菜渣中提取果胶

1. 工艺流程

从甜菜渣中提取果胶工艺流程：

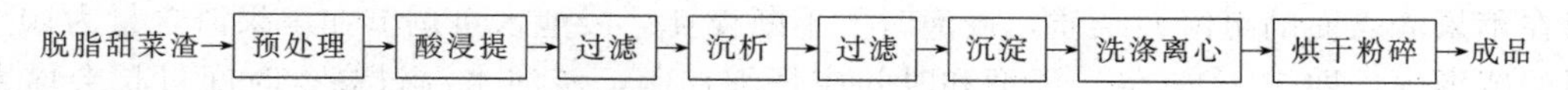

2. 操作要点

（1）原料磨碎后加入pH7.5、0.1mol/L磷酸盐缓冲液和少量蛋白酶，在37℃下保温

8h，用 20μm 尼龙网过滤。

（2）酸浸时调整至 pH1.5，在 80℃提取 4h，并不断搅拌。

（3）用 2μm 尼龙网过滤后，在 60～70℃下，真空浓缩至果胶含量达 5%～10%，然后加入 4 倍体积的 95%酒精，放置 1h 使果胶沉淀，离心处理 20min。

（4）用 95%酒精洗涤 2 次，沥干，在 50℃下烘干后粉碎、混合后，再进行标准化处理，即得果胶成品。

（5）若使用铝盐沉淀法，对果胶浸提液用氨水调节 pH 到 3～5，然后加入 pH 3～5 的铝盐溶液，使果胶沉淀后，在 pH 3～10 的范围内除铝后，烘干粉碎，标准化处理，即得果胶成品。

任务四　学习膳食纤维的提取

一、从苹果皮渣中提取膳食纤维

苹果皮渣是苹果加工罐头、果汁、果酱和果酒等剩余的下脚料，主要是由苹果皮、果芯和部分果肉组成。苹果皮渣（干基）中的膳食纤维含量可达到 30%～38%，是制备膳食纤维的良好资源。以苹果皮渣为原料，采用先进的加工技术，经适当的活化处理，可制备出高活性的苹果膳食纤维。苹果皮中纤维素含量是果肉中的 2～3 倍，且含有丰富的维生素等营养物质。以苹果皮为原料，可以加工成营养丰富的膳食纤维饮料。

苹果膳食纤维中水溶性与不溶性膳食纤维比例适当，具有较高的吸水性和持水力，可广泛用作保健品基料和食品功能性添加剂，添加到面粉、肉制品、乳品、果汁、蛋白、饮料、果冻、果酱等多种食品中制作高纤维食品，或配制粥类、羹类、胶囊、冲剂等制成高纤维食品直接食用，不影响食品的品质，并有一定的保健作用，可作为糖尿病人专用食品、减肥食品、中老年食品、保健食品、强化食品、特殊营养食品等。

苹果渣膳食纤维还可进一步开发成各种用途的膳食纤维粉：高纤维无糖型、高纤维可溶型、高蛋白纤维型、乳制品专用系列、面制品专用系列、肉糜制品专用系列、保健品专用系列、固体饮料专用系列、液体饮料专用系列、流质食物专用系列、冷食专用系列、调味品专用系列。

1. 工艺流程

从苹果皮渣中提取膳食纤维工艺流程：

2. 技术要点

（1）原料处理　苹果汁厂刚榨完汁的苹果渣含水量高达 78%，极易腐败变质，且苹果湿渣为粗渣，不易处理，故需先将苹果湿渣在 65～70℃条件下烘干，粉碎到 80 目大小。

（2）漂洗　苹果渣中所含的成分，如糖苷、淀粉、芳香物质、色素、酸类和盐类等成分需漂洗干净，以免影响产品的品质。因此苹果渣首先须进行浸泡漂洗以软化纤维，同时洗去残留在苹果渣表面的可溶性杂质，浸泡时要不断搅拌。浸泡水量调节在苹果渣含量为10%～20%的范围内，即 10～20 倍。温度和时间应仔细控制，浸泡水温过高、时间过长会增大可溶性纤维的损失，反之则起不到作用。通常的水温最高不要超过 40℃，时间 1～2h 为宜，同时加入 1%～2%的淀粉酶，使苹果渣中的淀粉水解为糖，便于漂洗除去。

(3) 脱色　由于苹果渣富含花青素，对膳食纤维的色泽有一定的影响，故应除去。方法有酶法和化学法。酶法：加入0.3%～0.4%含有黑曲霉的花青素酶（每克酶活力为40个单位），边加边搅拌，调整pH为3～5，加热至55～60℃，40min。化学法：可使用的脱色剂包括H_2O_2、Cl_2或漂白粉等，使用H_2O_2脱色的参考参数是100mg/kg、10h。脱色时温度应仔细调节，温度过高会引起H_2O_2分解而起不到脱色效果，温度过低则需延长脱色时间且效果不好。脱色结束后，漂洗过滤除去溶液即可。

(4) 干燥、活化处理　经上述处理后的苹果渣通过离心或压滤处理可得浅色湿滤饼，干燥至含水6%～8%后进行功能活化处理。活化处理是制备高活性多功能膳食纤维的关键步骤，也是最难、最能体现技术水准的一步。目前国内已开发的各种膳食纤维基本均未进行活化处理，所以生理功能较差。活化处理采用了现代食品工程的高新技术，包括：膳食纤维内部组成成分的优化与重组；膳食纤维表面某些暴露基团的包埋，以避免这些基团与矿物质元素相结合而影响机体内的矿物代谢平衡。只有经过活化处理的膳食纤维，才算得上是生理活性物质，可在功能性食品中使用。没有经活化处理的纤维，充其量只属于无能量填充剂。常用的活化技术为螺杆挤压技术，挤压条件为入料水分191.0g/kg，末端温度140℃，螺杆转速60r/min。经过活化处理后的苹果膳食纤维水溶性增加，功能作用加强。

(5) 粉碎、包装、成品　活化后的苹果膳食纤维再经干燥处理，最后用高速粉碎机粉碎，过200目筛，即得高活性苹果渣膳食纤维。

二、梨渣膳食纤维提取技术

梨渣是梨果经制汁、酿酒等加工后的下脚料，主要是梨果的胞壁组织、胞间层、微管及一定量的果核、果柄等，总量约为原果质量的40%～50%。梨渣中含有丰富的膳食纤维，其中水溶性膳食纤维占干燥滤渣的18%，水不溶性膳食纤维约占干燥滤渣的56%，总膳食纤维约为干燥滤渣的75%，含量非常高，所以梨渣是生产膳食纤维的极好原料。但是在梨加工厂，梨渣是作为一种废弃物而被处理的，以每年生产1万吨天然梨汁厂为例，每年扔掉的梨渣达2000～3000t。梨渣的处理不仅增加了梨产品的成本，而且还给企业带来了一系列的问题。从梨渣中提取膳食纤维不仅可解决以上问题，而且大大提高了梨加工企业的经济效益。梨渣中提取的膳食纤维具有较好的工艺性能，可生产高膳食纤维焙烤制品、饮料等强化型功能食品。根据食品的性质可将水溶性膳食纤维和水不溶性膳食纤维分别作为强化剂或按比例配合强化。

1. 工艺流程

从梨渣中提取膳食纤维工艺流程：

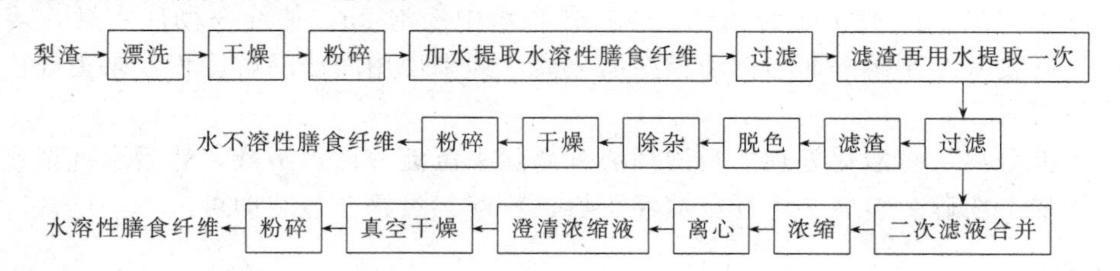

2. 技术要点

(1) 膳食纤维的提取

① 水溶性膳食纤维的提取。第一次提取加6～7倍水，用食用柠檬酸调pH至2.0，缓缓加热至95℃，保温1h左右，水溶性膳食纤维在低pH和高温下加速向水中溶解，提取1h后过滤，水溶性膳食纤维存留于滤液中。残渣加3～4倍水在相同条件下再提取一次，过滤

得第二次滤液，合并两次所得滤液。

② 水不溶性膳食纤维的提取。提取水溶性膳食纤维过滤所得滤渣中不仅含有大量的膳食纤维，而且还含有大量的杂质。所以滤渣必须经除杂后方能得到纯度较高的水不溶性膳食纤维。除杂操作工艺为：先在滤渣中加入7～8倍pH为12的NaOH溶液，浸泡30min，将碱溶性杂质溶出而除去，然后漂至中性，用HCl将pH调至2.0，加热至60℃并保温1h以除去酸溶性杂质，过滤收集滤渣，再漂洗至中性，所得滤渣即为精制水不溶性膳食纤维。

(2) 脱色　提取所得滤渣为黄色至黄褐色，若直接用作食品强化剂将对食品的感官质量产生不良影响，所以首先对滤渣进行脱色处理。脱色方法为在滤渣中加入含量为6%、pH为7.0的 H_2O_2 溶液浸泡脱色1h。

(3) 干燥　采用真空干燥生产的膳食纤维质量优良，含水量低，产品工艺性能良好，若辅以真空或充氮包装则可长期保藏。

三、椰子渣中膳食纤维提取技术

椰子是硕大的核果，外形接近球形，果径约为30cm，由外果皮、中果皮、内果皮、种皮、胚乳、胚及椰子水等部分构成。外果皮革质、光滑，与中果皮相连接，中果皮俗称椰衣，为厚而疏松的棕色纤维层，不易剥除；内果皮俗称椰壳，呈黑褐色，质地十分坚硬，受撞击时容易裂开；胚乳供食用故称椰肉，为椰壳所包裹。胚乳与椰壳之间有一层紧附在椰肉上的褐色种皮，椰肉中空成空腔，七个月的椰果空腔内充满椰子水，以后随着果龄的增加，椰子水的量逐渐减少。椰子独特的结构使其既是水果又是坚果，其胚、胚乳、椰子水等可食部分可用于加工成饮料等食品，而各层果皮、种皮及可食部分加工后的残渣等有多种综合利用的途径。

椰渣是椰子汁加工后的下脚料，其中含有丰富的膳食纤维，作为生产膳食纤维的原料很有利用前景。

1. 工艺流程

椰渣膳食纤维提取工艺流程：

椰子渣→浸泡→澄清→过滤→水洗→酸化→沉淀分离→水洗→干燥→粉碎→包装

2. 技术要点

(1) 浸泡　将原料用强碱浸泡1h，重复2次，过滤澄清除去蛋白质。

(2) 水洗　过滤后所得沉淀经多次水洗除去碱液。

(3) 酸化　加HCl使pH为2.0，并在50℃水中浸泡2h，使淀粉彻底水解，溶解于酸性溶液中，膳食纤维不溶解而与淀粉类杂质分离。如果使用酶法降解淀粉效果更好，但成本比酸法水解要高。

(4) 沉淀分离　将酸化处理的料液离心分离除去沉淀酸性水溶液，然后水洗至呈中性。

(5) 干燥、粉碎、包装　中性沉淀经干燥、粉碎、过筛、包装即可。

任务五　学习籽油的提取

一、番茄种籽油的提取

番茄籽油是一种优质的保健植物油。研究表明，番茄籽油含有较多的必需脂肪酸——亚油酸（含量为60%～70%）和维生素E（含量约为0.9%），其中维生素E的含量高于小麦胚芽油的含量。番茄种籽油色泽金黄清亮，香味适口，含多种维生素，尤其是维生素E、维生素C含量很高。通过比较番茄籽油的理化性质与棉籽油很相似。

番茄种籽油的提取工艺和其他食用油基本相似，主要有机榨和溶剂提取两种。国外报道机榨的出油率为17%，用石油醚溶剂提取的可达33.1%。苏联报道（1979年）番茄种籽用苯浸渍一定时间，再脱脂可得25%出油率。还有用乙烷作萃取剂取油的，出油率为22.44%以上。

目前，提取番茄籽油所用的原料主要是番茄酱厂的副产品——番茄籽，提取的方法主要有索氏抽提法、溶剂提取法、超临界流体萃取法等。其中超临界流体萃取番茄籽油的工艺如下。

1. 工艺流程

番茄种籽油的提取工艺流程：

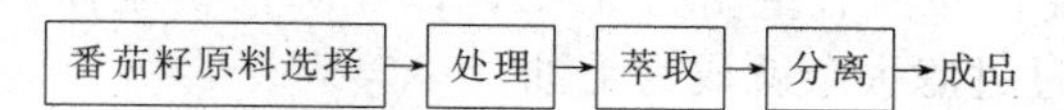

2. 技术要点

（1）番茄籽原料及处理　用来自番茄酱厂的番茄渣，放在水中分离出番茄籽，捞出、沥干，然后晒干或烘干，再用粉碎机粉碎成粉状，使之粒度均匀一致待用。

（2）超临界流体萃取　用CO_2作为萃取剂进行提取。将粉碎后的番茄籽原料放入封闭的萃取缸中，通入液体CO_2。其提取条件是：萃取压力15～20MPa，萃取温度40～50℃，CO_2流量20k/h，萃取时间1～2h。

（3）分离　使提取液减压分离，得到番茄籽油。

二、葡萄籽油的提取

葡萄籽油是近年来深受国际市场欢迎的高级营养食用油，因为它含有大量的不饱和脂肪酸和多种维生素，特别是维生素E含量与玉米胚油、葵花籽油相似，比花生油、米糠油、棉籽油高0.5～1.0倍。

经过精炼的油色泽淡黄，晶莹透亮。经分析研究，葡萄籽油不仅可以安全地作为食用油，而且因其含有的亚油酸和脂溶性维生素而具有特殊的保健作用。亚油酸被认为是人体的必需脂肪酸，具有软化血管，降低血脂、胆固醇、血脂蛋白的特殊功效。美国Ramel曾利用小白鼠进行过试验，食用葡萄籽油的小白鼠，其血脂、胆固醇和血脂蛋白都明显低于对照，通过对其心脏、肝脏、肾脏等器官的组织学测定，无不正常现象。

葡萄籽油的提取可采用压榨法、萃取法。现将常用的压榨工艺做一介绍。

1. 葡萄籽油的提取工艺流程

葡萄籽油的提取方法，一般有压榨法和浸出法。压榨法工艺简单、设备少、投资低，适于小批量生产。其工艺流程为：

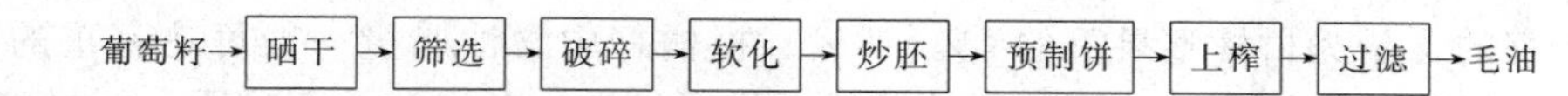

浸出法是利用有机溶剂对油脂的溶解特性，将油脂提出，然后分离出籽油，此法是目前较为先进的制油方法。其工艺流程为：

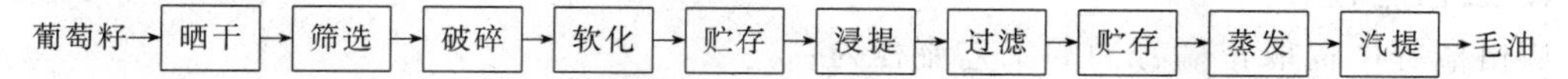

2. 技术要点

（1）破碎　将葡萄籽用风力或人力分选，基本不含杂质后用破碎机破碎。

（2）软化　破碎后，将破碎的葡萄籽投入软化锅内进行软化，条件是：水分 12%～15%，温度 65～75℃，时间 30min，必须达到全部软化。

（3）浸提　若采用浸提法，经过软化后就可以加有机溶剂进行浸提。有机溶剂有：己烷、石油醚、二氯乙烷、三氯乙烯、苯、乙醇、甲醇、丙酮等。浸提液经压榨、过滤、分离即可得到毛油，其操作过程与精油的提取过程基本相似。

（4）炒胚　若采用压榨法，软化后要进行炒胚。炒胚的作用是使葡萄籽粒内部的细胞进一步破裂，蛋白质发生变性，磷脂等离析、结合，从而提高毛油的出油率和质量。一般将软化后的油料装入蒸炒锅内进行加热蒸炒，加热必须均匀。用平底锅炒胚时，料温 110℃，水分 8%～10%，出料水分 7%～9%，时间 20min，炒熟炒透，防止焦煳。炒料后立即用压饼机压成圆形饼，操作要迅速，压力要均匀，中间厚，四周稍薄，饼温在 100℃为好。压好后趁热装入压榨机进行榨油。榨油时室温为 35℃，以免降低饼温而影响出油率。出油的油温在 80～85℃为好，再经过过滤去杂就成为毛油。

3. 葡萄籽油的精炼

葡萄籽油精炼的工艺流程为：

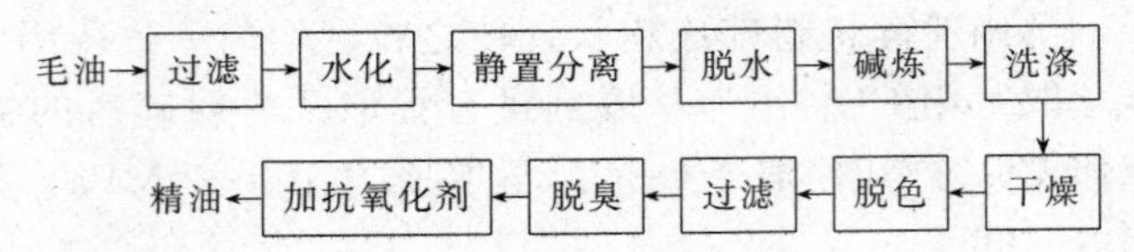

其与其他油脂的精炼方法类似。

毛油经过滤后采用高温水化，即当油温升至 50℃时加入 0.5%～0.7%煮沸的食盐水，用量为油量的 15%～20%，随加随搅拌，终温为 80℃左右，直至出现胶粒均匀分散为止，约 15min。保温静置 6～8h，油水分离层明显时进行分离。然后使用水浴锅以油代水，使油温达 105～110℃，直至无水泡为止。

碱炼时，采用双碱法，将油温预热至 30～35℃时，首先按用碱量的 20%～25%加入 30%（体积分数）纯碱，防止溢锅，以 60r/min 搅拌，待泡沫落下再加入 20%～22%（体积分数）烧碱，终温 80℃。碱炼完毕后保温静置，当油、皂分离层清晰、皂脚沉淀时分离。用 80～85℃软水雾状喷于油面，用量为油重的 10%～15%，并不断搅拌，可洗涤 1～3 次，洗净为止。干燥时间接加热至 90～105℃，保持 10～15min，水分蒸发完毕为止。采用吸附法，用混合脱色剂（活性白陶土或活性炭等）在常压、80～95℃条件下充分搅拌，持续 30min，在 70℃下过滤或自然沉降后再过滤。

在脱臭罐中进行脱臭处理。间接蒸汽加热至 100℃，喷入直接蒸汽，真空度 800～1000Pa，时间 4～6h，蒸汽量为 40kg/t 油。最后加入适量抗氧化剂即得成品精油。

三、从柑橘籽中提取柑橘籽油

柑橘中籽的含量为柑橘整果重的 4%～8%。柑橘籽中含油脂量一般可达籽重的 20%～25%。粗制柑橘籽油可作为工业用油；精炼后的柑橘籽油，色泽浅黄而透明，无异味，有类似橄榄油的芳香气息，可食用。

1. 工艺流程

从柑橘籽中提取柑橘籽油的工艺流程为：

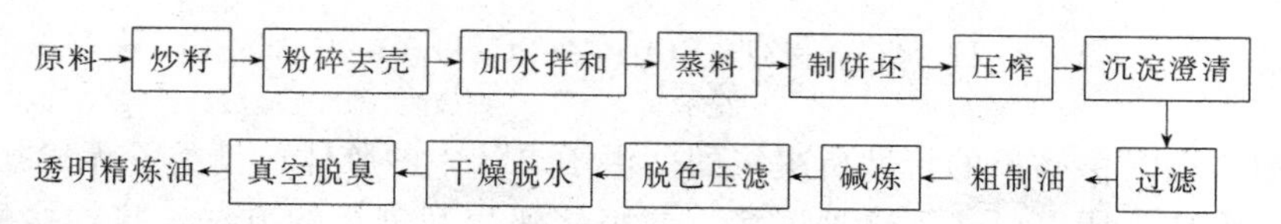

2. 技术要点

（1）原料处理　用清水反复洗涤柑橘籽，以便去除附着在柑橘籽表面上的果肉碎屑、污物等，然后晒干或烘干。将干籽进行筛选去杂。

（2）炒籽　将选好的柑橘籽倒入炒锅中进行炒制，控制其温度，炒至柑橘籽外表面呈均匀的橙黄色为度，不得炒焦。

（3）粉碎去壳　炒制后的柑橘熟籽立即冷却，用粉碎机进行粉碎，再用粗筛（20 目）或风选机除去干壳。

（4）拌和　给粉碎去壳的柑橘籽粉中加入 8%左右籽粉重的清水，用混合机混合均匀，但以籽粉不成团为度。

（5）油粗品　拌和好的籽粉加入蒸料锅，用水蒸气蒸料，蒸至籽粉用手捏成粉团为佳。蒸好的籽粉制成籽粉饼进入压榨机进行压榨。榨出的柑橘籽油送入贮油罐自然澄清并过滤；或用板框式压滤机进行过滤；或用离心分离机进行分离。过滤后得到柑橘籽油粗品。

柑橘油粗品，尚含有少量的植物胶质、游离脂肪酸、植物蛋白、苦味成分等，外观色泽较深、稠度大、有不愉快的特殊气味，因而只能作为一般工业原料应用。若要食用，还需精炼处理。

（6）碱炼　测定柑橘油粗品的酸价（一般为 2.29 左右），通过计算确定浓度为 5%氢氧化钠溶液的加入量。给柑橘油粗品加入计算量浓度为 5%的氢氧化钠溶液，充分搅拌、乳化，使原油中的杂质发生皂化作用而析出。碱炼的时间一般 40min 左右；若碱炼的温度为 50～55℃，则时间可在 15～20min 内完成。然后让其自然澄清，待析出的皂化沉淀物等杂质彻底沉降后，分离出上层澄清的碱炼油。

（7）脱色　压滤在充分搅拌下，给澄清的碱炼油中加入油量 4%～5%的粉状活性炭和少量的硅藻土，加热至 80～85℃，脱色处理 1～2h。取样检查脱色合格后，用板框式压滤机进行过滤，以达到脱色的目的。

（8）干燥脱水　脱色后，将上述清油加热至 105～110℃，维持 30～40min，以便除去清油中所含有的少量水分及干燥脱水低沸点杂质成分。当清油再次呈现透明清晰状态时，即达到干燥脱水终点。

（9）真空脱臭　干燥脱水的清油送入真空脱臭器进行脱臭处理。一般油温为 60～65℃，真空度为 0.065～0.07MPa。脱臭处理进行 30～35min 后，即可得到合格的柑橘籽油。

任务六　学习有机酸的提取

一、柠檬酸的提取

用石灰中和柠檬酸生成柠檬酸钙而沉淀，然后用硫酸将柠檬酸钙重新分解，硫酸取代柠檬酸生成硫酸钙，而将柠檬酸重新析出。

其化学反应式如下：

$$\underset{\text{柠檬酸}}{2C_6H_8O_7} + \underset{\text{石灰乳}}{3Ca(OH)_2} \longrightarrow \underset{\text{柠檬酸钙}}{Ca_3(C_6H_5O_7)_2} + \underset{\text{水}}{6H_2O}$$

$$Ca_3(C_6H_5O_7)_2 + 3H_2SO_4 \longrightarrow 2C_6H_8O_7 + 3CaSO_4$$

柠檬酸钙　　硫酸　　柠檬酸　　硫酸钙

这种提取方法是由橘果的特性所决定的。由于果汁中的胶体、糖类、无机盐等均要妨碍柠檬酸结晶的形成，所以要达到这种沉淀，要用酸解交互进行的方法，将柠檬酸分离出来，获得比较纯净的晶体。

1. 柠檬酸的提取工艺流程

柠檬酸提取工艺流程：

2. 技术要点

(1) 榨汁　将原料捣碎后用压榨机榨取橘汁。残渣加清水浸湿，进行第二次甚至第三次压榨，以充分榨出所含的柠檬酸。

(2) 发酵　榨出的果汁因含有蛋白质、果胶、糖等，故十分混浊，经发酵，有利于澄清、过滤，提取柠檬酸。方法是：将混浊橘汁加酵母液 1%，经 4～5d 发酵，使溶液变清，酌加少量的鞣质物质，并搅拌均匀加热，促使胶体物质沉淀。再过滤，得澄清液。

(3) 中和　这一步是提取柠檬酸的最重要工序，直接关系到柠檬酸的产量和质量，要严格按操作规程做。柠檬酸钙在冷水中易溶解，所以要将澄清橘汁加热煮沸，中和的材料为氧化钙、氢氧化钙或碳酸钙，其用量见表 10-1。

表 10-1　沉淀柠檬酸所需中和剂用量参考表（以质量比计算）

柠檬酸	碳酸钙	氢氧化钙	氧化钙
1	0.715	0.529	0.401
2	1.429	1.058	0.801
3	2.144	1.588	1.202
4	2.859	2.117	2.003
5	3.574	2.646	2.403
6	4.288	3.175	2.804
7	5.003	3.704	3.204
8	5.718	4.234	3.605
9	6.433	4.763	3.605
10	7.147	5.290	4.006

中和时，将石灰乳慢慢加热，不断搅拌，终点是柠檬酸钙完全沉淀后汁液呈微酸性时为准。鉴定柠檬酸钙是否完全沉淀，可以加少许碳酸钙于汁液中，如果不再起泡沫说明反应完全。将沉淀的柠檬酸钙分离出来，沉淀分离后，再将溶液煮沸，促进残余的柠檬酸钙沉淀，最后用虹吸法将上部黄褐色清液排出。余下的柠檬酸钙用沸水反复洗涤，过滤后再次洗涤。

(4) 酸解及晶析柠檬酸　将洗涤的柠檬酸钙放在有搅拌器及蒸气管的木桶中，加入清水，加热煮沸，不断搅拌，再缓缓加入相对密度为 1.26 的硫酸（以普通相对密度为 1.84 的浓硫酸 50kg 加水至 140～150kg 即成。每 50kg 柠檬酸钙干品用 40～43kg 相对密度为 1.26 的硫酸进行酸解），继续煮沸，搅拌 30min 以加速分解，使之生成硫酸钙沉淀（鉴定：取试液 5mL，加入 5mL 45%氯化钙溶液，若仅有很少硫酸钙沉淀，说明加入的硫酸已够了）。然后用压滤法将硫酸钙沉淀分离，用清水洗涤沉淀，并将洗液加入到溶液中。滤清的柠檬酸溶液用真空浓缩法浓缩至相对密度为 1.26，冷却。如有少量硫酸钙沉淀，再经过滤，滤液继续浓缩到相对密度为 1.38～1.41。将此浓缩液倒入洁净的缸内，经 3～5d 结晶即析出。

（5）离心干燥　上述柠檬酸结晶还含有一定的水分与杂质，用离心机进行清洗处理，在离心时每隔5～10min喷入一次热蒸汽，可冲掉一部分残存的杂质，甩干水分，得到比较洁净的柠檬酸结晶，随后以75℃以下的温度进行干燥，直至含水量达到10%以下时为止。最后将成品过筛，分级，包装。

3. 注意问题

如果用腌制果坯后的腌渍液来提取柠檬酸的话，在中和工序之后吸出的余液中，仍含有相当的盐分，且具有一定的风味，应加以合理利用，可将其浓缩、加色做成酱油，如果用柑橘类果坯加工前及菠萝加工中所榨出的果汁来提取柠檬酸，其余液仍保留相当的糖分，可供酿酒用。

用石灰乳中和时，终点应以柠檬酸钙沉淀后提取液呈微酸性时为准，且勿使提取液偏碱性，以避免铁离子混入柠檬酸钙中，致使柠檬酸色泽变深，品质低劣。如析出的柠檬酸色泽较深，可将其溶于热水中，加热至70℃，加入1%～2%的活性炭使之脱色。

如将柠檬酸溶液浓缩至相对密度为1.45，此时应注意控制浓缩温度，以避免烧焦。

提取柠檬酸所用的工具及设备要用耐酸材料，简易的可用陶瓷、木桶等。成品贮存要注意防潮。

二、酒石酸的提取

提取酒石酸的原料，在植物中以葡萄含量最丰富。同时它又是酿造葡萄酒后的下脚料。利用葡萄的皮渣、酒脚、桶壁的结垢及白兰地蒸馏后的废水提取的粗酒石作原料，利用葡萄酒的皮渣、酒脚、桶壁的结垢及白兰地蒸馏后的废渣提取粗酒石，然后再从粗酒石提取纯酒石。很多国家已经建立了酒石酸工厂，并已成为了一个独立的工业。

1. 粗酒石的提取

（1）从葡萄皮渣中提取粗酒石　当葡萄皮渣蒸馏白兰地后，随放入热水，水没过皮渣。然后将甑锅密闭，开始通入蒸汽，煮沸15～20min。将煮沸的水放入开口的木质结晶槽。结晶槽大小应以甑锅的大小而定。木质槽内应悬吊许多条麻绳。当水冷却以后（24～28h），这些粗酒石便在桶壁、桶底、绳上结晶。这种粗酒石含纯酒石酸80%～90%。

（2）从葡萄酒酒脚提取粗酒石　葡萄酒酒脚就是葡萄酒发酵后贮藏换桶时桶底的沉淀物。这些沉淀物不能直接用来提取酒石，因为它还含有葡萄酒，应先用布袋将其中所含的酒滤出，将其蒸馏白兰地。每100kg酒脚可出纯白兰地2～3L、水芹醚30～40g。酒脚的处理：将酒脚投入甑锅中，每100kg酒脚用水200L稀释，然后用蒸汽直接煮沸。将煮沸过的酒脚用压滤机过滤。滤出水冷却后的沉淀即为粗酒石。每100kg酒脚可得粗酒石15～20kg，含纯酒石50%左右，干燥后备用。

（3）从桶壁提取粗酒石　葡萄酒在贮藏过程中，其不稳定的酒石酸盐在冷却的作用下析出沉淀于桶壁与桶底。时间一久这些酒石酸盐结晶紧贴在桶壁上，成为粗酒石。由于葡萄品种不同，粗酒石的色泽不一样，红葡萄酒为红色，白葡萄酒为黄色，因为在贮藏过程中，这些酒石被酒的色泽所污染。它的晶体形状为三角形，在容器的上部大而多，下部小而少。倒桶以后必须用木槌将其敲下来，贴得太紧的要用铁制刀刮下来。它含纯酒石酸70%～80%。

2. 从粗酒石中提取纯酒石

纯酒石即为酒石酸氢钾。分子式为$C_4H_4O_6HK$，分子量188。纯的酒石酸氢钾是白色透明的晶体，当含有酒石酸钙时，色泽呈现乳白色。酒石酸氢钾的溶解度随温度的升高而加大，提纯酒石酸氢钾的工艺就是根据这个特点来完成纯化的。工艺流程如下：

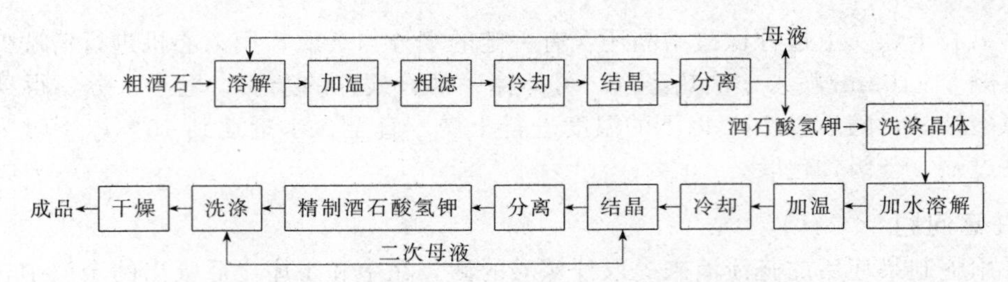

将粗酒石倒入珐琅瓷面盆中（小型生产）或带有蒸汽加热管的大木桶中（大型生产），按 1kg 粗酒石加水 20L 进行稀释，充分浸泡一定时间后便进行搅拌，去除浮于液面的杂物，然后加温至 100℃，保持 30～40min，使粗酒石充分溶解。为了加速酒石酸氢钾的溶解，也可以按 100L 溶液中加入 1～1.5L 的盐酸。当粗酒石充分溶解后，再去除浮在液面的杂物如葡萄皮渣、葡萄碎核等，用竹箩或铜丝网将其捞起，或用布袋过滤除去杂物。将粗酒石充分溶解的溶解液倒入木质大而浅的结晶槽中，溶解液放入结晶槽后很快就会出现晶体，但由于温度关系不可能很快地全部结晶。静置 24h 以后，结晶全部完成。抽去结晶槽中上面的水，这个水叫母水，作第二次结晶时使用，再将结晶槽内的晶体取出，但应注意不要将槽底的泥渣混入。此结晶体再按前法加入蒸馏水溶解结晶一次，但不再使用盐酸得到第二次结晶体。第二次结晶体用蒸馏水清洗一次，便得到精制的酒石酸氢钾，洗过的蒸馏水倒入母水中作再结晶用。精制的酒石酸氢钾再经过烘干就成了纯的酒石。

3. 酒石酸的提取

酒石酸又名二羟基丁二酚，分子式是$[CH(OH)COOH]_2$，分子量是 150.10，是无色、无味、结晶、透明或白色的粉末。它具有强酸味，令人爽快，可溶于水及酒精，不溶于醚。有光学活动性，于旋光镜内可使光线偏旋，共有四种形态，即右旋、左旋、消旋和内消旋。普通酒石酸均指右旋性而言。提取过程如下：

（1）取经一次结晶的酒石酸氢钾 100kg，加入水 500L，加热到 100℃，并保持 30～40min，使酒石酸氢钾彻底溶解。为使酒石酸氢钾易于溶解，可于每 100L 溶液中加入盐酸 1.5L。

（2）缓慢加入碳酸钙，或加入能通过 100 目的石灰粉，使溶液达到中和或微酸性，用石蕊试纸测定，pH 等于 7 时为好。中和后静置 24～30h，这时溶液中沉淀的是酒石酸钙，溶液中含有酒石酸钾，其反应式如下：

$$\underset{\text{酒石酸氢钾}}{2C_4H_4O_6HK}+CaCO_3 \longrightarrow \underset{\text{酒石酸钙}}{C_4H_4O_6Ca}+\underset{\text{酒石酸钾}}{C_4H_4O_6K_2}+CO_2+H_2O$$

$$\underset{\text{酒石酸氢钾}}{2C_4H_4O_6HK}+CaO \longrightarrow \underset{\text{酒石酸钙}}{C_4H_4O_6Ca}+\underset{\text{酒石酸钾}}{C_4H_4O_6K_2}+H_2O$$

（3）将静置于容器中 24～30h 后的清液放出，下部沉淀的酒石酸钙仍放于原容器中。放出的清液加入氯化钙。其加入量是按碳酸钙或石灰加入量来计算的。加入的氯化钙必须是含 2 分子结晶水并且是工业纯的，其比例是：

碳酸钙：氯化钙＝1：1.1

石灰：氯化钙＝1：2.1

加氯化钙的目的是将存在于溶液中的酒石酸钾变为酒石酸钙沉淀出来，其反应式如下：

$$\underset{\text{酒石酸钾}}{C_4H_4O_6K_2}+CaCl_2 \longrightarrow \underset{\text{酒石酸钙}}{C_4H_4O_6Ca}+2KCl$$

氯化钙加入后搅拌 15min，静置 2h 抽出上层清液。该液含有钾盐，可作肥料，浓缩后也可结晶出来。将这次沉淀的酒石酸钙与原存容器中的酒石酸钙合并。

(4) 将合并后的酒石酸钙用大于体积 4 倍的水加以洗涤，先搅拌 10min，然后静置 20min，待酒石酸钙沉淀后，抽出上层清液，再加大于 4 倍的水进行搅拌。这样反复洗涤 4 次，最后将酒石酸钙盛在布袋中，将残水压榨出，迅速烘干备用。

(5) 取干燥后的酒石酸钙，按 1kg 酒石酸钙加入水 4L 的比例加入，并在加水后进行搅拌。这时应加入硫酸，硫酸加入量应按下式计算：

应加相对密度 1.8342 硫酸的体积（比）＝98.10×酒石酸钙质量（g）/(1.8342×188.10)

应加硫酸的质量＝98.10×酒石酸钙质量（g）/(188.10×硫酸浓度)

硫酸加入的反应式如下：

$$\underset{\text{酒石酸钙}}{C_4H_4O_6Ca} + H_2SO_4 \longrightarrow \underset{\text{酒石酸}}{C_4H_4O_6H_2} + CaSO_4$$

加入硫酸时应注意，加入量可按照计算出的数量先加入 4/5，其余的要慢慢地加。硫酸加入量宁可稍少一些，也不要过量，因为加入过多又要加入酒石酸钙来加以调整。溶液中加入硫酸后即生成白色的硫酸钙。静置 2～3h 后即进行过滤。过滤后的沉淀用清水洗涤 2～3 次，并将洗过沉淀的水合并于滤液中。

(6) 在滤液中加入 1%的活性炭，并使滤液保持在 80℃的温度下 30～60min。然后趁热过滤，其沉淀用水洗 1～2 次。洗过的沉淀水与滤液合并。洗过后的活性炭可以活化再用。

(7) 浓缩滤液最好用单效真空减压蒸发器，也可在常压下直接加热浓缩，温度保持在 80℃。滤液浓缩到相对密度 1.71～1.94 时，冷却后即可得结晶体。将其在珐琅瓷的容器中再溶解结晶 3～5 次便成为精制品。然后进行干燥、称量、封装，即为成品——酒石酸。

在浓缩结晶过程中，发现一部分小晶体浮于液面，这是溶解在溶液中的硫酸钙，因溶液浓缩浓度增高，这些硫酸钙就被析出。在每次浓缩完成后，必须进行一次过滤，以将硫酸钙去掉。

【课后思考题】

(1) 什么是果蔬综合利用？简述果蔬综合利用的意义。

(2) 果蔬中有哪些色素？简述几种色素提取和纯化方法。

(3) 简述果胶用途及高、低甲氧基果胶的提取工艺。

(4) 请介绍膳食纤维的用途。

(5) 简述几种果蔬膳食纤维的提取工艺。

(6) 简述几种果蔬籽油的提取方法。

(7) 分别介绍几种有机酸的提取工艺。

【知识拓展】

膳食纤维

1970 年前营养学中没有“膳食纤维”这个名词，而只有“粗纤维”。粗纤维曾被认为是对人体起不到营养作用的一种非营养成分。营养学家考虑的是粗纤维吃多了会影响人体对食物中的营养素，尤其是微量元素的吸收。然而通过近几十年的研究与调查，发现并认识到这种“非营养素”与人体健康密切相关，它在预防人体的某些疾病方面起着重要作用，同时也认识到“粗纤维”的概念已不适用，因而将粗纤维一词废弃，改为“膳食纤维”。

膳食纤维是一种不能被人体消化的碳水化合物，以是否溶解于水可分为两个基本类型：水溶性纤维与非水溶性纤维。纤维素、半纤维素和木质素是 3 种常见的非水溶性纤维，存在于植物细胞壁中；而果胶和树胶等属于水溶性纤维，存在于自然界的非纤维性物质中。常见的食物中的大麦、豆类、胡萝卜、柑橘、亚麻、燕麦和燕麦糠等食物都含有丰富的水溶性纤维。水溶性纤维可减缓消化速度和最快速排泄胆固醇，所以可让血液中的血糖和胆固醇控制在最理想的水准之上，还可以帮助糖尿病患者降低胰岛素和三酸甘油酯。非水溶性纤维包括纤维素、木质素和一些半纤维以及来自食物中的小麦糠、玉米糠、芹菜、果皮和根茎蔬菜。膳食纤维在便秘、维护肠道健康方面效果显著，是食用普通蔬果所难以企及的。正因为其显著的疗效以及纯天然的原料，逐渐受到不同年龄层次消费者的热捧，成为国内畅销的膳食纤维产品之一。

每天补充膳食纤维除了能维持肠道健康、防治便秘外，还能清除体内重金属。这是因为膳食纤维在肠道中能与铅、贡等重金属形成复合物，并随粪便一同排出体外。尤其对儿童而言，长期适量补充儿童膳食纤维，可有效预防铅中毒，促进智力发育及生长发育的正常进行。常见的大麦、豆类、胡萝卜、柑橘、亚麻、燕麦和燕麦糠等食物都含有丰富的水溶性纤维，水溶性纤维可减缓消化速度和最快速排泄胆固醇，有助于调节免疫系统功能，促进体内有毒重金属的排出。所以可让血液中的血糖和胆固醇控制在最理想的水准之上，还可以帮助糖尿病患者改善胰岛素水平和三酸甘油酯。非水溶性纤维可降低罹患肠癌的风险，同时可经由吸收食物中有毒物质预防便秘和憩室炎，并且减少消化道中细菌排出的毒素。大多数植物都含有水溶性与非水溶性纤维，所以饮食均衡才能获得不同的益处。人类膳食中的纤维素主要含于蔬菜和粗加工的谷类中，虽然不能被消化吸收，但有促进肠道蠕动、利于粪便排出等功能。草食动物则依赖其消化道中的共生微生物将纤维素分解，从而得以吸收利用。食物纤维素包括粗纤维、半粗纤维和木质素。食物纤维素是一种不被消化吸收的物质，过去认为是“废物”，现在认为它在保障人类健康，延长生命方面有着重要作用。因此，称它为第七种营养素。

虽然含有膳食纤维的蔬菜不少，但是却不宜食用过量，否则对健康的危害是很大的：大量补充纤维，可能导致发生低血糖反应。大量补充纤维，可能降低蛋白质的消化吸收率。大量补充纤维，可能影响钙、铁、锌等元素的吸收。大量进食膳食纤维，在延缓糖分和脂类吸收的同时，也在一定程度上阻碍了部分常量和微量元素的吸收，特别是钙、铁、锌等元素。大量补充纤维，可能使糖尿病患者的胃肠道“不堪重负”。糖尿病患者的胃肠道功能较弱，胃排空往往延迟，甚至出现不同程度的胃轻瘫。因此，我们在补充膳食纤维的时候，还应该注意千万不要矫枉过正。我们应该做到食物多样，谷类为主，粗细搭配。

项目十一　实训项目

实训一　速冻西兰花

一、实训目的

掌握速冻工艺及技术要点。

二、原料与用具

不锈钢刀具、大小不锈钢盆、不锈钢锅、速冻设备、冻藏设备、聚乙烯塑料袋、塑料薄膜热合机、原料、柠檬酸等。

三、工艺流程及技术要点

1. 工艺流程

2. 技术要点

（1）原料要求　新鲜幼嫩，花球呈鲜绿色，结实紧密，无散蕾现象，花茎长度小于10cm，整株高度在15cm以内。

（2）去叶、清洗　将青花菜的叶子用刀除去，并削净表面霉点和异色部分，用刀要小心，避免损伤花球，然后放入清水中洗净。

（3）切花球　用刀将小花球逐个切下，先外后里，切成的花球规模为球径5～7cm，花柄4～5cm，总长度控制在10cm以内。对于柄粗于1.5cm的用刀切开，切开的深度在1.5cm左右，以利于热烫。

（4）热烫　放于沸水（98±1)℃中烫漂50～60s，沸水中加入0.1%的柠檬酸，小花球热烫要均匀。

（5）冷却、沥水　可以将原料置平面载体上晾干，水分要去除干净，以防止冻结成块。自然冷却至10℃以下。

（6）冻结　IQF冻结，冻结温度在－35℃以下，至冻品中心温度在－18℃以下。

（7）包装、冻藏　用聚乙烯塑料袋包装，每袋0.25～0.5kg。然后装入纸箱中，每箱20kg。在－18℃温度下贮藏。

四、质量标准

（1）色泽　呈青花菜的鲜绿色，色泽一致。

（2）风味　具有青花菜特有的气味和滋味，无异味。

（3）组织形态　新鲜，食之无粗纤维感，球形完整，无斑点、腐烂等。

实训二　脱水洋葱的制作

一、实训目的

掌握干制工艺及技术要点。

二、原料与用具

中等或大型鳞茎，结构紧密，颈部细小，肉色为一致的白色或淡黄色，青皮少或无，无心腐病及机械伤，辛辣味强，干物质不低于14%。不锈钢刀具、砧板、不锈钢锅、干燥箱、台秤、时钟、漏勺、烘盘等。

三、工艺流程及技术要点

1. 工艺流程

原料→清洗→去外皮→切片→烫漂→干燥→整理→回软→包装→成品

2. 技术要点

将洋葱洗净，除去外部鳞片，切成3mm厚的圆块或丁。放入沸水中热烫3～4min后，迅速投入冷却水中冷却，用离心机离心脱水后置于太阳下晒干或在温度为55～60℃的烘箱中烘烤至含水量低于14%。干燥过程中注意及时翻动，使干燥程度均匀一致。将产品摊开冷却后放入大塑料袋中均湿一周时间，再用小塑料袋密封包装，在低温干燥的条件下贮存。

四、质量标准

脱水洋葱含水率：7%～13%。

五、实训记录

1. 观察与记录

记录原料名称、新鲜原料重、预处理后原料重、干制品重、成品的色泽及外形等。

2. 测定

测定新鲜原料含水量（%）和干制品含水量（%）。

3. 计算

计算原料的水分率、成品的水分率、干燥比、复水率。

实训三　山楂蜜饯的制作

一、实训目的

掌握果脯制作的操作要点。

二、原料与用具

山楂、天平、煮锅、盆、玻璃罐、杀菌锅。

三、工艺流程及技术要点

1. 工艺流程

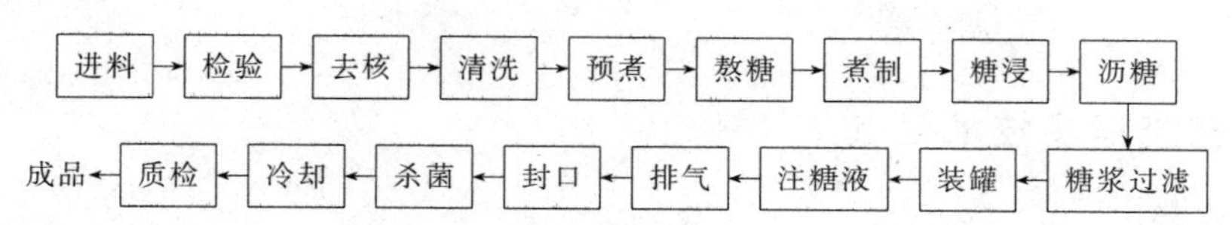

2. 技术要点

（1）原料　以大小金星、含果胶多、个大质坚不软者为宜。要求为成熟后的手摘果，无虫、病、伤、烂。剔除畸形果、斑疤果。清洗前先捅果去核，要求去核彻底，但不准捅破（保持外形完整美观）。

（2）预煮　将料在微沸水中烫3min，使果实软而不烂。随即可以去皮（去皮蜜饯为高档产品，一般可不去皮）。

（3）煮制　把整理好的果皮加到锅中，糖液必须淹没果面，煮10min后陆续加糖使糖液浓度达到60%可出锅（糖液以60kg白砂糖加40kg水煮开约20min成比例称取操作）。

（4）糖浸　将果连同糖液一起倒入盆中，浸糖24h，使糖渗进果肉呈半透明状。

（5）沥糖　可用20%～30%热糖水涮一下果表面的糖浆，以利于烘烤成脯。对罐装品可省去此步骤。

（6）装罐　按45%～50%固形物重装罐后加注浓糖液（糖液配制：先把浸果糖液加热至沸，测出含糖量后用十字交叉法配成65%糖液，趁热注入罐内）。

（7）排气　用95～98℃、15min排气，使罐内维持到75℃进行封口，封严罐口并进行杀菌。

（8）杀菌　杀菌式为杀菌后冷却到40℃±2℃。

（9）质检　利用灯光质检，重新整理内容物不合格的罐，对混有蚊蝇、头发等异物的要倒掉，对封口不严、漏气进水罐一律检出。

（10）把合格品码放在通风干燥处，实验结束。成品放置一段时间进行评估。

四、质量标准

块形完整、不黏结，色泽暗红且半透明，酸甜适口。

五、实训记录

1. 记录与观察

全程详细记录时间和操作要点，观察成品的色泽、滋味、气味及组织形态等。对实验进行评价总结。

2. 测定

测定产品的含糖量、产品的含水量。

实训四　糖水梨罐头的制作

一、实训目的

掌握糖水罐头的制作工艺、训练操作技能。

二、原料与用具

优质梨、白砂糖、柠檬酸、食盐、焦亚硫酸钠、刀具、放置物料的容器、抽空机、封罐机。

三、工艺流程及技术要点

1. 工艺流程

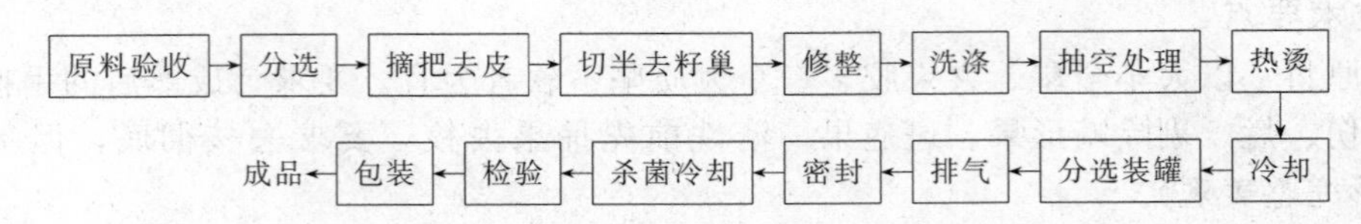

2. 技术要点

(1) 原料　原料的好坏直接影响罐头的质量。作为罐头加工用的梨必须果形正、果芯小、石细胞少、香味浓郁、鞣质含量低且耐贮藏。

(2) 去皮　梨的去皮以机械去皮为多，目前也有用水果去皮剂去皮的。实验室多用手工去皮。去皮后的梨切半，挖去籽巢和蒂把，要使巢窝光滑而又去尽籽巢。

(3) 护色　去皮后的梨块不能直接暴露在空气中，应浸入护色液（1%～2%盐水）中。巴梨不经抽空和热烫，直接装罐。

(4) 抽空　梨一般采用湿抽法。根据原料梨的性质和加工要求确定选用哪一种抽空液。莱阳梨等鞣质含量低，加工过程中不易变色的梨可以用盐水抽空，操作简单，抽空速度快；加工过程中容易变色的梨，如长把梨以药液作抽空液为好。药液的配比为：盐 2%，柠檬酸 0.2%，焦亚硫酸钠 0.02%～0.06%。药液的温度以 20～30℃为宜，若温度过高会加速酶的生化作用，促使水果变色，同时也会使药液分解产生 SO_2 而腐蚀抽空设备。

(5) 热烫　凡用盐水或药液抽空的果肉，抽空后必须经清水热烫。热烫时应沸水下锅，迅速升温。热烫时视果肉块的大小及果的成熟度而定。含酸量低的如莱阳梨可在热烫水中添加适量的柠檬酸（0.15%）。热烫后急速冷却。

(6) 调酸　糖水梨罐头的酸度一般要求在 0.1%以上，如果低于这个标准会引起罐头的败坏和风味的不足。一般当原料梨酸度在 0.3%～0.4%范围内时，不必再外加酸，但要调节糖酸比，以增进成品风味。

(7) 装罐与注液糖水　使用玻璃瓶按大小、成熟度分开装罐，使每一罐中的果块大小、色泽、形态大致均匀，块数符合要求。每罐装入的水果块质量一般要求果块质量不低于净重的 55%（生装梨为 53%，碎块梨为 65%）。

(8) 排气及密封　加热排气，排气温度 95℃以上，罐中心温度 75～80℃。

(9) 杀菌和冷却　热杀菌的参考条件见项目七。

杀菌完毕必须立即冷却至 38～40℃。杀菌时间过长和不迅速彻底冷却，会使果肉软烂，汁液混浊，色泽、风味恶化。

四、质量标准

参照中华人民共和国行业标准　糖水梨罐头 QB/T 1379—2014。

五、实训记录

全程记录时间、操作，并进行评估。

实训五　桃子汁饮料制作

一、实训目的

掌握果汁制作技术。

二、原料与用具

选择符合要求的原料，不锈钢刀具、砧板、不锈钢锅、不锈钢桶、台秤、刷子、打浆机、均质机、杀菌锅、精盐、L-抗坏血酸、糖、柠檬酸等。

三、工艺流程及技术要点

1. 工艺流程

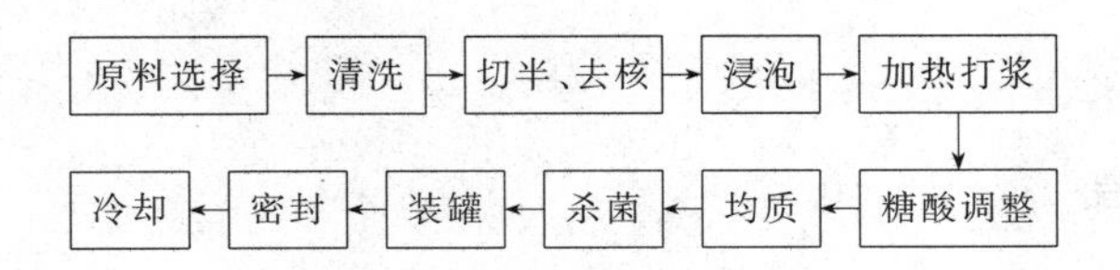

2. 技术要点

(1) 原料选择　选用成熟良好的桃子。若原料成熟度低则需要放置几天，进行后熟。去除病虫伤害果、未熟果及看色不良果。

(2) 清洗　先用清水充分清洗表皮污物，由于桃子有毛，最好用刷子刷洗，再放入1%盐水中漂洗去残留农药。

(3) 切半、去核　将洗净的桃子用不锈钢水果刀对半切开，挖去桃核，并剔除伤烂斑点和影响风味的果肉。

(4) 浸泡　立即投入0.1%的L-抗坏血酸及柠檬酸混合液中浸泡，防止变色。

(5) 加热打浆　果肉经破碎后，迅速经90～95℃水加热2～5min，软化后再经孔径为0.5mm的打浆机打浆，去除果皮。

(6) 糖酸调整　桃肉浆250kg，加水180kg充分混合后，用纱布过滤，除去约2%的粗颗粒纤维，再加入砂糖、柠檬酸及L-抗坏血酸等配料，充分混合均匀。其配料比例为：桃肉浆450份，糖水（27%）365份，柠檬酸2份，L-抗坏血酸0.3～0.8份。

(7) 均质　将混合的果汁进行均质，均质压力为130kgf/cm^2。

(8) 杀菌　将果汁加热到95℃，维持1min。

(9) 装罐　趁热进行装罐。玻璃瓶须先经热水煮沸消毒，瓶盖也要在100℃水中煮5min。

(10) 密封　旋紧瓶盖，倒罐1min。

(11) 冷却　密封后迅速分段冷却至38℃左右，入库贮存。

四、质量标准

(1) 成品呈粉红色或黄褐色，允许带暗红色。

(2) 具有桃子汁罐头应有的风味，无异味。

(3) 汁液均匀混浊，长期静置后有果肉微粒的沉淀。汁液浓淡适中。

(4) 可溶性固形物达10%～14%（按折光计）。

五、实训记录

1. 观察与记录

观察原料色泽、护色的情况、成品的色泽及均一度等。

2. 测定

对原果汁称重，测定新鲜原果汁含糖、酸量（%）及成品的可溶性固形含量。

3. 计算

计算出汁率、加入糖和酸的量。

实训六 苹果酒制作

一、实训目的

掌握果酒生产技术。

二、原料与用具

不锈钢刀具、砧板、不锈钢锅、大小不锈钢桶、榨汁机、糖度计、温度计、焦亚硫酸钾等。

三、工艺流程及技术要点

1. 工艺流程

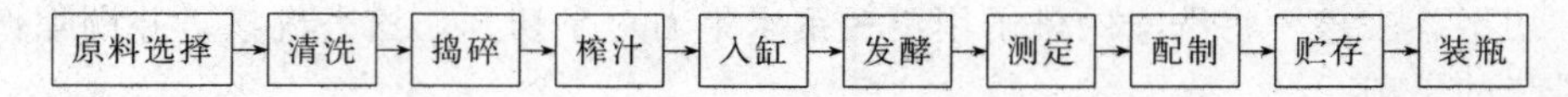

2. 技术要点

（1）原料　在果实充分成熟、含糖量最高时采收。也可利用残次果酿制苹果蒸馏酒。

（2）清洗　用清水漂洗去杂质。

（3）破碎　用机械或手工捣碎，以利榨汁。

（4）榨汁　用压榨机榨汁，也可用木榨或布袋代替。出汁率一般为56%～60%。

（5）入缸　用清水洗净缸的内壁，然后倒入苹果汁，上面留取20%左右的空隙，均匀装满。每100kg果汁中添加8～10g焦亚硫酸钾（称双黄氧）以抑制对酵母菌有害的其他杂菌活动。

（6）发酵　一般采用“自然发酵”，即利用附着苹果果皮表面的酵母菌进行发酵。发酵时间依果汁糖度、温度和酵母等情况而异，一般需要4～10d。室温高，液温达28～30℃时，发酵时间快，大约几小时后即听到蚕食桑叶似的沙沙声，果汁表面起泡沫，这时酵母菌已将糖变成酒精，同时释放二氧化碳。如果迟迟不出现这样的现象，可能因果汁中酵母菌过少，或温度偏低，应及时添加发酵旺盛的果汁，或转缸，或适当加温。

（7）测定　发酵高峰过后，液温又逐渐下降，声音也沉寂，气泡少，甜味变淡，酒味增加，用糖度计测出糖度接近零度时，证明主发酵阶段基本结束。

（8）配制　苹果果实糖度一般不超过15度，因此只能制9度以下果酒，而普通果酒只有在酒度达14～16度才容易保藏。所以现在大多在主发酵结束时立即加食用酒精，将酒度调至14～16度以上。

(9) 贮存　将果酒转入小口酒坛中，密闭贮藏。

(10) 装瓶　将贮藏后的酒液过滤后，装入经消毒的玻璃瓶中，在70℃热水中杀菌10～15min。

四、质量标准

色泽：金黄色，清亮透明，无明显悬浮物，无沉淀。

香气：具有苹果的果香和浓郁的苹果酒香。

风味：酸甜爽口，醇和浓郁。

酒精度：16%以下（20℃，体积分数）。

还原糖：160g/L。

总酸：3.5～5.5g/L。

挥发酸：0.7g/L。

五、注意事项

(1) 发酵时应注意将温度调节在28～32℃之间。

(2) 若制优质的果酒，应在主发酵前分次加入所缺的糖，主发酵后还要开放式倒缸，在密闭的条件下进行后发酵和陈酿，再澄清处理。

参考文献

[1] 叶兴乾．果品蔬菜加工工艺学．北京：中国农业出版社，2002.

[2] 赵丽芹．果蔬加工工艺学．北京：中国轻工业出版社，2002.

[3] 艾启俊，张德权．果品深加工新技术．北京：化学工业出版社，2003.

[4] 赵国洪．世界标准化与质量管理，2001，(5)：22.

[5] 吴永宁．现代食品安全科学．北京：化学工业出版社，2003.

[6] 杨天英，逯家富．果酒生产技术．北京：科学出版社，2004.

[7] 陆兆新．果品贮藏加工及质量管理技术．北京：中国轻工业出版社，2004.

[8] 陈斌．食品加工机械与设备．北京：机械工业出版社，2003.

[9] 刘晓杰．食品加工机械与设备．北京：高等教育出版社，2004.

[10] 张裕中．食品加工技术装备．北京：轻工业出版社，2003.

[11] 陈学平．果蔬产品加工工艺学．北京：中国农业出版社，1995.

[12] 北京农业大学．果品贮藏加工学．第2版．北京：中国农业出版社，1990.

[13] 陈锦屏．果品蔬菜加工学．西安：陕西科学技术出版社，1990.

[14] 曾凡坤，高海生，蒲彪．果蔬加工工艺学．成都：成都科技大学出版社，1996.

[15] 方宗涵，郭玉蓉等．果蔬加工学．南京：江苏科技出版社，1993.

[16] 赵晋府．食品工艺学．第2版．北京：中国轻工业出版社，1999.

[17] 杨运华．食品罐藏工艺学实验指导．北京：中国农业出版社，1996.

[18] 邵宁华．果蔬原料学．北京：农业出版社，1992.

[19] 高福成．现代食品工程高新技术．北京：中国轻工业出版社，1997.

[20] 袁惠新等．食品加工与保藏技术．北京：化学工业出版社，2000.

[21] 陈功．盐渍蔬菜生产实用技术．北京：中国轻工业出版社，2001.

[22] 杜朋．果蔬汁饮料工艺学．北京：农业出版社，1992.

[23] 胡小松等．现代果蔬汁加工工艺学．北京：中国轻工业出版社，1995.

[24] 肖家捷等编译．果汁和蔬菜汁生产工艺学．北京：中国轻工业出版社，1995.

[25] 高福成．速冻食品．北京：中国轻工业出版社，1999.

[26] 高福成．冻干食品．北京：中国轻工业出版社，1999.

[27] 李华．现代葡萄酒工艺学．西安：陕西人民出版社，2000.

[28] 李瑞．质量管理和质量保证国家标准实施指南．北京：中国标准出版社，1997.

[29] 武杰．新型果蔬加工工艺与配方．北京：科学技术文献出版社，2001.

[30] 华泽钊等．食品冷冻冷藏原理与设备．北京：机械工业出版社，1999.

[31] 葛亮等．番茄制品加工与检测技术．北京：化学工业出版社，2010.

[32] 刘新社等．果蔬贮藏与加工技术．北京：化学工业出版社，2009.

[33] 王丽琼．果蔬加工技术．北京：中国轻工业出版社，2012.

[34] 赵晨霞，王辉．果蔬贮藏加工实验实训教程．第2版．北京：科学出版社，2015.

[35] 梁文珍．果蔬贮藏加工实用技术．北京：化学工业出版社，2011.

[36] 刘会珍，刘桂芹．果蔬贮藏与加工技术．北京：中国农业出版社，2015.

[37] 金昌海．果蔬贮藏与加工．北京：中国轻工业出版社，2016.

[38] 陈月英，焦镭．果蔬贮藏加工技术．北京：北京理工大学出版社，2014.